# 홀릭

기묘하고 재미있는 수 이야기

# 홀릭

**지은이** 데릭 니더만
**옮긴이** 강대훈
**감수자** 김남준
**펴낸이** 박문규
**펴낸곳** 경문사
**발행일** 2014년 4월 15일 1판 1쇄
**등 록** 1979년 11월 9일 제313-1979-23호
**주 소** 121-818, 서울특별시 마포구 와우산로 174
**전 화** (02)332-2004 팩스 (02)336-5193
**이메일** kyungmoon@kyungmoon.com
**홈페이지** www.kyungmoon.com

값 15,000원

ISBN 978-89-6105-646-5

* 잘못된 책은 바꿔드립니다.

기묘하고
재미있는
**수 이야기**

# 홀릭

데릭 니더만 지음 | 강대훈 옮김 | 김남준 감수

KM 경문사

빠져들었다.

"구슬이 서 말이라도 꿰어야 보배."라는 말이 있다.《홀릭》은 바로 그런 책이다.

오래 전부터 수에 대한 여러 이야기는 늘 우리 주변에 회자되고 있었다. 이 책은 이러한 이야기들을 모아 한 권의 책으로 엮어 놓은 것이다. 책의 내용 또한 우리와 아주 친숙한 소재가 많다. 이 책을 읽다 보면 수학이 우리의 삶 자체라고 느껴질 정도이다.

《홀릭》은 수에 대한 다양한 해석과 상상을 1부터 200까지 차례대로 정리한 책이다. 수에 대한 동서양의 수많은 이야기들을 모두 담을 수는 없었겠지만 그래도 최선을 다해 실어 보려는 작가의 노력을 느낄 수 있다.

나는 사람들이 수학을 이야기하고, 우리의 삶과 수학이 함께 하는 세상을 늘 기대해 왔다.《홀릭》은 우리에게 그러한 경험을 보여 준다. 밤하늘의 별을 보며 상상의 나래를 폈던 양치기 소년처럼 이 책을 통해 우리도 수에 대한 다양한 상상을 하며, 수학을 이야기할 수 있게 된 것이다. 또한 독자의 상상을 더하여 새로운 이야기를 더 만들어 나갈 수 있다. 페르마가 그랬듯이 여러분도 이 책의 여백을 활용하여 놀라운 수학적 발견을 할 수도 있다. 그런 의미에서 이 책에는 작가가 미처 채우지 못한 많은 여백이 있다. 독자 여러분의 상상으로 이 책을 더 채워나가길 바란다.

"수학은 노래나 시처럼 자유롭습니다."

내가 늘 말버릇처럼 하는 말이다. 어려운 문제나 공식이 수학이 될 순 없다. 여러분의 무한한 상상이 바로 수학인 것이다. 다만 논리적으로 설명할 수 있으면 된다. '홀릭'을 통해 여러분도 수학의 자유로움을 느껴 보길 바란다.

# "숫자는 그냥 숫자일 뿐이죠."

〈뉴욕타임스〉의 전 십자말풀이 편집자, 유진 말레스카의 말이다. 때는 1981년, 내가 쓴 십자말풀이 원고를 그가 막 출간하기로 한 때였다. 당시 그는 내가 어떤 일을 해왔는지 물었다. 나는 대학원에서 수학을 공부했다고 대답했다. (물론 당시는 학위논문 대신 십자말풀이 만들기에 몰두해 있었다.) 그는 내 말을 듣더니 대부분의 십자말풀이 마니아들은 수학에 관심이 없다고 말했다.

유진은 오래 전에 수학의 세계를 떠난 사람이었다. 하지만 이 책은 어떤 의미에서 바로 그와 같은 사람들을 위한 책이다. 지적인 호기심이 많아 매일 새로운 것들을 배우고 싶어 하지만, 숫자에 대해서는 별 관심이 없는 사람들. 소수라는 말을 들어보기는 했어도 정확한 뜻은 잘 모르는 사람들을 위한 책이다.

내가 이 책을 쓰기 시작했을 때, 유진의 후임자인 윌 쇼르츠는 당시 내가 만든 십자말풀이 하나에 제목을 달았다. 공교롭게도 그 제목은 이 책의 전체 주제를 꿰뚫고 있다. 당시 내가 만든 십자말풀이는 〈타임〉지 2006년 8월호에 실렸는데, H. L. 멘켄, IQ 테스트, MX 미사일, C. S. 루이스 같은 낱말을 담고 있었다. 윌은 독자들에게 꽤 많은 힌트를 주고

자 그 퍼즐에 '13×2=26'이라는 제목을 붙였다. 독자들이 영어 알파벳의 개수(26개)를 떠올리고, 좀 더 쉽게 퍼즐의 테마를 찾으라는 뜻이었다. 그 퍼즐은 모두 13개의 낱말을 찾는 게임이었다. 위에서 예로 든 것처럼 모든 낱말은 2개의 알파벳으로 시작했다. 중요한 것은 2개의 알파벳이 중복되어서는 안 되고, 모든 알파벳은 하나씩만 써야 하며, 13개 낱말의 첫 글자 쌍을 모두 합하면 알파벳 26개가 완성되어야 한다는 것이었다.

이 책도 그와 비슷하다. 어떤 페이지든 특정한 숫자와 관련된 산술, 기하학, 대중문화 등 사람들이 알고 싶어할 만한 모든 내용을 담고 있다. 우리는 각각이 숫자들이 힐끗 봐서는 알 수 없는 독특한 개성을 지녔음을 알게 될 것이다. 예를 들어, 16과 17은 가까운 수이지만, 결코 비슷한 수가 아니다. 16은 4의 제곱수이고, 17은 1과 자기 자신만을 인수로 갖는 소수이다. 주말 테니스 토너먼트 경기에는 16이 어울린다. 여기에 17은 별 쓸모가 없다. 그러나 17은 16이 갖지 못한 다른 매력이 있다. 예를 들어, 모든 벽지 문양은 오직 17개의 대칭적 패턴을 갖는다. 이 사실을 아는 사람들이 얼마나 될까?

이 책에서 나는 1부터 200까지의 수를 다루었다. 그 중 세 자리 수들은 다소 간략하게 다루었다. 나는 어떤 수는 책 한 권을 써도 될 만큼 이야기가 풍부하고, 어떤 수는 지푸라기라도 긁어모아야 할 정도로 자료가 없다는 사실을 알게 되었다. 예를 들어, 138이 그런 수다. 그러나 깊이 들여다보면 각각의 수가 가진 이야깃거리가 얼마나 풍부한지 깨닫고 나처럼 놀라게 될 것이다.

몇 가지 고백을 해야겠다. 첫째, 이 책은 꽤나 포괄적이라는 느낌을 주지만 분량 때문에 어쩔 수 없이 싣지 못한 내용들이 많다. 예를 들어, 마녀 집회에는 13명이 모인다거나, 콜레스테롤에 대한 기사에는 200이라는 수가 흔하게 등장한다는 사실 등은 쓰지 못했다. 또 스포츠 관련 수만으로도 책 한 권을 쓸 수 있지만 다른 내용들을 위해 옆으로 치워 두었다. 그 밖에 종교적 수, 신성한 수들도 충분히 책 한 권의 주제가 되지만 여기서는 다루지 않았다. 이 책은 수에 대한 책이지, 수비학數秘學에 대한 책이 아니기 때문이다. 그 둘은 차이가 있다. 물론 나 역시 몇 가지 수비학적 개념을 접한 적이 있다. 나는 심지어 37 같은 수가 그 나름의 신비성 때문에 컬트추종자들을 만드는 것도 목격했다. 내게는 그들과 같은 열정이 없지만, 이 책에서는 적어도 수를 둘러싼 열광을 있는 그대로 보여주려 했다.

그 밖에 나는 'Whole nine yards(완전히, 전부 등의 의미—옮긴이)' '23-skidoo(떠나다, 좋은 상황에서 떠나다 등의 의미—옮긴이)' 같은 표현의 기원에 대해 충분한 설명을 하지 못했다. 왜냐하면 이런 표현들의 95%는 확실한 유래가 없고, 대신 유래라고 알려진 것들의 목록만 있기 때문이다. '86(eighty six: 불청객 손님을 받지 않다, 폐기하다 등을 뜻하는 속어—옮긴이)' 같은 표현에 대해서는 할 수 있는 데까지 설명을 달았다. 하지만 동시에 구구절절 시비가 많은 사안에 대해 쓴다는 것이 얼마나 힘든지도 알게 되었다. 그래서 수와 관련된 여러 표현들은 굳이 책에 포함시키지 않았다.

이 책은 잡다한 내용으로 가득 차 있지만, 동시에 수학의 역사로도 가득 차 있다. 그 둘을 헷갈리지 말기 바란다. 이 책에서 수학의 역사를 다룰 때는 시대를 이리저리 건너뛸 수밖에 없었다. 앞에서 1800년대가 소개되다가, 다음 페이지에서 기원전 200년으로 넘어가는 식이다. 어쨌든 책을 읽다 보면 독자들은 유클리드에서 오일러까지, 또 독자들이 들어보지 못했을 여러 뛰어난 현대수학자들에 이르기까지 여러 사람들을 만나게 될 것이다.

한편으로 위대한 수학자들에게 결례를 범한 건 아닌지 조금 걱정도 된다. 이 책에는 단순히 웃기거나 바보 같은 내용들도 많다. 진지한 정통 수학의 심기를 건드릴 만한 내용들도 있다. 하지만 나는 어디에 그런 내용들이 숨어 있는지 미리 알려줄 마음이 없다. 우리가 "여가용 수학"이라 부르는 것과, 다양한 방면에 응용되는 진지한 수학 사이에는 뚜렷한 경계가 있다. 하지만 위대한 수학자들은 양쪽 분야 모두에 손을 댔다. 그들의 호기심이 그만큼 대단했기 때문이다. 이 책의 궁극적 목적은 독자들의 수학적 사고를 기르는 것이다. 그것에는 한 가지 방법만 있는 것은 아니다. 수학용어가 낯선 사람들을 위해서는 가능한 한 자세히 용어설명을 달았다. 당신이 책을 읽다 집어던지면 안 되니까.

대중문화에만 관심을 가지고 이 책을 읽어도 좋다. 고대 7대 불가사의는 쾨니히스베르크의 일곱 개 다리처럼 모두 7이라는 수와 관련이 있다. 그걸 이해하는 데 그래프 이론 같은 건 필요 없다. 또 누구나 한 주가 7일이라는 사실을 안다. 나는 그런 일상적 사실도 빠뜨리지 않으려고 노력했다.

이 책에서 다룬 주제는 끝이 없다. 그러나 어떻게든 결말을 지어야 했고 나로서는 많은 아쉬움이 남는다. 그러나 독자 여러분은 이제 막 책을 펼쳤다. 이 색다른 숫자 여행에 건투를 빈다.

매사추세츠, 니덤에서

데릭 니더만

# 1

이 책을 1에서부터 시작하는 것은 당연하지만 동시에 불공평한 일이다. 당연하다는 것은 1이 첫 번째 수여서 1을 건너뛰면 말이 안 된다는 뜻이고, 불공평하다는 것은 이 책이 수들의 특별한 속성을 다루는데, 1은 이미 너무 특별한 수라 굳이 첫 번째에 내세우지 않아도 된다는 뜻이다.

간단한 사실부터 알아보자. 먼저 1은 '항등원'이다. 즉, 어떤 수를 1로 곱해도 그 수는 변하지 않는다. 특히, 1은 자기 자신의 제곱이자, 세제곱이며 1을 어떤 수로 $n$번 제곱해도 그 값은 1이다. 또 확률에서 1은 어떤 사건이 확실히 일어난다는 뜻이다. 1은 사인, 코사인 삼각함수에서 얻어지는 최댓값이기도 하다. 또 1은 수학자들이 연구하는 많은 방정식의 당연한 해라서, 오히려 해에서 제외되기도 한다. 1은 완전 제곱수에 완전 세제곱수이며 삼각수, 오각수, 육각수이기도 하다. 무슨 내용인지 모두 이해할 거라 믿는다.

1이 이토록 흔하다는 사실은 벤포드의 법칙에서 특별한 의미를 갖는다. 이것은 1938년 물리학자 프랭크 벤포드가 도입한 법칙으로, 핵심은 자연이나 실생활에서 발견되는 여러 수들이(분자량, 인구수, 신문 앞면에 나오는 숫자 등. 벤포드는 이 외에도 수천 개의 사례를 분석했다.) 균질하게 분포하고 있지 않다는 것이다. 그 중 빈도수가 가장 높은 수는 1로, 1은 전체 자료에서 약 $\frac{3}{10}$의 비율로 발견된다. 계산대로라면 1은 1, 2, 3, 4, 5, 6, 7, 8, 9 중 하나이므로 그 비율은 $\frac{1}{9}$이 되어야 한다. (여기서 0은 제외시켰다.) 그런데 실제 비율은 그보다 훨씬 높다.

벤포드보다 앞서, 1881년 천문학자 사이먼 뉴컴도 비슷한 발견을 했다. 그는 알고리즘 도표집에서 1로 시작하는 알고리즘을 포함한 페이지들이, 그렇지 않은 페이지들보다 조금 더 닳아 있음을 발견했다. 최근에는 벤포드의 법칙이 탈세나 회계부정을 찾아내는 데 이용된다. 원리는 간단하다. 일단 세금 사기꾼들이 벤포드의 법칙을 잘 모른다는 것이고, 동시에 그들이 위조한 숫자 데이터에 너무 많은 1이 포함되어 있다는 것이다.

고대 그리스의 철학자 파르메니데스(기원전 5세기)는 "모든 것은 하나"라고 주장했다. 그가 정확히 무슨 의미로 그 말을 했는지 알 수 없지만, 제논은 그에게 영향을 받아 그 유명한 '제논의 역설'을 만들었다. 가장 유명한 제논의 역설은 아마 이분법 역설일 것이다. 그 내용은 만약 당신이 다른 사람보다 어떤 목적지에 먼저 도착하려면 그보다 먼저, 당신과 목적지 사이의 $\frac{1}{2}$ 되는 지점에 먼저 도착해야 한다는 것이다. 여기까지는 문제가 없다. 하지만 당신은 그 지점에서 다시 목적지까지의 $\frac{1}{2}$ 되는 지점까지 가야 하고, 그런 식으로 계속 $\frac{1}{2}$씩 거리를 좁혀가다 보면, 아무리 가도 당신은 목적지에 도착할 수 없다. 이것이 제논의 역설이다. 이 논리는 제논 시대의 사상가들을 어리둥절하게 만들었다. 하지만 17세기 후반, 뉴턴과 라이프니츠가 미적분학을 발명하면서 이 역설은 해결되었다. 즉, 무한한 수열의 합이 유한한 값으로 수렴될 수도 있음이 밝혀졌기 때문이다. 제논의 이분법 역설을 수열로 표기하면 아래와 같다.

$$1 = \frac{1}{2} + \frac{1}{4} + \frac{1}{8} + \frac{1}{2} + \frac{1}{16} + \frac{1}{32} + \cdots \text{ 또는 } 1 = \sum_{n=1}^{\infty} \frac{1}{2^n}$$

1과 관련된 조금 더 수준 높은 역설은 프랑스 수학자, 앙리 르베그(1875-1941)가 제안했다. 르베그 측도는 유클리드 공간의 다양한 부분집합들을 측정할 수 있는 방법을 제공한다. 쉬운 예를 보면, 구간 [0, 1](0과 1 사이의 모든 실수를 의미한다)의 르베그 측도는 1이다. 여기까지는 문제가 없다. 그런데 0과 1 사이의 모든 무리수 집합 역시 르베그 척도 1을 갖는다. 이것은 우리의 상식과 맞지 않다. 이 말은 0과 1 사이의 모든 유리수, 즉 무한한 진분수의 집합이 르베그 척도 0을 갖는다는 뜻이기 때문이다. 놀랍게도 모든 무한집합의 성격이 항상 동일하지 않은 것이다.

르베그는 1을 소수로 여겼던 최후의 저명한 수학자였을 것이다. 물론 최근의 천문학자 칼 세이건도 1985년에 그의 유명한 책《콘택트Contact》에서 1을 소수로 보았다. 그러나 오늘날 대부분의 수학자들은, 오랫동안 캘리포니아 대학의 교수를 지냈던 아인슈타인의 후배, 어네스트 가보르 스트라우스의 주장에 동의할 것이다. "소수는 산술arithmetic의 기본 벽돌이다. 그러나 1은 단순히 벽돌이 아니다!" 그 견해를 따라 이 책에서도 1을 소수나 합성수 어디에도 포함시키지 않았다. 1을 왜 합성수에서 제외했는지는 나중에 인수분해를 통해 설명할 것이다.

브로드웨이 뮤지컬 「코러스 라인Chorus Line」에서 1번 라인은 선택받은 자리를 의미한다. 그러나 해리 닐손은 1이 또한 가장 외로운 수라고 말했다. 미국의 팝밴드 스리 도그 나이츠Three Dog Night's의 1969년 앨범에 수록된 닐손의 노래, 「One」은 밴드 최초의 골드 레코드(앨범 판매고가 50만 장 이상을 의미. 100만 장 이상은 플래티넘 레코드라고 한다.—옮긴이)를 기록했다. 하지만 아쉽게도 빌보드 차트 1위에는 오르지 못했다.

체스에서 숫자 1은 승리를 의미한다. 따라서 체스 게임 결과가 1-0으로 표기되면 흰 말이 승리한 것이다. 또 $\frac{1}{2}$-$\frac{1}{2}$이면 무승부, 0-1로 표기되면 검은 말이 승리한 것이다.

'우리는 모두 하나'라는 문구는 이제 다소 진부한 구호가 되었다. 특히, 축구경기장 반대편 관람석에서 그런 말이 들려오면 지겹기 짝이 없다. 하지만 이 표현이 앞으로도 바뀔 것 같지는 않다. 바로 1이 가진 특별한 힘 때문이다. 지금은 '공공의 적 넘버 원'이라는 표현이, 알 카포네의 시대에 그랬던 것처럼 의미심장하게 들리지 않을 것이다. 용의자 줄 세우기에서도 1은 의미를 가진다. 컴퓨터

데이터베이스와 DNA 기술의 발달로 이런 방법들은 점점 쇠퇴하고 있다. 하지만 용의자 줄 세우기를 하던 시기에 대부분의 경찰서에서는 용의자를 2번부터 줄 세웠다. 숫자 1이 가진 위력 때문에, 사람들이 진짜 범죄자를 찾기보다는 1번을 너무 자주 지목했기 때문이다. 프랭크 벤포드는 이런 의미에서 아주 멋진 예언을 한 셈이다.

## 2 소수

2는 짝수 중 유일한 소수이다. 또 2[two]는 단어에 e가 포함되지 않은 유일한 소수이기도 하다. 모든 홀수 영어 단어에는 e가 있기 때문이다.

2의 제곱근, $\sqrt{2}$는 처음 발견된 무리수로 알려져 있다. $\sqrt{2}$는 두 정수의 비 형태로 나타낼 수 없는데, 이를 처음 발견한 사람은 메타폰툼의 히파수스(기원전 500년경)로 알려져 있다. 이 문제의 증명은 놀랄 만큼 쉽다. $\sqrt{2} = \frac{p}{q}$라고 가정하고, $p$와 $q$를 양의 정수, 둘 사이에 공통인수는 없다고 하자. 이때 양변을 제곱하면 $2 = \frac{p^2}{q^2}$, 또는 $2q^2 = p^2$가 된다. 하지만 한 제곱수가 다른 제곱수의 2배가 되는 것은 불가능하다. 특히, 위 식에서 $p$는 홀수일 수 없는데, 만약 $p$가 홀수라면 $p^2$도 홀수일 것이기 때문이다. 그러나 명백하게 $2q^2$은 짝수이다. 반대로, 만약 $p$가 짝수라면 2로 나눌 수 있을 것이고, $p^2$은 4로 나눌 수 있을 것이다. 하지만

$p^2 = 2q^2$이고, $p$가 짝수라면 $q$도 짝수이다. 그러면 $p$와 $q$는 공통인수가 없다는 처음 가정과 모순된다. 따라서 $2q^2 = p^2$이라는 등식은 성립될 수 없다.

아마 저 증명이 독자들이 반길 만큼 쉽지는 않았겠지만, 히파수스를 부러워할 필요는 없다. 무리수의 개념은 '우리가 사는 세계가 명쾌하고 단순한 비율로 구성되어 있다'고 믿었던 피타고라스 학파에 큰 충격을 주었다. 전해지는 말에 따르면, 히파수스는 항해 중에 무리수를 발견했는데 그 탓에 동료들이 그를 배 밖으로 던져 죽였다고 한다. 오늘날 우리는 새로운 수학적 발견에 조금 더 관대하다. 물론 수학에 재능이 있는 친구들이 학교에서 종종 놀림거리가 되기도 하지만. 히파수스 이야기의 아이러니는, $\sqrt{2}$의 발견이 무리수 집합이 유리수 집합과 차원이 다르다는 것을 처음으로 암시한 사건이었다는 점이다. 하지만 이 중대한 사실을 히파수스나 그를 박해했던 당대의 동료들은 결코 알지 못했다.

영어에서 접두사 bi–는 둘을 의미한다. bicycle(자전거), binocular(쌍안경), biplane(복엽비행기: 날개가 2조로 되어 있던 초창기 비행기—옮긴이), bisect(2등분) 등등. 흥미롭게도 biscuit(비스킷)의 bi– 역시 둘이란 뜻이다. 이 말은 이탈리아어인 biscotti에서 나왔는데 이는 '두 번 구운'이란 뜻이다.

기하학에서 2는 그 유명한 공리, '두 점은 하나의 선을 결정한다'에 등장한다. 이 공리는 평면기하학에서는 참이지만, 실제 세계에서는 자주 오용되는 개념이다. 실제 세계에서는 두 개의 점이 하나의 선을 결정하지 못하는 경우도 있기 때문이다.

직각삼각형에서 직각을 끼고 있는 두 변 $a$, $b$와 빗변 $c$ 사이에 $a^2+b^2=c^2$의 관계가 성립한다는 것은 잘 알려져 있다. 피타고라스 정리로 잘 알려진 이 등식은 $c^2$이 포함된 가장 유명한 방정식은 아닐지 몰라도(아마 가장 유명한 방정식은 $E=mc^2$이 아닐까?) 매우 중요한 수학방정식의 상위에 기록될 것이다. 게다가 피타고라스 정리는 아인슈타인의 물리공식보다 증명하기도 쉽다. 아래 그림을 보자.

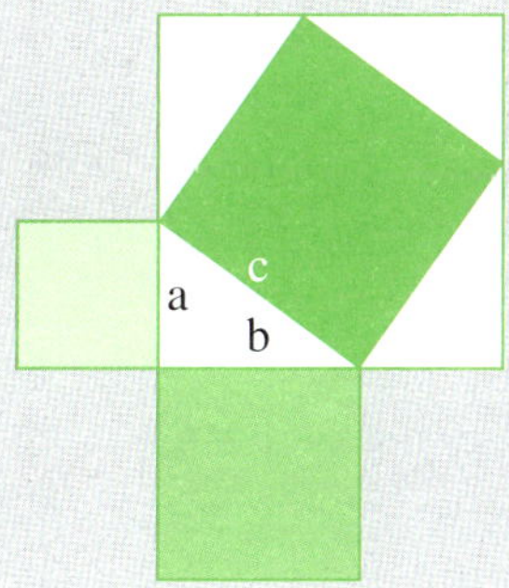


그림에서 가장 큰 정사각형의 한 변의 길이는 $a+b$이며, 그 넓이는 $(a+b)^2$이다. 그런데 가장 큰 정사각형은 또한 한 변을 $c$로 하는 검정색 정사각형과, 그 넓이가 $\frac{ab}{2}$인 4개의 직각삼각형으로 이루어져 있다. 다시 정리하면 그 식은 이렇다. $(a+b)^2=c^2+4(\frac{ab}{2})$. 식을 풀면 $a^2+2ab+b^2=c^2+2ab$가 되어, $a^2+b^2=c^2$가 된다. 특히, 여기서 $a$, $b$의 길이가 모두 1이면 $c$는 $\sqrt{2}$가 된다. 바로 이 $\sqrt{2}$를 탐구했던 탓에 히파수스는 바다로 내던져졌다. (완전제곱수가 아닌 정수의 제곱근이 무리수가 된다는 것을 조금 더 일반적으로 언급한 사람은 기원전 4세기의 기하학자, 테아이테토스로 알려져 있다.)

위 증명에서 $a$와 $b$ 사이의 각도는 90도가 되어야 한다. 그 각도가 직각이 아니라면 흰 삼각형의 넓이를 재는 과정이 더 복잡할 것이다. 피타고라스 정리는 역으로도 적용된다. 삼각형의 세 변 사이에 $a^2+b^2=c^2$ 관계가 성립하면, 그 삼각형은 직각삼각형이다. 이는 유클리드 시대(기원전 300년경)에 잘 알려진 사실이었다. 유클리드 시대에서 지금에 이르기까지, 피타고라스 정리의 증명은 출판된 것만도 수백 가지가 넘는다. 가장 유명한 증명 중 하나는 1876년에 제임스 가필드가 발표한 것이다. 그는 5년 뒤 미국의 대통령이 되었다. (슬프게도, 오늘날에는 그만한 수학적 호기심과 재능을 가졌다는 사실이 대통령 선거에서 분명 마이너스로 작용할 것이다.)

피타고라스 정리는 3차원에서도 성립한다. $a$, $b$, $c$가 직육면체의 세 변이고, $d$가 대각선일 때 $a^2+b^2+c^2=d^2$의 관계가 성립한다. 심지어 피타고라스 정리는 2차원에서 직각삼각형이 아닌 삼각형에서도 성립한다. 이는 코사인 법칙과 관련이 있다.

하지만 피타고라스 정리에서 바꿀 수 없는 한 가지는 바로 제곱수 2다. 1990년대 중반, 프린스턴 대학의 교수인 앤드류 와일스는 그 유명한 페르마의 마지막 정리를 증명하였다. 페르마의 마지막 정리는 300년 동안 수학자들을 괴롭힌 문제였다. 그 정리는 $x^n+y^n=z^n$이라는 식에서, 자연수 $n$이 2보다 크면 이 방정식의 해는 없다는 것이다. (이 방정식은 $n$이 1일 때 무한히 많은 해를 갖는다. 이것은 1이 꽤 성가신 수임을 보여주는 예로, 이 때문에 보통 수학계산에서 1을 '당연한 해'로 여긴다.)

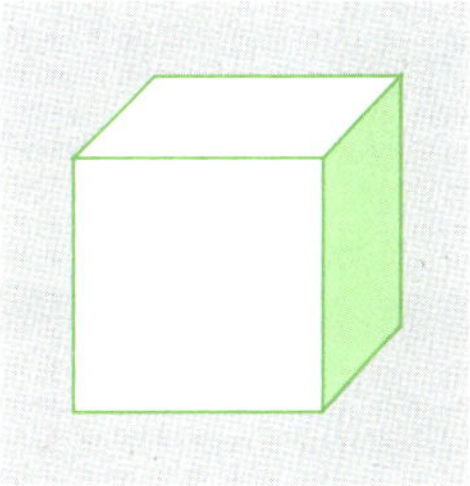

마지막으로 기하학에서 2는 위대한 스위스 수학자, 오일러(1707-1783)의 공식에도 등장한다. 그는 다면체라 불리는 3차원 도형에서 모서리, 면, 꼭짓점 사이에 일정한 관계식이 있음을 발견했다. 예를 들면 옆의 정사면체는 12개의 모서리, 8개의 꼭짓점, 6개의 면을 갖는다. 여기서 $8+6-12=2$다.

오일러는 이 공식이 모든 다면체에 적용됨을 밝혀냈다. 여기서 모서리의 개수를 $e$, 꼭짓점의 개수를 $v$, 면의 개수를 $f$라고 하면, $v+f-e=2$라는 공식이 성립한다.

(물론 위 식의 $e$는 미적분학에 나오는 그 $e$가 아니다. 미적분학의 $e$ 역시 오일러가 밝혀낸 것이다. 우리는 이 책이 끝날 때까지 그의 비범한 수학적 업적을 여러 번 접하게 될 것이다.)

## 3 소수

'사람의 세 발 형상'은 13세기까지 맨 섬의 공식 상징이었다. 아마

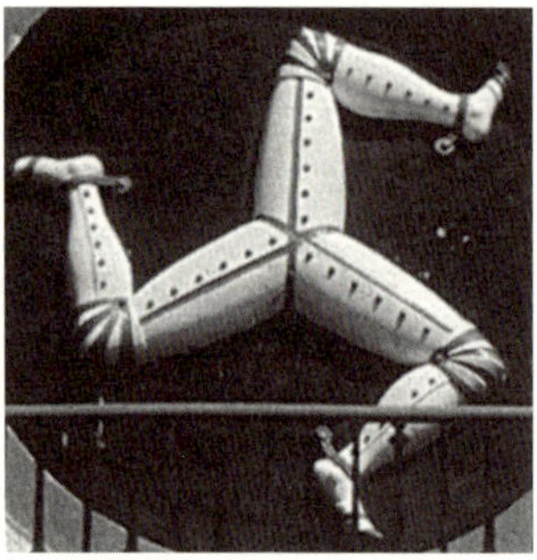

세 개의 다리가 메두사의 머리를 둘러싸고 있는 시칠리아 섬의 상징이 맨섬의 깃발에 영감을 주었을 것이다. 많은 유럽 국기들, 특히 프랑스와 이탈리아 국기는 세 개의 수직선으로 이루어져 있다.

두 점이 하나의 선을 결정하는 것처럼, 일직선상에 있지 않은 세 점은 하나의 면을 결정한다. 특히 세 점은 삼각형을 이루기도 한다. 삼각형에는 몇 가지 기본형태가 있다.

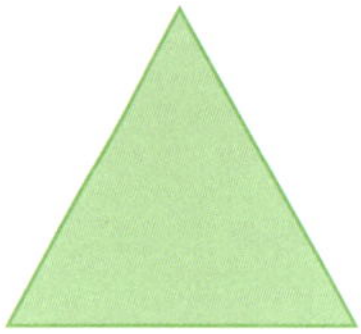

정삼각형
(모든 변의 길이가 같다.)

이등변삼각형
(두 변의 길이가 같다.)

직각삼각형
(한 각이 직각이다.)

## 기하학에서의 3

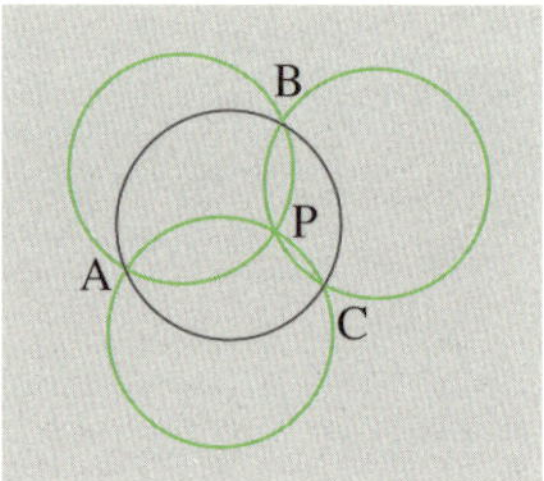


합동인 세 원이 한 점에서 만나면(오른쪽 그림의 P), 다른 세 개의 접점은 처음 세 원과 합동인 원 위에 있게 된다. 이는 존슨의 정리로 1913년 로저 존슨이

발견한 것이다.

크기가 다른 세 정삼각형이 세 점에서 만날 때(오른쪽 그림), 세 정삼각형의 중심은 새로운 네 번째 정삼각형의 꼭짓점이 된다. 이것은 나폴레옹 정리로 불리는데, 이를 발견했던 아마추어 수학자 나폴레옹 보나파르트의 이름을 딴 것이다. 이 나폴레옹은 나중에 프랑스의 황제가 되었다. 그 뒤, 저명한 천문학자이자 수학자였던 라플라스는 그의 획기적 저서《천체 역학Celestial Mechanics》을 나폴레옹에게 바쳤다. 전해지는 말에 따르면 나폴레옹은 라플라스의 책에 신에 대한 언급이 하나도 없다는 사실을 알아챘다. 그것을 궁금해한 나폴레옹에게 라플라스는 "전하, 저는 신이라는 가설이 필요치 않았습니다."라고 대답했다고 한다.

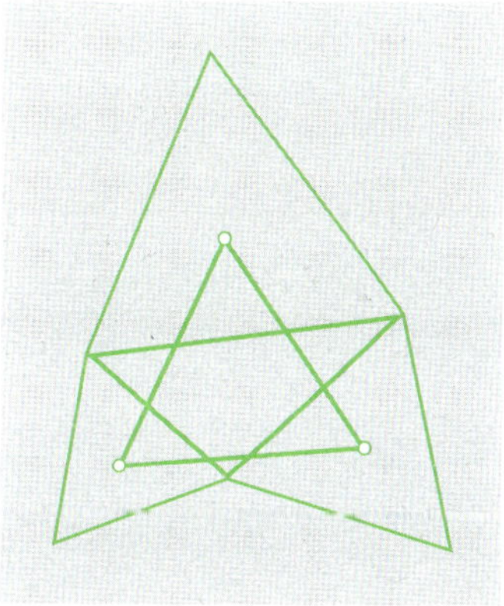

직각삼각형은 이등변삼각형이 될 수 있지만 정삼각형은 될 수 없다. 정삼각형의 세 각은 모두 60도이기 때문이다. 한편, 직각삼각형도 아니고 세 변의 길이도 같지 않은 삼각형은 부등변삼각형이라고 한다.

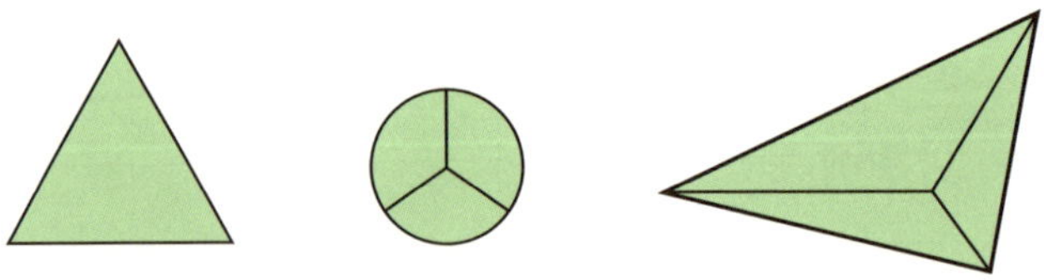

완벽하게 대칭적인 정삼각형과(위 왼쪽 그림), 완벽하게 비대칭적인 부등변 삼각형(위 오른쪽) 사이에도 멋진 관계가 있다. 가운데 그림은 메르세데스 벤츠의 로고처럼 보이는데, 여기서는 이 로고를 세 끝점을 이으면 정삼각형이 만들어지는 세 꼭지별 형상으로 이해하자. 이제 이 로고를 부등변삼각형 안에 넣고, 세 꼭지별의 끝점을 삼각형의 꼭짓점 방향으로 둔다고 상상하자. 만약 도움이 된다면, 메르세데스 벤츠를 운전하는 상상을 해도 좋다. 이제 세 꼭지별의 끝점을 부등변 삼각형의 세 꼭짓점으로 늘여서 위 오른쪽 형태처럼 만들어보자. 알아챘는지 모르겠지만, 여러분이 만든 형태는 모든 두 선분 사이의 각도가 정확히 120도다. (이는 처음 삼각형에 120도가 넘는 각이 없다면 언제나 가능하다.) 삼각형 내부의 이 마술 같은 점은 '페르마의 점'으로 불리며, 이 점에서는 각 꼭짓점까지의 길이를 전부 더한 값이 최소가 된다. 이런 점을 찾는 것은 오늘날 케이블을 깔거나, 반도체 위에 회로를 설계하는 일 등 실생활에서도 응용된다. 그러나 원래 이 문제는 1600년대, 페르마가 토리첼리에게 던진 것이었다. 토리첼리는 이 문제를 풀어냈고 남은 시간에 기압계를 발명했다.

아마 무한한 길이를 갖는 삼각형 중 가장 유명한 것은 파스칼의 삼각형일 것이다. 처음 몇 줄을 소개한다. 이 삼각형의 변은 1로 이루어져 있는데, 가운데 수는 바로 윗줄의 오른쪽과 왼쪽에 있는 수를 더한 값이다.

1<br>
1 1<br>
1 2 1<br>
1 3 3 1<br>
1 4 6 4 1<br>
1 5 10 10 5 1<br>
1 6 15 20 15 6 1

단순해 보이지만 파스칼의 삼각형은 여러 중요한 패턴과 규칙들을 품고 있다. 예를 들어, 그림에서 가장 아래에 있는 열(보통 여섯 번째 열이라 부르는데, 가장 꼭대기의 1은 0열로 친다.)을 보면, 왼쪽에서 세 번째 수(15)는 6개의 원소가 있는 전체집합에서 3개의 원소가 있는 부분집합을 고르는 경우의 수와 같다. (첫 번째 원소를 고르는 6가지 방법 × 두 번째 원소를 고르는 5가지 방법 × 세 번째 원소를 고르는 4가지 방법 / 선택한 세 개의 원소를 배열하는 6가지 방법) 일반화시키면, 파스칼의 삼각형 $n$번째 열에서 $k$번째 수의 값은, $\frac{n!}{k!(n-k)!}$ 값과 같다. 여기서 느낌표 !는 차례곱(팩토리얼)을 의미하는데 $n$ 차례곱은 $n$부터 $n-1$, $n-2$, ⋯, 1까지의 값을 전부 곱한 것이다.

파스칼의 삼각형에서 발견되는 또 다른 재미있는 패턴은 $(a+b)^6$ 같은 식을 계산할 때 나타난다. 이를 전개하면 $a^6 + 6a^5b + 15a^4b^2 +$

$20a^3b^3 + 15a^2b^4 + 6ab^5 + b^6 + b^6$처럼 되는데, 이 식의 문자항 앞에 있는 상수들은 신기하게도 파스칼의 삼각형 6열에 배열된 수와 정확히 일치한다. (이 상수들은 조금 재미없는 전문용어로 '이항계수'라고 부른다.)

수학에 사용되는 명칭은 대부분 보편적이다. 그러나 파스칼의 삼각형은 그렇지 않다. 1600년대에 파스칼이 태어나기 전에도 세계 여러 곳에서 이 삼각형을 연구했기 때문이다. 중국에서 파스칼의 삼각형은 13세기에 이를 연구한 중국 수학자의 이름을 따 양휘의 삼각형으로 불린다. 이란에서는 카얌의 삼각형, 이탈리아에서는 타르탈리아 삼각형으로 불린다. 그러면 왜 오늘날 이 삼각형을 파스칼의 삼각형이라고 부를까? 그 이유는 18세기 초에, 피에르 레이몽 드 몽모르라는 사람이 파스칼을 기려 이 삼각형에 그의 이름을 붙였기 때문이다. 이제 여기서 문제를 하나 내겠다. 파스칼의 삼각형에서 새로운 열을 추가하면서, 홀수와 짝수의 비율을 계산해 보기 바란다. 그 과정을 반복하다 보면 이 비율은 일정한 한계에 다다른다. 그 한계값은 얼마일까?
(해답 참조)

"둘은 친구, 셋은 남이다"라는 표현은 어떤 상황에서나 적용된다. 쉬운 예를 들자면 많은 게임들은 일대일 방식을 택하고 있다. 체스나 백개먼(서양식 주사위 놀이—옮긴이)게임이 그렇다. 반면, 오늘날 보드게임들은(소리, 클루, 모노폴리) 여러 사람들이 함께 즐길 수 있다. 그러나 그 중에서도 세 명을 위해 고안된 게임은 드물다. 그리고 「협상합시다

Let's make a deal」 같은 게임에서는 참가자가 1번, 2번, 3번 커튼 중 하나를 골라야 한다. 그 과정에서 TV쇼 MC 몬티 홀 같은 이들이 수학적 역설에 빠지기도 한다.

몬티 홀 문제로 알려진 이 문제는 사실 1959년, 마틴 가드너가 '세 탈옥수 문제'의 형식으로 발표한 것이다. 오늘날 「협상합시다」의 참가자는 3개의 커튼 중 하나를 골라서, 예를 들어 염소 같은 경품 대신 자동차를 따길 희망한다. 참가자가 1번 커튼을 선택했다고 가정하자. 이때(실제 프로그램에서는 그런 일이 없지만) 몬티 홀이 나머지 두 커튼 중 하나를 열어 염소를 발견하게 되었다고 하자. 몬티 홀이 열어젖힌 커튼이 2번이라고 가정하면(몬티 홀은 심술궂은 의도로 그런 것이 아니다.) 다음 중 어느 것이 현명한 행동일까? 선택을 바꾸어 1번 대신 3번 커튼을 골라야 할까? 아니면 처음 골랐던 1번 커튼을 고수해야 할까?

마릴린 보스 사반트가 이 문제를 〈퍼레이드〉지에 퀴즈 형식으로 실었다. 곧 엄청난 분량의 독자 편지가 날아들었다. 수천 명의 독자들은 1번 대신 3번 커튼을 택해야 한다는 사반트의 견해에 동의하지 않았다. 많은 유명한 수학자들도 곧 논쟁에 뛰어들었다. 물론 그들도 틀린 답을 택했다.

직관적으로 커튼 번호를 바꾸는 것이 당첨 확률을 높여줄 것 같지는 않다. 몬티 홀이 한 행동은 자동차 경품이 없는 커튼을 열어 보여준 것뿐이고, 참가자도 그런 커튼이 있다는 것을 알고 있었다. 이 사실이 역설의 중요한 단서가 된다. 핵심은 몬티 홀의 행동이 커튼 1번이 자동차를 숨기고 있을 가능성에 아무 영향을 주지 않았다는 것이다. 1번 커튼의 당첨 가능성은 여전히 $\frac{1}{3}$인 채로 남아 있다. 하지만 2번 커튼이 꽝이라는 게 밝혀졌기 때문에, 희한하게도 3번 커튼 뒤에

차가 있을 확률은 1, 3 중의 하나, 즉 $\frac{1}{2}$이 된다.

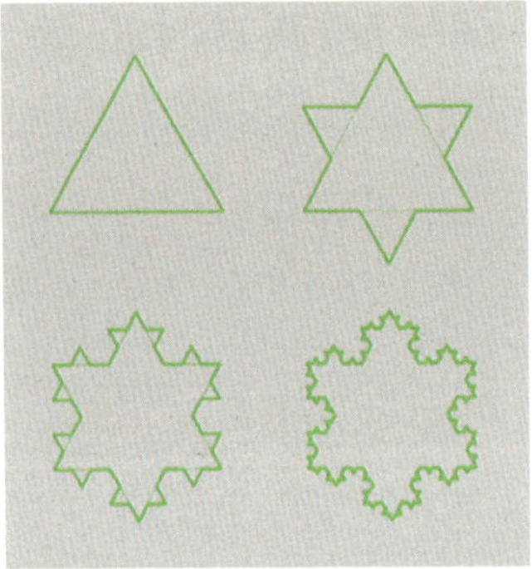

코흐의 눈송이는 정삼각형에서 각 변의 가운데 $\frac{1}{3}$을 지우고 새로운 정삼각형을 추가해서 만든다. 이런 절차는 무한히 반복된다. 반복이 진행될수록 코흐 눈송이의 둘레 길이는 증가한다. 그러나 전체 면적은 처음 정삼각형 면적의 $\frac{8}{5}$을 넘을 수 없다. 이런 현상은 우리가 보는 해안선에서도 발견된다. 예를 들어, 한없이 들쑥날쑥한 알래스카 해안선의 길이는 8,980km로, 인접한 48개 주의 해안선 길이를 모두 더한 9,741km와 거의 맞먹는다.

코흐의 눈송이는 프랙털의 한 예다. 프랙털이란 부분이 전체를 닮아 있는 형상을 말한다. 프랙털의 창시자인 브누아 만델브로는 사실 해안선의 길이는 끝이 없으며, 오직 관찰자가 포함시키고 싶어하는 자연 조건에 의해서만 제한된다고 말할 것이다. 프랙털 형상은 자연에서 자주 발견되며 산맥, 하천의 지류, 양치식물의 모양 등에서 찾아볼 수 있다.

## 빅 3

얄타 회담의 빅 3는 처칠, 루스벨트, 그리고 스탈린이었다. 한 세대 전이었다면 그 명단은 로이드 조지, 윌슨, 클레망소가 되었을 것이다.

미국 산업계의 빅 3는 분야마다 다르다. 텔레비전 방송사의 빅 3는 ABC, CBS, NBC이고, 자동차 회사의 빅 3는 제네럴 모터스, 포드, 그리고 크라이슬러다. 이 용어는 오늘날 세계에서 여러 형태로 쓰인다. 미국 명문대의 빅 3는 하버드, 예일, 프린스턴이다. 포르투갈 축구팀의 빅 3는 SL 벤피카, FC 포르토, 그리고 스포팅 CP다.

## 신곡

단테가 집필한 걸작, 《신곡》은 〈지옥편〉, 〈연옥편〉, 〈천국편〉으로 나뉜다. 연극 작품에서도 3막 구조는 일반적인데 배경-갈등-해소라는 자연스런 순서로 이야기가 진행되기 때문이다. 이런 순서는 아서 밀러의 《시련》과 같은 4막 희곡, 셰익스피어의 《맥베스》와 같은 5막 희곡에서도 똑같이 발견된다.

## 갈리아

"갈리아 전체는 세 지역으로 나뉜다." 갈리아 지방에 대한 율리우스 카이사르의 이 유명한 말이, 역사적 사실과 정확히 일치하는 것은 아니다. 기원후 4세기 이전에는 서로 다른 문화를 가진 많은 민족들이 갈리아 지방에 살고 있었다. 그러다 기원후 4세기경, 프랑크족이 등장하고 갈리아라는 이름이 생겨났다. 그때 갈리아 지방도 세 지역으로 나뉘었다. 그와 비슷하게 프랑스 혁명의 모토 역시 자유, 평등, 박애 세 가지였다. 또 1998년, 프랑스 월드컵의 공식구 '트리콜로'의 색깔도 빨간색, 흰색, 파란색 세 가지였다.

# 4 2의 제곱

4는 2를 제곱하거나, 2를 두 배 해도 얻을 수 있으며, 2에 2를 더해도 얻을 수 있다.

✲

두 개의 2로 4를 만드는 행위에는 뭔가 중요한 진실이 있다. 조지 오웰의 《1984》에서 진리부의 윈스턴 스미스는 이렇게 외친다. "자유란 2 더하기 2가 4라고 말할 수 있는 자유다. 만약 그 자유가 보장되면 다른 모든 것도 따라온다." 도스토예프스키는 곱셈에 관심이 있었다. 1864년에 발표된 소설 《지하에서 쓴 수기》에는 다음과 같은 구절이 있다. "세상에! 도표와 산술 앞에서, $2\times2=4$라는 명백한 수식 앞에서, 인간의 자유의지가 무슨 소용이 있는가? $2\times2=4$는 나의 의지와는 상관이 없다. 마치 그런 게 자유의지라는 듯이!"

✲

등식 $4=2+2=2\times2=2^2$는 놀라운 만큼이나, 때로 더 이해하기 힘든 패턴을 만들기도 한다. 두 개의 원소를 갖는 집합 {a, b}를 생각해 보자. 이 집합의 부분집합은 4개로 {a}, {b}, {a, b}(원래의 집합), {ø} (공집합)이다. 이때 처음 집합의 원소가 $n$개라면, 그 부분집합의 개수를 구하는 공식은 무엇일까? $2n$? $n^2$? $2^n$? $n^n$? 이 공식들은 $n$이 2일 경우에는 항상 성립한다. 지금은 퀴즈 시간이 아니니까 답을 공개하면 답은 $2^n$

이다. 여기에는 간단한 2진법의 원리가 숨어 있다. *n*개의 원소 각각은 모두 특정한 부분집합에 속하거나, 속하지 않는다. 이러한 두 가지 경우가 *n*회 반복되므로, 최종 답은 $2^n$이 되는 것이다.

4(four)는 또한 단어의 알파벳 개수가 그 숫자 자체와 같은 유일한 숫자다. 이뿐만이 아니다. 어떤 숫자든 골라서 단어의 알파벳 개수를 세어보라. 그렇게 세어본 숫자의 알파벳 개수를 다시 세어보고, 그런 식으로 계속 반복한다. 어떤 숫자에서 시작했든 당신은 결국 4에 도달하게 되어 있다. 그 증명은 생각보다 간단하다. 어떻게 하면 될까?

(해답 참조)

과학자들은 자연에 4가지의 근원적 힘(중력, 전자기력, 약한 핵력, 강한 핵력)이 존재한다고 말한다. 이처럼 세상에 존재하는 수많은 것들도 4가지로 나뉜다.

| 방위 | 동 | 서 | 남 | 북 |
|---|---|---|---|---|
| 카드패 | 스페이드 | 하트 | 다이아몬드 | 클로버 |
| 오케스트라 구성 | 금관악기 | 목관악기 | 타악기 | 현악기 |
| 계절 | 봄 | 여름 | 가을 | 겨울 |

그 밖에 독자들은 자신만의 4가지 조합도 생각해 볼 수 있다. 여기서 4라는 조합의 기원은 피타고라스 학파까지 거슬러 올라간다. 조금 이상한 이 학파는 곧 살펴보기로 하고, 지금은 기원전 5세기에 이들이

분류했던 4가지 군[group]들을 알아보자.

| 숫자 | 1 | 2 | 3 | 4 |
|---|---|---|---|---|
| 크기 | 점 | 선 | 면 | 입체 |
| 원소 | 불 | 공기 | 물 | 흙 |
| 도형 | 사면체 | 팔면체 | 이십면체 | 정육면체 |
| 생물 | 씨앗 | 높이 | 폭 | 두께 |
| 사회 | 사람 | 마을 | 도시 | 국가 |
| 능력 | 이성 | 지식 | 견해 | 감각 |
| 계절 | 봄 | 여름 | 가을 | 겨울 |
| 삶의 단계 | 유아기 | 청춘기 | 장년기 | 노년기 |

피타고라스 학파는 수학도 네 영역으로 나누었다.

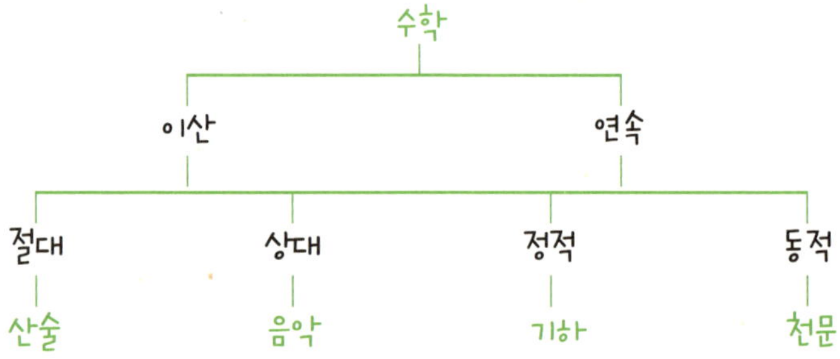


가장 아래에 있는 네 과목은 서양의 유명한 4학이다. 중세 시대에 학위를 따려면 이 네 과목을 반드시 이수해야 했다.

프랑스의 수학자이자 시인인 클로드 가스파르 바셰 드 메지리악은 4에 대한 유명한 추측을 남겼다. 그는 1부터 120까지의 수는 4개의 제곱수의 합으로 표현할 수 있음을 증명했다. 그리고 모든 양의 정수를 이런 식으로 표현할 수 있을 거라고 추측했다. (예를 들면, $120 = 64 + 36 + 16 + 4 = 8^2 + 6^2 + 4^2 + 2^2$. 이 추측은 사실상 '4개 혹은 그 이하'의 제곱수로도 위와 같은 표현이 가능함을 의미한다. 위 식의 $8^2 + 6^2$은 $10^2$으로 바꿀 수 있기 때문이다.)

피에르 드 페르마(1601-1655)는 바셰의 추측을 증명했다고 말했지만, 그 특유의 스타일대로 내용은 밝히지 않았다. 이 추측은 오랫동안 풀리지 않은 채로 남아 있었다. 그러다 1770년, 조셉 루이 라그랑주가 이 문제에 대한 증명을 출판했다.

네 제곱수 정리는 존재성 정리의 범주에 포함된다. 이 정리는 모든 양의 정수를 4개 제곱수의 합으로 표현할 수 있음을 보여주지만, 그 구체적인 방법은 알려주지 않는다. 실제 답을 구하려면 약간의 골치 아픈 계산이 필요하다. 예를 들어, $1718 = 49 + 144 + 625 + 900 = 7^2 + 12^2 + 25^2 + 30^2$ 이다. 1718은 $1600 + 81 + 36 + 1 = 40^2 + 9^2 + 6^2 + 1^2$으로도 표현할 수 있다. 또 제곱수가 중복되어도 무방하다. 예를 들어, 15는 $9 + 4 + 1 + 1$로만 표현된다. 이때 15는 3개, 또는 그 이하의 제곱수의 합으로 표현할 수 없다. 이렇게 4개의 제곱수를 전부 사용해야 하는 자연수만 가려내는 것도 가능하다.

1852년, 프란시스 거스리라는 젊은이가 영국 지도를 4개의 색깔만

써서 구분할 수 있음을 발견했다. 여기서 핵심은 2개의 인접한 주(오른쪽 지도에서 보듯 영국의 주는 모두 39개다.)를 같은 색깔로 칠할 수 없다는 것이다. 거스리는 친형인 프레더릭에게 다른 지도들도 이런 방식으로 칠할 수 있는지를 물었다. 프레더릭 거스리는 그의 지도교수였던 모건(기호논리학에서 모건의 법칙으로 잘 알려져 있는)에게 이 문제를 건넸다. 그렇게 게임의 막이 올랐다.

페르마의 마지막 정리처럼 4색 정리(혹은 4색 지도 정리)는 오랫동안 추측이 아닌 정리로 불렸다. 이 정리는 여러 번의 그릇된 접근과 노력 끝에, 1977년에 증명되었다.

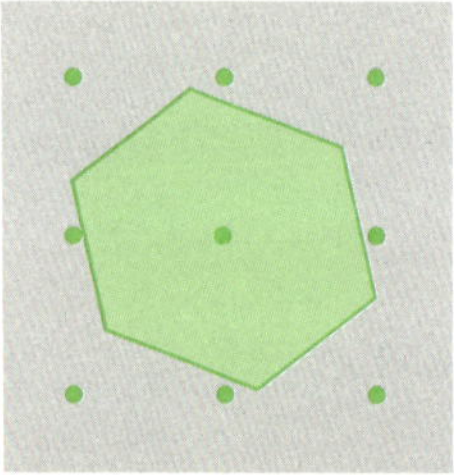

독일 수학자 헤르만 민코프스키는 기하학을 수론 증명에 도입한 학자로 유명하다. 그는 아주 다른 두 측면에서 4에 대한 업적을 남기기도 했다. 하나는 '시공간'이라 불리는 4차원 개념(일상적인 유클리드의 3차원 공간—우리가 살고 있는 공간—에 '시간'이라는 요소를 추가한 것)으로, 이것은 민코프스키 공간이라 불린다. 두 번째는 옆 그림을 보면서 설명해 보자.

여기서 인접한 두 점 사이의 거리를 1이라고 가정하자. 이때 6각형의 넓이는 얼마일까? 확실한 것은, 이 넓이가 점으로 둘러싸인 구역의 넓이보다 작다는 것이다. 이에 대해 민코프스키는 더 엄밀한 해답을 내놓았다. 넓이가 4인 볼록하고 대칭인 도형은 최소한 한 개 이상의 격자점을 포함한다는 것이다. 이는 $n$차원에서도 적용된다. 4차원의 경우, 특수한 4차원 공간을 만들어 라그랑주의 네 제곱수 정리를 증명할 수도 있다.

이번 장은 유쾌하게 끝내고 싶었지만 양심상 언급해야 할 것이 있다. 몇몇 문화권에서는 4라는 숫자를 좋아하지 않는다. 중국어, 한국어, 일본어 등의 언어에서는 '4'와 '死(죽음)'의 발음이 거의 동일하다. 그래서 이 문화권에서는 지금까지도 4에 대한 문화적 공포가 존재한다.

## 5 소수

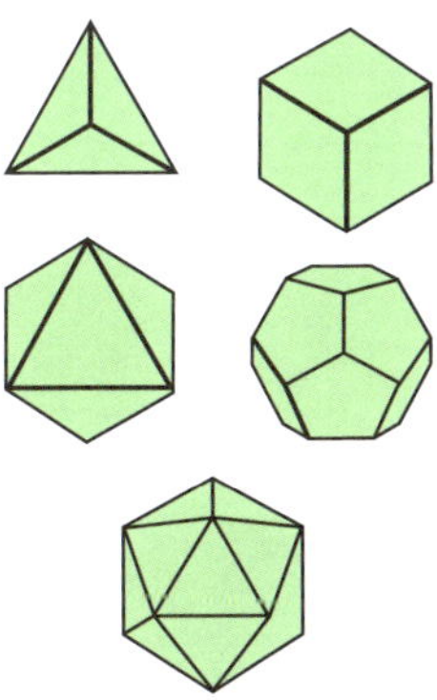

플라톤 입체에는 정확히 5개가 있다. 플라톤 입체란 모든 면의 형태가 동일한 3차원 형상을 말한다. 가장 친숙한 플라톤 입체는 정육면체로, 각 면이 정사각형으로 되어 있다. 그 다음으로 정사면체, 정팔면체, 정이십면체(한 면이 정삼각형), 정십이면체(한 면이 정오각형)가 플라톤 입체다.

기원전 300년경, 유클리드는 《기하학원론》에서 플라톤 입체는 5개 뿐이라고 언급했다. 그에 대한 증명은 테아이테투스가 한 것으로 알려져 있다(**2** 참조). 하지만 몇몇 입체들은 그보다 훨씬 이전에 발견된 것으로 보인다. 다음 사진은 기원전 2000년경의 유물로 추정되는 스코틀랜드 지방의 조각품이다.

세계 최대의 사무실 건물은 오각형 모양이며 그 이름도 펜타곤(오각형)이다. 버지니아 알링턴 시에 있는 펜타곤은 외부가 다섯 개의 변으로 둘러싸여 있고, 그 안으로 중심이 같은 다섯 개의 오각형이 있다. 각각의 오각형은 내부에 약 20,235m² 넓이의 안뜰을 가지고 있다. 처음에는 부지 형태 때문에 오각형 건물을 짓게 되었지만, 프랭클린 루스벨트 대통령이 부지를 다른 곳으로 옮긴 뒤에도 건물의 오각형 형상은 바뀌지 않았다. 루스벨트 대통령은 이 건축물에 큰 관심을 보이며 오각형 모양을 높이 평가했다. 이전까지 그런 건물이 없었기 때문이다.

펜타곤 공식 홈페이지에 따르면, 펜타곤의 넓이는 총 117,359m²이다. 여기에는 흥미로운 우연의 일치가 있다. 먼저, 정오각형의 꼭짓점들을 연결하면 내부에 작은 정오각형이 생긴다.

펜타곤 한 변의 길이를 1이라 할 때, 이것은 바깥에 있는 오각형 변 길이의 $\frac{38}{100}$이다. 즉, 내부 오각형의 넓이는 외부 오각형 넓이의 $\frac{145}{1000}$이다. 그런데 실제 펜타곤에 있는 20,235$m^2$ 넓이의 정오각형 안뜰은, 펜타곤과 같은 방향으로 놓여 있다. 앞의 그림처럼 뒤집힌 오각형이 아닌 것이다. 그럼에도 실제 펜타곤의 안뜰 넓이는 전체 펜타곤의 약 $\frac{147}{1000}$로, 앞쪽의 그림에서 발견되는 비율과 거의 같다.

요가에서는 종종 인간의 신체를 오각별로 간주한다. 이때 머리, 2개의 팔, 2개의 다리가 그 별의 꼭짓점이다. 요가의 '삼각자세'와 같은 동작에는 5개의 에너지 선이 있다. 숫자 5는 인간 심리에서도 중요한 역할을 한다. 19세기 스위스의 정신분석학자 엘리자베스 퀴블러 로스는 애도의 5단계를 부정 및 고립—분노—타협—우울—수용으로 정의했다.

학창시절이나 **2**에서 배운 2차 방정식을 떠올려보면, 방정식 $ax^2+bx+c=0$은 1개 또는 2개의 분명한 해를 갖는데 이때 $x$는 $\frac{-b\pm\sqrt{b^2-4ac}}{2a}$이다. 여기서 핵심은 해 $x$가 계수 $a$, $b$, $c$에 의해 결정된다는 것이다. 또 제곱근을 사용한 일반 3차 방정식 공식도 있는데, 이 경우는 2차 방정식보다 복잡하다. 그밖에 4차 방정식도 있는데 해를 구하는 데 훨씬 복잡한 방법으로 해를 구한다. 하지만 5차 방정식의 해를 구하는 위와 같은 공식은 없다. 즉, $ax^5+bx^4+cx^3+dx^2+ex+f=0$에서 계수 $a, b, c, d, e, f$와 루트를 사용해 해를 정식화하는 것은 불가능하다. 여기서는 끔찍하게 복잡한 계산과정을 거쳐도 해를 구할 수 없다. 그냥 그건 불가능하다.

5차 방정식 해의 불가능성은 갈루아 이론에서 도출되는 가장 유명한 결론일 것이다. 갈루아 이론은 프랑스 수학자 에바리스트 갈루아(1811-1832)의 이름을 딴 것이다. 그가 태어나고 죽은 해를 살펴보면 그의 재능이 얼마나 뛰어났으며, 또 그가 그렇게 일찍 죽지 않았다면 얼마나 대단한 수학적 업적을 남겼을지 상상할 수 있을 것이다. 갈루아의 연구내용은 그가 20세의 나이로 죽은 지 14년이 되던 1846년에야 비로소 공개되었다. (제곱근을 사용해 일반 5차 방정식의 해를 구할 수 없다는 것은 1823년, 노르웨이 수학자 닐스 헨릭 아벨에 의해 처음 증명되었다. 아벨 역시 불운한 수학자로, 26세에 결핵으로 죽었다.)

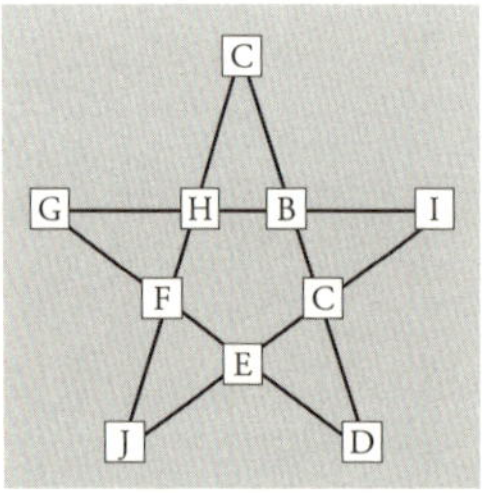


불가능성과 관련해, 마법의 오각별을 소개할까 한다. 이 오각별에는 10개의 꼭짓점이 있고 꼭짓점마다 문자가 들어 있다. 여기서 문자 대신 1부터 10까지의 숫자를 넣고, 각 선분에 있는 숫자들의 합이 모두 같다면 수학적으로 상당히 근사할 것이다. 하지만 1960년에 찰스 트리그가 증명한 것처럼 이것은 불가능하다.

올림픽 문양이 오대륙을 상징한다는 것은 아주 그럴듯해 보인다. 하지만 사실 세계에는 5개가 아니라 7개의 대륙이 있다. 그중 올림픽이 시행되지 않는 대륙은 남극 대륙뿐이다. 올림픽 문양은 현대 올림픽의 아버지인 쿠베르탱이 만든 것이다. 그는 비슷한 형태의 고대 그리스 문양을 본떠 올림픽 문양을 고안했다.

올림픽 문양에 나오는 오대륙은 아시아, 아프리카, 유럽, 아메리카, 오세아니아다. 올림픽 고리의 색깔(파랑, 검정, 노랑, 초록, 빨강)은 각 대륙에 정확히 들어맞지는 않지만, 세계의 모든 국기에 등장한다. 또 해저에는 올림픽 팀이 없지만, 바다에는 자연에서 발견되는 가장 놀라운 몇몇 오각형이 존재한다. 바로 오른쪽의 구멍연잎성게와 불가사리가 그것이다. 다섯 방향으로 뻗어나가는 방사형 대칭은 모든 극피동물의 특징이다. 극피동물은 불가사리를 포함하는 해양생물군을 말한다.

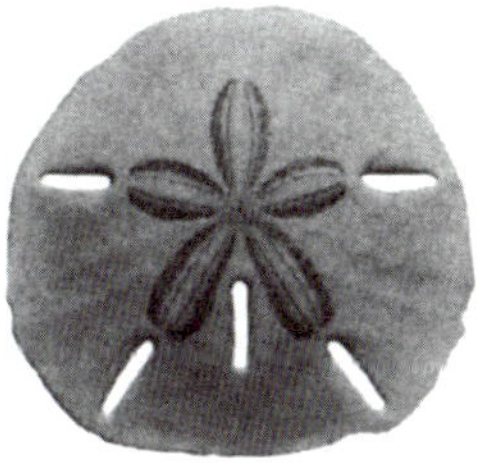

별에 대해서 좀 더 이야기해 보자. 애머스트 대학의 내 친구 노턴 스타는 5와 관련된 별난 성질을 알려주었다. 먼저 반지름이 1인 원이 있다. 여기서 원의 넓이는 $A = \pi r^2$로 $\pi$이다. 반지름의 길이가 1인 구에서 구의 부피는 $\frac{4}{3}\pi r^3$으로, 부피는 $\frac{4}{3}\pi$가 된다. $n > 3$일 때는, $n$차원에서의 단위구를 그림으로 나타낼 수는 없지만 원리는 간단하다. 단위원을 집합으로 표현하면 $\{x : x^2 \leq 1\}$ 이듯이, $n$차원에서의 단위구는 원소가 $n$개인 집합 $\{x_1, x_2, \cdots, x_n\}$으로 표현되고, 이때 다음과 같은 식이 성립한다($x_1^2 + \cdots + x_n^2 \leq 1$).

직관적으로 단위구는 단위상자처럼 차원이 커질수록 사이즈가 커질 것 같다. 예를 들어, 10차원짜리 택배 상자가 있다면 그 안에 아무리 거대한 짐이라도 넣을 수 있을 것이다. 하지만 차원이 높아져도 *n*차원 구체의 부피는 계속 증가하지 않는다. 놀랍게도 이 구체는 *n*이 5일 때 최대의 부피를 가지며, 그 뒤로는 부피가 감소한다. 실제로 *n*차원 구체의 부피는 *n*이 무한대로 갈수록 0에 가까워진다.

## 6

2×3, 1+2+3, 1×2×3

6은 세 번째 삼각수다. 블루 앤젤스 비행단의 사진을 보면 알 수 있다.

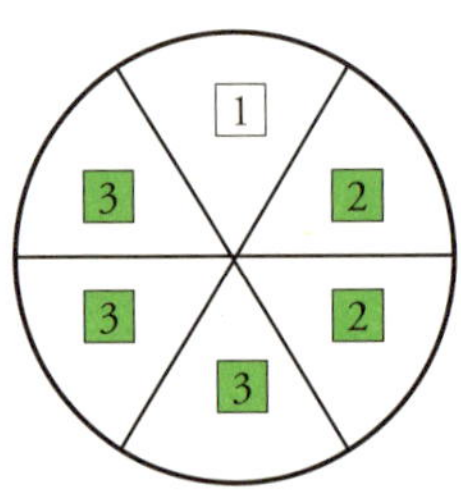


6은 첫 번째 완전수다. 완전수는 진약수의 합이 그 수와 같아지는 수를 말한다. 여기서 $6 = 1 + 2 + 3$, 또는 그림에서처럼 $\frac{1}{6} + \frac{2}{6} + \frac{3}{6} = 1$이다. 완전수는 아주 드문데, 6 다음의 완전수는 28이며 그 다음은 496

이다. 현재까지 발견된 완전수는 50개 이하이다.

1패덤fathom은 바다에서 6피트, 약 1.8m의 수심을 말한다. 패덤은 고대 영어 'faethm'에서 유래한 말로 '뻗은 팔'을 의미한다. 패덤은 '시체를 물속에 넣어 장사 지냄'을 뜻하는 '딥 식스deep six'와도 관련이 있어 보인다. 육지에서도 1.8m는 전통적으로 서양에서 관을 묻는 깊이였으며 거기서 '6피트 아래six feet under'라는 관용표현이 나왔다.

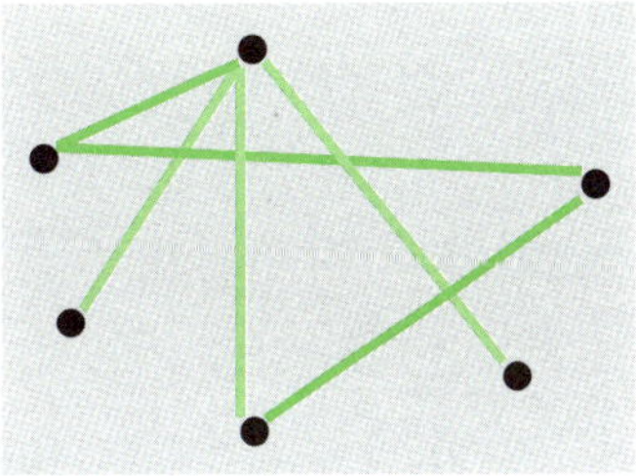

한 면에 6개의 점을 찍고 한 쌍의 점을 검은색과 회색 선으로 이어보라. 그러면 전부 선분이 검은색 또는 회색 선으로 된 삼각형이 적어도 하나는 그려질 것이다.

여기서 숫자 6은 중요한 역할을 한다. 만약 점이 5개뿐이라면 선분의 색깔이 모두 같은 삼각형이 나올 수 없다. 정오각형을 그린다고 해도 둘레는 회색, 내부의 대각선은 검은색으로만 그려야 했을 것이다.

아주 간단한 기하학을 이용해 이를 증명할 수 있다. 6개의 점 중에서 하나를 골라보자. 그 점에서 다른 점으로 이을 수 있는 선분은 5개다. 사용 가능한 색깔은 2개뿐이므로, 5개 선 중에서 세 선은 같은 색(예를 들어 회색)이어야 한다. (위 그림에서도 회색 선이 3개다. 그러나 검은색이어도 상황은 같다.) 이제 위 선분들의 반대쪽 점을 살펴보자. 만약 그중 두 점이 회색 선으로 연결되었다면, 회색 삼각형이 생길 것이다. 그렇지 않다면 선분은 모두 검은색일 테고, 검은색 삼각형이 만들어질 것이다.

위 증명이 조금 어렵다 해도 걱정할 필요는 없다. 사실 이 문제는 1953년, 윌리엄 로웰 퍼트남 수학경시대회(미국의 수학과 대학생들을 위한 수학경시대회—옮긴이)에 출제된 것이니까. 정확한 문제는 "6명으로 된 어떤 집단에서든 항상 서로 아는 세 명의 친구나, 또는 서로 모르는 세 명의 낯선 사람들이 존재한다는 사실을 증명하시오"였다. 이 문제는 앞의 검정선, 회색선 문제와 같은 것이다. 처음 문제에서 두 점 사이를 잇는 선은 아래 문제에서 두 사람 사이의 친분을 의미한다.

✪

사람 사이의 친분에 대해 조금 더 알아보자. 지금은 아주 유명해진 '6단계 분리 이론'은 지구상의 어떤 두 사람이라도 6명의 아는 사람들만 거치면 서로 연결될 수 있다는 이론이다. 이 개념의 기원은 1929년에 헝가리 작가 프리게시 카린티가 발표한 단편소설《연쇄Chains》로 거슬러 올라간다. 사실 이것은 그렇게 터무니없는 생각이 아니다. 두 사람 사이의 새로운 만남은, 그들 사이에 엄청나게 방대한 새로운 인간관계를 펼쳐놓는다. 관계가 얽힐수록 그 수는 거의 기하급수적으로 늘어난다.

사회심리학자 스탠리 밀그램은 1967년에 카린티의 생각을 실제로 실험해 보았다. 그는 미국 중서부에서 무작위로 사람들을 골라, 각각의 사람들에게 매사추세츠, 케임브리지로 소포를 보내라는 임무를 주었다. 실험자들에게 제공된 정보는 소포를 받는 사람의 이름, 직업, 그리고 대략적인 위치뿐이었다. 당시 시험자들은 구글이나

switchboard.com(사람, 주소찾기 사이트—옮긴이) 같은 웹사이트 없이, 가장 도움이 될 것 같은 친구나 지인들을 통해 건너건너 소포를 보내야 했다. 때문에 그 소포들이 전부 배달되지는 않았다. 그러나 소포 배달에 성공한 사례에서 중간 다리 역할을 한 사람들의 평균 숫자는 5명이었다.

이와 같은 '작은 세계' 개념은 존 궤어의 1990년작 희곡인 《6단계의 분리Six Degrees of Separation》, 그리고 스토카드 채닝, 윌 스미스, 도널드 서덜랜드가 출연한 1993년작 동명영화를 통해 유명해졌다. 여기에 인터넷이 몇몇 새로운 아이디어를 제공했다. 밀그램 실험의 새로운 버전들이 다양하게 쏟아져 나왔다. 그중 가장 인상적인 것은 '케빈 베이컨의 6단계'라는 게임이다.

| 베이컨 번호 | 배우의 수 |
|---|---|
| 0 | 1 |
| 1 | 1,879 |
| 2 | 158,022 |
| 3 | 447,500 |
| 4 | 109,360 |
| 5 | 8,178 |
| 6 | 863 |
| 7 | 93 |
| 8 | 13 |

케빈 베이컨은 여러 편의 유명한 영화에 출현했기 때문에, 대부분의 남자배우와 여자배우들은 3단계, 혹은 그 이하의 단계를 통해 그와 연결될 수 있다. 번호 0은 베이컨 자신이며, 1은 베이컨과 같은 영화

에서 연기를 했던 1879명의 배우들을 가리킨다(2004년 기준). 위에 언급한 3명의 헐리우드 스타들은 각각 베이컨 번호 2, 2, 1에 해당한다. 서덜랜드는 영화 「JFK」에서 베이컨과 맞서는 인물로 출현했다. 80만 명의 배우 데이터베이스에서 이들의 평균 베이컨 번호는 2.95로 놀랍게도 낮은 수치를 보인다.

이 데이터베이스는 케빈 베이컨이 헐리우드에서 얼마나 핵심적인 인물인지 잘 보여준다. 그러나 동일한 데이터베이스에서 베이컨보다 훨씬 더 핵심적인 배우들이 천 명 이상 드러나기도 했다. 가장 중심에 있는—평균 2.67명만 건너뛰면 데이터베이스의 모든 배우들과 연결 가능한—배우는 아카데미 상을 받은 로드 스테이거로 밝혀졌다.

수학 세계에서도 베이컨 번호와 비슷한 번호가 있다. 다작으로 유명했던 헝가리 수학자 폴 에르되시와 공동으로 논문을 집필한 사람은 에르되시 번호 1번을 부여받는다. 그런 식으로 단계가 이어진다. 베이컨 번호처럼 모든 수학자들은 에르되시 번호를 갖는다. 이때 에르되시 번호는 모두 한 자리 수다.

궁극의 조합은 에르되시-베이컨 번호다. 피겨 스케이팅에서 심판들이 각각 점수를 매겨 더하듯이, 에르되시 번호값과 베이컨 번호값을 더해서 새로운 번호를 만드는 것이다. 여배우 다니카 멕켈라(「케빈은 열두살」에서 위니 역할을 했던)는 캘리포니아 대학에서 수학을 전공했는데, 그녀의 에르되시-베이컨 번호는 6이다(4 + 2 = 6). 그러나 MIT 교수인 다니엘 클레이트만은 에르되시와 논문을 집필했고, 동시에 영화 「굿윌헌팅」에도 출현했기 때문에 에르되시-베이컨 번호가 3이다.

위대한 프랑스 수학자 아드리앵 마리 르장드르(1752-1833)는 통계학 교과서에서 선형회귀/곡선일치의 '최소 제곱법'이라 불리는 방법을 개발한 사람이다. 그런 그가 아주 드문 실수를 하나 저질렀는데, "6은 두 유리수의 세제곱의 합이 될 수 없다"라고 말한 것이다. (명백히 두 정수의 세제곱의 합으로는 6을 구할 수 없다. 하지만 무리수가 허용되면 자명한 해 1과 5의 세제곱근을 통해 6을 얻어낼 수 있다.) 르장드르는 19세기 후반과 20세기 초에 활약했던 영국의 퍼즐왕, 헨리 듀드니가 $6=\left(\frac{17}{21}\right)^3+\left(\frac{37}{21}\right)^3$라는 놀랄 만한 반례를 찾아낸 것을 보지 못하고 죽었다.

도시를 나타내는 많은 점들이 찍힌 지도가 있다. 이제 가장 가까운 점들끼리 이어서 모든 점을 연결한다. 그러면 놀랍게도, 어떤 도시도 6개 이상의 선분으로 연결되지 않는다는 것이 드러난다.

조금 믿기지는 않지만, 위 내용의 증명은 놀랄 만큼 쉽다. 이는 $\frac{360}{6}=60$이라는 간단한 수식과 관련이 있다.

예를 들어 스프링필드라는 도시에 6개 이상의 선이 연결되었다고 가정하자. 그러면 $\frac{360}{7}<60$이므로, 그 선들 중 두 선의 사잇각은 60도보다 작을 것이다.

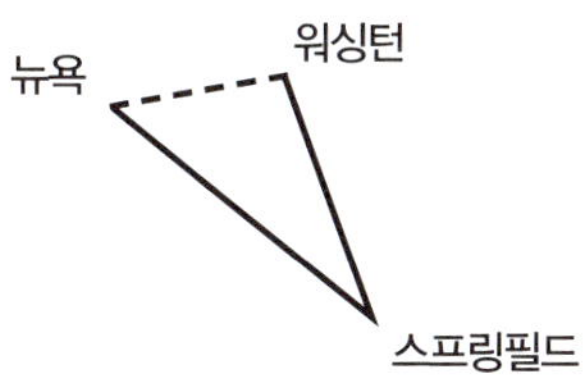


그러면 스프링필드를 꼭짓점으로 하고, 그 사잇각이 60도 이하인

삼각형이 생겨난다. 위 사실이 참이라면, 삼각형의 다른 두 내각 중 하나는 최소한 60도 이상이어야 한다. 삼각형의 내각의 합은 180도이기 때문이다. 특히, 뉴욕과 워싱턴 사이의 거리는 뉴욕과 스프링필드, 또는 워싱턴과 스프링필드 사이의 거리보다 작아야 한다. (위 그림에서는 둘 다 작다.) 하지만 뉴욕과 워싱턴이 세 점 중에서 가장 가깝다면, 처음 가정에 따라 선은 그 두 점 사이를 연결했어야 한다. 즉, 다른 도시를 잇는 선분들은 거기 존재할 수가 없다. 이것으로 증명은 끝났다.

위 문제와 관련된 다른 예를 살펴보자. 육각형은 2차원 타일 맞추기에서 독특한 위치를 갖는다. 육각형 타일 맞추기는 용어가 낯설 뿐 사실 우리에게 아주 익숙한 것이다. 육각형 타일 맞추기는 육각형 철조망, 벌집, 오래된 화장실 타일 등에서 자주 볼 수 있다.

그러나 6개 이상의 변을 갖는 다각형으로는 타일 맞추기를 할 수 없다. (변이 6개 이하인 다각형 중에서는 정삼각형과 정사각형으로 타일 맞추기가 가능하다. 그러나 정오각형으로는 불가능하다.) 타일 맞추기에서 핵심은 다각형의 내각에 있다. 정삼각형, 정사각형, 육각형의 내각은 각각 60도, 90도, 120도이다. 이 숫자들로 360을 나누면 정수로 떨어진다. 예를 들면 3개의 육각형은 각 꼭짓점에서 만나며 정확히 공간을 채운다. 이때 $3 \times 120 = 360$이라는 식이 자연스럽게 떠오른다. 하지만 변이 6개 이상인 다각형은 내각이 120도보다 크다. 그중 360을 정수로 나누는 숫자는 180이 유일한데, 이는 도형이 아니라 선분을 나타내는 각도다.

(유일한 다른 예로 내각이 108도인 정오각형을 들 수 있다. 그러나 안타깝게도 108도로는 한 꼭짓점 주위를 둘러싼 360도를 만들 수 없다.)

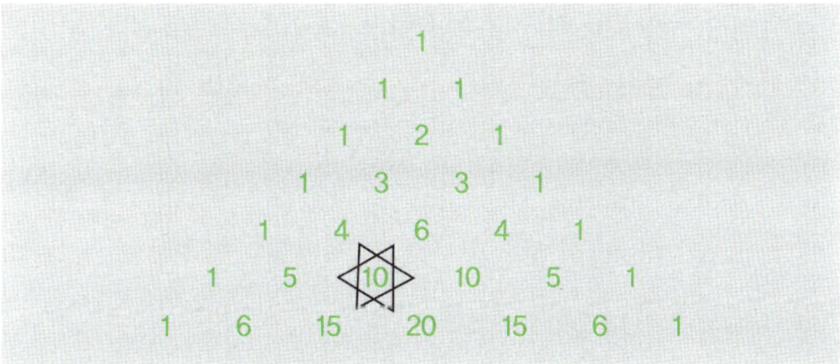


두 개의 정삼각형을 포개 놓으면 '다윗의 별'이라 불리는 육각별이 만들어진다. 유대교의 상징인 다윗의 별은 중세부터 사용되었다. 이 형태는 1948년, 이스라엘의 건국과 더불어 이스라엘의 국기에도 쓰이고 있다.

수학에서 다윗의 별 정리는 파스칼 삼각형 내에서의 특정한 관계식을 말한다(**3** 참조). 먼저 파스칼의 삼각형에서 한 숫자를 택해 이를 그림처럼 다윗의 별로 에워싼다. 다윗의 별을 이루는 두 정삼각형의 꼭짓점은 각기 다른 3개의 숫자를 가리킨다. 한 정삼각형의 꼭짓점은 5, 6, 20이고 이를 전부 곱한 값은 600이다. 다른 정삼각형의 꼭짓점은 4, 10, 15를 가리키는데 이를 전부 곱해도 600이 나온다. 이 성질은 다른 위치에서도 항상 성립하며, 그래서 '다윗의 별 정리'라는 이름이 붙었다. 파스칼의 삼각형 아래 열로 내려갈수록 이 성질은 우리를 더욱 놀라게 한다.

눈송이가 육각형인 것은 누구나 안다. 처음 이 문제를 연구한 최초의 인물은 요하네스 케플러였다. 전하는 말에 따르면 1611년, 케플러가 블타바 강의 다리를 건널 때 눈송이가 그의 외투에 떨어졌다. 그때 그는 눈송이에 대한 논문을 후원자에게 바치겠다고 결심했다. 케플러는 꽃잎에서 벌집, 눈송이에 이르기까지 자연에서 발견되는 6의 풍부함은, 무언가를 채우는 데 효율적인 육각형의 성질과 관련된, 자연의 심오한 구조적 원리—그는 이를 '형상력'이라 불렀다—에서 태어난다고 보았다. 케플러는 분명 말재간이 있는 사람이었다. 라틴어로 쓴 논문에서 그는 눈송이를 '닉스'라 불렀다. 이는 북부 독일어로 '아무것도 아닌 것'을 뜻한다. 논문을 쓰는 데 돈이 들지 않는다는 사실이 분명 케플러에게는 반가웠을 것이다. 케플러는 루돌프 2세의 왕실 천문학자로 일하는 동안, 황제의 인색함 때문에 오랫동안 가난하게 지냈다.

## 7 소수

7은 지금까지 본 숫자들보다 다루기 어렵다. 7과 관련된 기하학은 명백한 패턴으로 정형화되지 않기 때문이다. 이런 특징 때문에 7은 신경과 의사에게 유용한 숫자이기도 하다. 초기 치매를 진단할 때 쓰이는 기본적인 테스트는 100에서 7을 반복해서 빼는 것이다. 그 순서는 100, 93, 86, 79, 72… 가 된다. 7은 5를 반복해서 빼는 것보다 훨씬 까다롭기 때문이다.

5가 대적할 수 없는 7만의 멋진 패턴은 분수 $\frac{1}{7}$ : 0.142857에서도 발견된다. 이때 소수 자리에 있는 수들을 다른 수로 곱한 표를 보자.

| 142857× | |
|---|---|
| 2 | 285714 |
| 3 | 428571 |
| 4 | 571428 |
| 5 | 714285 |
| 6 | 857142 |
| 7 | 999999 |

수 142857은 순환수라 부른다. 이 숫자를 곱한 값은 첫 번째 오는 숫자의 종류만 달라질 뿐 결국 1, 4, 2, 8, 5, 7로 되어 있기 때문이다. 이 놀라운 현상의 포인트는 $\frac{1}{7}$의 반복되는 소수 부분이 6자리 숫자라는 데 있다. 이런 성질을 갖는 다음 분수는 $\frac{1}{17}$로 그 값은 0.0588235294117647이다. (여기서는 반복되는 소수 부분이 16자리다. 일반적으로 분수 $\frac{1}{p}$의 소수 전개가 $(p-1)$자리 수로 반복될 때, 그런 수를 순환수라 부른다.)

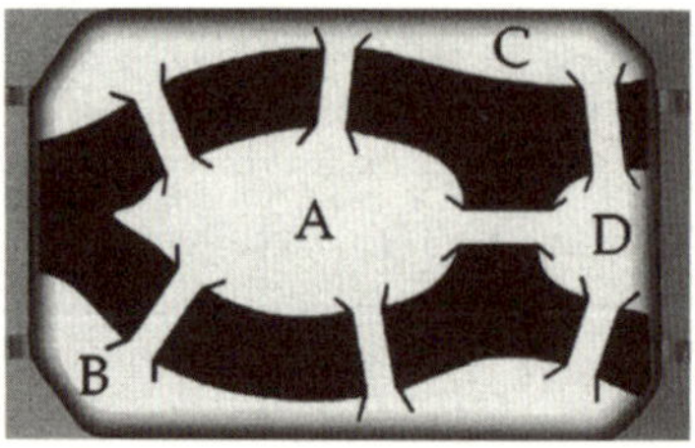


쾨니히스베르크의 7개 다리는 레온하르트 오일러가 연구한 위상수학 문제다. (아마 최초의 위상수학 문제일 것이다.) 전하는 말에 따르면 오일러는 옛 프로이센 도시에 있던 이 다리들을 천천히 거닐었다고 한다. (지금 이 도시는 러시아령이 되었고, 1946년에는 도시 이름도 칼리닌그라드로 바뀌었다.) 이 다리들은 강으로 나눠진 도시의 여러 구역을 잇는데, 당시의 문제는 같은 다리를 2번 건너는 일 없이 7개의 다리를 한 번에 모두 건널 수 있는가 하는 것이었다.

오일러는 이것이 불가능함을 깨달았다. 이 문제는 다리의 구조를 다이어그램으로 만들면 훨씬 쉽게 분석할 수 있다. 모든 다리를 한 번에 지나는 오일러 경로의 불가능성은 쾨니히스베르크의 마디점 구조 때문이다. 즉 A, B, C, D 구역의 입구와 출구의 개수 때문이다.

오일러 경로가 가능하려면 입구-출구 개수가 홀수인 지점이 2군데이거나, 한 군데도 없어야 한다는 사실이 밝혀졌다. 하지만 쾨니히스베르크에서는 모든 마디점이 홀수의 입구-출구 개수를 가지고 있다—A 지역은 5개, 나머지 지역은 3개. 쾨니히스베르크를 거닐던 오일러의 산책은 수학사에서 중요한 것이었지만, 당시 이 도시에 살던 임마누엘 칸트의 산책은 다른 의미로 중요한 것이었다. 소문에 따르면 칸트의 산책 시간은 너무나 정확해서 그 지역 사람들은 그가 나타나는 것을 보고 시계를 맞췄다고 한다.

7개의 유명한 일곱

| 대륙 | 요일 | 로마의 7대 언덕 | 고대의 7대 불가사의 | 현대의 7대 불가사의 | 스펙트럼 색깔 | 7대 죄악 |
|---|---|---|---|---|---|---|
| 아시아 | 일 | 아벤티노 언덕 | 기자의 피라미드 | 엠파이어 스테이트 빌딩 | 빨 | 색정 |
| 유럽 | 월 | 첼리오 언덕 | 바빌론의 공중정원 | 이타이푸 댐 | 주 | 대식 |
| 아프리카 | 화 | 카피톨리노 언덕 | 에페소스의 아르테미스 신전 | CN 타워 | 노 | 탐욕 |
| 오세아니아 | 수 | 에스퀼리노 언덕 | 올림피아의 제우스 상 | 파나마 운하 | 초 | 나태 |
| 북아메리카 | 목 | 팔라티노 언덕 | 마우솔로스의 영묘 | 영불 해협 터널 | 파 | 분노 |
| 남아메리카 | 금 | 퀴리날레 언덕 | 로도스 섬의 거상 | 네덜란드 델타 프로젝트 | 남 | 시기 |
| 남극 | 토 | 비미날레 언덕 | 알렉산드리아의 등대 | 금문교 | 보 | 교만 |

일반 주사위에서 두 반대면의 점들을 모두 더하면 7개가 된다. 또 카드게임에서는 카드를 7장씩 반복해서 섞으면 전체 카드를 전부 무작위로 섞을 수 있다고 알려져 있다.

프리즈 문양이란 하나의 패턴을 한 방향으로 반복해서 배치하는 것을 말한다. 프리즈 문양은 벽지나 옛 건축물의 장식에서 자주 발견할 수 있다. 우리는 수많은 프리즈 문양에 익숙하지만, 프리즈라는 용어는 잘 모른다. 더 알려져 있지 않은 사실은 프리즈 문양이 나타낼 수 있는 대칭 형태가 근본적으로 7가지뿐이라는 것이다. 프린스턴 대학의 존 콘웨이는 이 '일방향적' 대칭의 7가지 종류를 나타내기 위해 발자국 문양을 이용했다. 아래 그림을 보자.

1. 한발 뛰기 (단순한 평행이동 대칭)

2. 걷기 (평행이동 및 미끄럼 반사 대칭)

3. 게걸음 (평행이동 및 수직 반사 대칭)

4. 돌아 한발 뛰기 (평행이동 및 반바퀴 회전 대칭)

5. 돌아 게걸음 (평행이동, 미끄럼 반사, 반바퀴 회전 대칭)

6. 점프 (평행이동 및 수평반사 대칭)

7. 돌아 점프 (평행이동, 수평 및 수직반사, 회전 대칭)

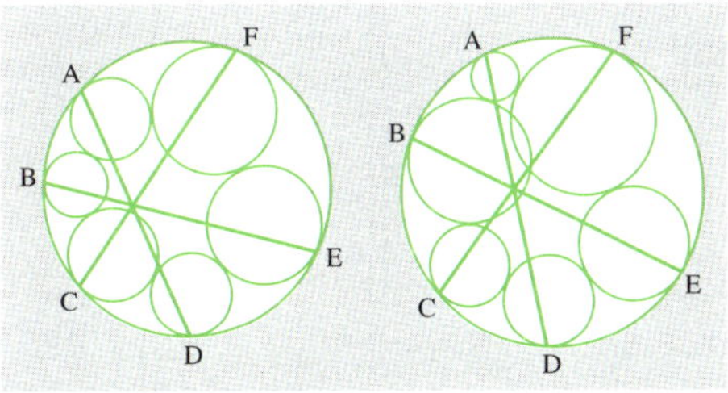


다음 그림은 '7원 정리'를 나타낸 것이다. 원 하나를 그리고 거기에 접하는 원을 차례대로 6개 그려나가면, 6개의 접점이 생겨난다. 이 6개의 점은 세 쌍으로 나눌 수 있는데, 놀랍게도 각 쌍의 점을 서로 이은 세 선분은 한 점에서 만나게 된다. 이 성질은 7개 원의 크기나 배치가 어떻든 항상 성립한다.

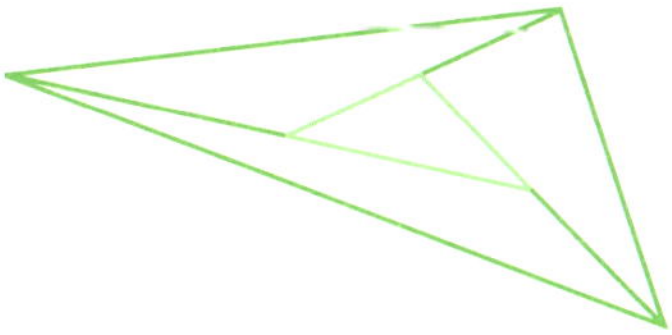

위처럼 삼각형(회색) 하나를 그리고 각 변을 2배로 늘려 보자. 그러면 큰 삼각형 하나를 만들 수 있는데, 이 삼각형의 면적은 처음 삼각형의 7배가 된다. 삼각형의 한 꼭짓점과 맞은편 선분의 가운데를 이으면, 삼각형 면적이 $\frac{1}{2}$등분 된다. 위 그림에 몇 개의 선만 추가하면 7개의 삼각형을 만들 수 있다. 그 삼각형들의 면적은 모두 같고 중간의 삼각형이 큰 삼각형 면적의 $\frac{1}{7}$이 된다는 것도 확인할 수 있다.

왼쪽 그림은 '7 세그먼트 표시장치'로 불린다. 이름은 잘 알려지지 않았지만 이것은 0부터 9까지의 숫자나 A, b, C, d, E, F 등의 알파벳을 표시하는 표준적인 방법이다. 여기서 b, d가 소문자인 이유는 대문자 B, D는 8, 0과 구분되지 않기 때문이다. '7 세그먼트 표시장치'의 숫자들은 조금 기울이면 더 잘 알아볼 수 있는데, 왼쪽 숫자는 우리의 다음 번 숫자인 8을 나타낸다.

# 8 $2^3$

8의 많은 성질은 2의 세제곱수라는 것과 관련이 있다. 예를 들어, 커다란 나무 블록을 3번 자르면 8개의 조각이 된다. 동시에 8은 완전히 다른 공식에도 등장한다.

번식력이 대단한 토끼를 상상해 보자. 먼저 암컷, 수컷 한 쌍의 토끼에서 시작한다. 번식 규칙은 (1) 한 쌍의 암수 토끼는 1개월마다 번식 능력을 갖는다. (2) 이때 한 쌍의 암수 토끼는 한 쌍의 새끼를 낳는데, 이 과정은 매달 반복된다. 만약 토끼들이 죽지 않는다고 가정할 때, 토끼들의 수는 다음 그림처럼 불어난다.

토끼의 오른쪽에 표시된 숫자는 그 유명한 피보나치 수열이다. 이것은 피사의 레오나르도(1175-1250)의 이름을 딴 것이다. 그는 서구 세계에서 수열을 연구한 최초의 수학자이며, 이 수열을 토끼에 비유한

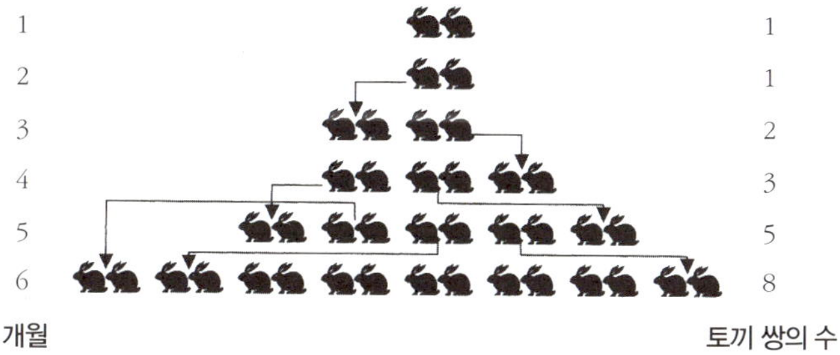


첫 번째 인물로 알려져 있다. 피보나치 수열은 아주 다양한 상황에서 쓰이는데($n$단계 계단을 한 번에 1단, 또는 2단씩만 이동하면서 오르는 방법의 수, $2\times n$ 체커보드를 $2\times1$ 도미노로 채우는 법 등) 피보나치 수열을 이해하는 데 이런 사례나 위의 토끼들이 꼭 필요한 것은 아니다. 찬찬히 뜯어 보면 피보나치 수열의 특정항은 앞선 두 항의 값을 더한 것이기 때문이다. (수학적 용어로 이것은 '재귀적으로 정의된 열'의 한 보기다.)

피보나치 수열과 관련된 토끼들의 짝짓기가 별로 와닿지 않는다면, 다른 역설을 생각해 보자. 우리가 윗대의 가계도를 추적하면 부모님은 2명, 조부님은 4명, 증조부님은 8명이 계신다. 그 위쪽으로는 16명의 조상, 더 위로는 32명의 조상들이 있고 그런 식으로 가계도가 이어진다. 그러나 조상들의 수를 계속 두 배씩 곱해도 될까? 그렇지 않다. 오늘날의 인구는 수세기 전보다 훨씬 많다. 특히 피보나치가 지금부터 30세대 전에 살았다고 하면, 우리가 그때 $2^{30}$(10억이 넘는 수다.)명의 선조들을 가졌을 리가 없다. 그때는 세계인구가 그렇게 많지 않았다. 무슨 일이 일어난 것일까? 결론은 $2^{30}$이라는 계산에서 수많은 중복 곱셈이 있었다는 뜻이다. 즉, 사람은 끝없이 짝짓기를 하는 토끼들에 비해 조금 더 인간다운 방식으로 번식했다는 것이다.

8은 피보나치 수이면서 동시에 완전 세제곱 수이다. 8은 피보나치 수열의 마지막 세제곱 수인데, 같은 성질을 갖는 유일한 다른 숫자는 1이다. 게다가 8은 소수 이웃(7)을 가진 가장 큰 피보나치 수이다. (피보나치 수열에 대해서는 뒤에서 더 언급할 것이다. 이때 소수 이웃을 갖는 피보나치 수가 8 이후에는 없음을 확인할 수 있을 것이다.)

미국에서 도로의 '정지' 표지판은 1920년대부터 8각형으로 표시했다. 자동차 운전자들이 반대편에서도 뚜렷하게 그 형상을 알아볼 수 있다고 여겼기 때문이다. 지금도 대부분의 영어권 국가에서는 동일한 모양을 사용하고 있다.

8에 대한 기하학은 단순한 팔각형보다 훨씬 다양하다. 예를 들어, 정사각형은 왼쪽 그림처럼 8개의 예각삼각형(모든 각이 90도보다 작은 삼각형)으로 나뉜다. 7개의 삼각형으로는 부족하다.

정사각형과 숫자 8 사이에는 다음의 관계가 있다. 정사각형 안에 비대칭적 형상을 그리면, 아래처럼 회전과 반사를 통해 정확히 8개의 다른 이미지를 얻을 수 있다. (가장 왼쪽 형태를 90, 180, 270도 회전시키면 오른쪽 세 개 그림이 나오고, 위쪽 줄의 그림을 반사시키면 아래쪽 그림들이 나온다.) 수학용어로 이 그림들은 8개의 정이면체군이라고 한다. 일반적으로 $n$개의 변을 갖는 정다각형의 정이면체군은 $2n$개이다.

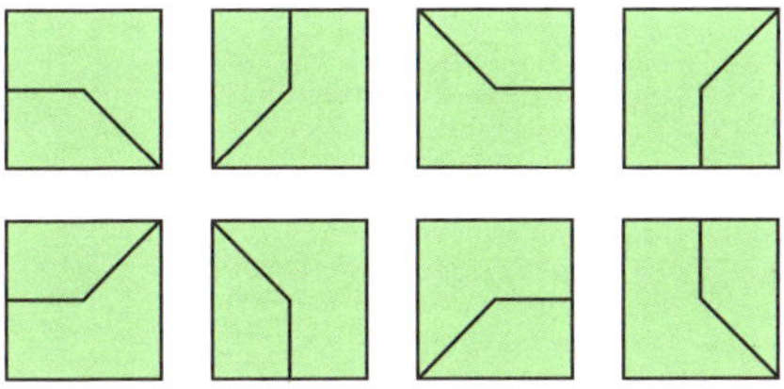

52개 카드를 무작위로 펼치기 위해서는 7번 섞으면 충분하다고 알려져 있다. 그러나 리플 셔플(카드를 양손에 반씩 나누어 차례대로 겹쳐쌓듯 섞기—옮긴이)을 완벽하게 8번 하면 52장의 카드를 다시 원래 순서대로 되돌릴 수 있다.

거미들은 8개의 다리가 있고, 눈의 개수도 보통 8개다. 8개의 다리 때문에 거미는 일반적인 곤충과 구분된다.

팔각형octagon은 8개의 변을, 문어octopus는 8개의 다리를 가지고 있다. 그렇다면 10월october은 8번째 달이어야 할 것이다. 하지만 October는 10월이다. 왜 그럴까? 그 이유는 October가 원래는 로마 달력에서 8번째 달이었기 때문이다. 당시는 1월과 2월이 생겨나기 전으로, 겨울의 두 달에 이름이 없었다.

조정 경기에서 8은 보통 8명의 크루(키잡이는 제외)를 의미한다. 하지만 8은 다른 스포츠에도 많이 쓰인다.

예를 들어, 달리기 트랙이나 수영장 트랙은 일반적으로 8개의 레인을 갖는다. (두 경기 모두, 모든 트랙이 똑같이 공평한 것은 아니다. 어떤 위치는 다른 위치보다 더 유리한 것으로 알려져 있다.)

수영에서 제일 유리한 중간 트랙은 2008년 베이징 올림픽에서 8개의 금메달을 휩쓴 미국의 수영스타 마이클 펠프스의 자리였다. 베이징 올림픽은 8을 행운의 숫자로 보는 중국의 관습에 따라, 2008년 8월 8일에 개막했다.

숫자 8은 과거의 피겨 스케이팅과 관련이 있다. 이것은 한때 피겨 선수들이 빙상 위에서 반드시 해야 했던 8개의 스케이팅 기술을 말한다. 이 기술은 1988년 동계올림픽을 마지막으로 끝이 났다.

'8개의 살대를 가진 바퀴'라는 개념은 불교의 상서로운 여덟 상징 중 하나인 법륜까지 거슬러 올라간다. 또 두 개의 원으로 8을 나타내는 것은 골프에서 잘 알려져 있다. '스노우맨'이라는 용어는 한 홀에서 8타를 치는 것을 말한다. 물론 이는 트리플 보기(한 홀에서 기준 타수보다 세 타수 많은 것—옮긴이)보다는 좋지 않다.

# 9 $3^2$

등식 $9 = 3^2$은 $8 = 2^3$ 다음에 오는 멋진 후속편이다. 둘은 성질도 비슷하다. 앞뒤 숫자가 모두 제곱수인 숫자들은 오직 이 둘뿐이다. 특히 $2^3$과 $3^2$라는 대칭은 얼마나 근사한가.

미국 스포츠에서 '나인'은 야구팀을 의미한다. 이 숫자는 야구에 속속들이 배어 있다. 공식 득점 카드를 사용할 때도, 각 수비수는 1번(투수)부터 9번(우익수)까지의 숫자를 배정받는다. 또 매회 주어진 아웃 횟수는 3번이며, 3회 스트라이크는 1회 아웃이다. 어떤 경기에서는 모든 회에서 9회 스트라이크, 3회 삼진 아웃이 터지기도 한다. (메이저리그 야구 역사에서 이런 경우가 40번 이상 있었다.) 그리고 만약 한 팀이 경기가 시작했는데도 경기장에 나타나지 않으면 몰수패를 당한다. 이때 반대편 승자에게는 야구 게임의 전체 회수와 동일한 9점을 준다. 이렇게 한 팀이 나타나지 않아 9-0 스코어로 끝난 메이저리그 경기도 있다.

9가 3의 제곱이라는 친숙한 사실에서 여러 게임이 나왔는데, 삼목두기라고도 불리는 틱택토tic tac toe 게임이다.

틱택토는 아주 간단한 게임이다. 해본 적이 없다 해도, 상대가 누구든 무승부 정도는 끌어낼 수 있다. 물론 이길 수도 있다. "틱택토 암탉 진저"(미국에서 벌어진 틱택토 게임대회의 유명한 암탉의 이름—옮긴이)는 2002년 라스베가스에 도착해 엄청난 성공을 거두었다. 이 암탉은 아틀란틱 시의 트로피카나 호텔에서 9개월 간 틱택토 게임을 펼쳤는데, 패배한 횟수는 겨우 5번이었다.

9의 다른 표현인 3×3은 '9명의 거물'에서 왔다. 이것은 중세 시대의 중요한 역사적 · 전설적 인물들을 말한다. 이 거물들은 아래와 같다.

| 이교도 | 유대인 | 기독교인 |
|---|---|---|
| 헥토르 | 여호수아 | 아더왕 |
| 알렉산더 대왕 | 다윗 | 샤를마뉴 대제 |
| 율리우스 카이사르 | 유다스 마카베우스 | 고드프루아 드 부용 |

이 9명의 공통점은 모두 완벽한 전사였다는 것이다.

9와 관련된 가장 중요한 몇 가지 성질은 9가 십진법 체계에서 10보다 1 작다는 사실과 관계가 있다. 그중 가장 유명한 것은 특정 수가 9로 나누어떨어지는지 알아보는 방법이다. 이때 특정 수의 각 자릿수를 모두 더한 값이 9로 나누어지면, 원래 수도 9로 나눌 수 있다.

예를 들어, 176,328이라는 수를 보자. 여기서 각 자리의 수를 더하면 1+7+6+3+2+8=27이 되는데 27은 9로 나눌 수 있다. (27 역시 2+7=9로 9로 나눌 수 있다.) 따라서 176,328도 9로 나눌 수 있다.

'9 빼기'라는 산술 기법도 원리는 비슷하다. 아래 식을 보자.

$$\begin{array}{r} 1428 \\ +\ 5837 \\ \hline 7255 \end{array}$$

여기서 1428의 각 자릿수를 모두 더해서 9를 빼면, 1 + 4 + 2 + 8 - 9 = 6이 나온다. (수학용어로 이 6을 1428의 자릿수 근이라고 한다.) 5837의 경우는 계산하면 5가 나온다. (9를 두 번 뺀다.) 그 다음 5와 6을 더한 다음 9를 빼면 2가 남는다. 만약 덧셈을 제대로 했다면, 7255에서도 같은 계산을 한 뒤 2가 남을 것이다. 하지만 7 + 2 + 5 + 5 - 9 - 9 = 1로 2가 아니다. 뭔가 잘못되었다. 문제를 다시 한번 찬찬히 훑어보니, 10의 자리에서 덧셈 실수를 한 것 같다. 8 + 7 = 15로 10의 자리 숫자에 1을 더해야 한다. 즉, 정답은 7265이다.

그러나 '9 빼기' 기법은 원래 계산이 맞았는지는 알려주지 않는다. 그러나 처음 계산이 틀렸다면 '9 빼기' 방법을 이용해 간단히 실수를 찾아낼 수 있다.

위 내용이 조금 따분할 수도 있다. 그러나 9와 9의 자릿수 근은, 낮에는 하비 머드 대학의 수학과 교수였고, 밤에는 수학 마술사였던 아더 벤자민 같은 이들에게는 아주 중요한 게임 소재였다. 벤자민은 9의 기본적 성질과, '9 빼기' 기법에서의 자릿수 근이라는 간단한 수학적 트릭으로 관객들을 속였다. 예를 들어 4자리 수를 고른 다음, 각 자릿수의 수를 뒤섞어서 새로운 숫자를 만든다. 그 다음 더 큰 숫자에서 작은 숫자를 뺀다. 그리고 생겨난 숫자를 N이라고 하자. N에서 0이 아닌 자릿수를 제외시킨다. 그 다음 벤자민은 남아 있는 자릿수의 숫자를 듣고 사라진 숫자를 알아맞혔다. 사실 이는 식은 죽 먹기다. 수 N의 자릿수 근은 무조건 9이기 때문이다.

과학시간에 교사들은 여전히 태양계 행성이 9개라고 가르친다—수성, 금성, 지구, 화성, 목성, 토성, 천왕성, 해왕성, 명왕성. 누구나 알겠지만 현재 명왕성은 태양계 행성에서 퇴출되어, 명왕성 주변의 세레스, 에리스 같은 천체들처럼 '왜소행성'으로 분류되어 있다.

앞으로도 변하지 않을 9의 집단이 있다. 바로 그리스 신화의 9명의 뮤즈들로 이들은 모두 자신만의 고유한 분야를 가진다.

| | | |
|---|---|---|
| 칼리오페: 서사시 | 에우테르페: 음악, 서정시 | 테르픽소라: 무용 |
| 클레이오: 역사 | 멜포메네: 비극 | 탈레리아: 희극, 전원시 |
| 에라토: 사랑 | 포리힘니아: 성가 | 우라니아: 천문학 |

조금 더 최근에 생겨난 9의 집단은 미국 대법원으로, 1869년부터 9명의 대법관을 두게 되었다. 프랭클린 루스벨트는 이들을 "9명의 노인들"이라 불렀다. 1937년 그는 대법관들의 평균 나이가 전부 70.5세 이상인 것을 보고, 대법관 중 한 명은 대통령이 직접 임명할 수 있어야 한다는 법안을 상정했다. 표면상의 이유는 대법관들의 업무 부담을 덜어주겠다는 것이었지만, 루스벨트의 진짜 속셈은 그가 추진하던

뉴딜 정책이 대법원에서 위헌판결을 받지 않도록 최소한 뉴딜정책에 우호적인 대법관을 한 명 포함하겠다는 것이었다. 루스벨트는 이 안건을 첫 번째 국민대담의 주제로 삼았지만, 대법원 구성계획은 실패로 돌아갔다. 하지만 그의 임기가 너무 길었기 때문에 결과적으로 그는 전부 8명의 대법관을 임명했다. 이것은 조지 워싱턴 이래 가장 많은 대법관 임명 기록이다.

마지막으로 조금 덜 알려진 신기한 9의 면모를 살펴보자. 먼저 예각삼각형을 하나 그린다. (다른 삼각형도 괜찮지만, 예각삼각형이 제일 편하다.)

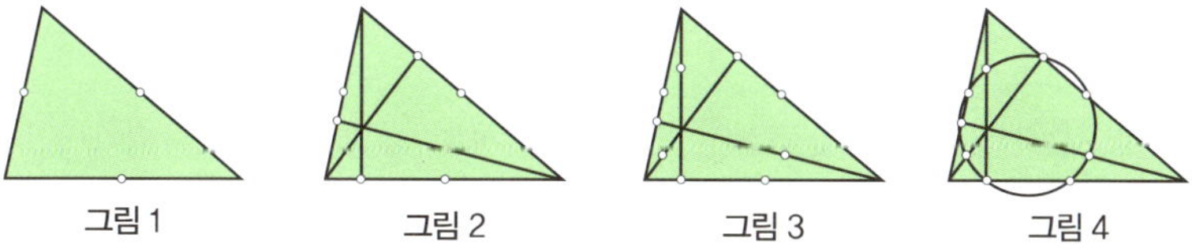


그림 1. 삼각형의 각 변의 중심(3점)을 표시한다.

그림 2. 각 꼭짓점에서부터 수선(꼭짓점 맞은편 선분과 수직인 직선)을 그린다. 이때 각 꼭짓점의 수선과 맞은편 선분의 접점에도 표시를 한다.

그림 3. 세 수선은 한 점에서 만난다. 이 점과 삼각형의 세 꼭짓점을 잇는 선분의 $\frac{1}{2}$ 지점에 표시를 한다. 그러면 전부 9개의 점이 생겨난다.

그림 4. 어떤 형태의 삼각형에서 시작했든 간에, 이 9개의 점들은 모두 원 위에 있게 된다.

# 10
## 2×5

10에 대해 쓰는 것은 1에 대해 쓰는 것과 비슷하다. 10은 어디에나 있고 10을 특별하게 만드는 성질은 10을 평범하게 만드는 성질과 같다. 이 사실을 염두에 두자.

10에 대한 가장 잘 알려진 사실은 그것이 우리 수 체계의 기초라는 점이다. 10의 산술 역시 $10^2 = 100$, $10^3 = 1000$ 등으로 어렵지 않다. 보통 $10^n$은 1에다 $n$개의 0을 붙인 값이다. 특히, 우리가 어떤 추정치에 오차가 있다고 말할 때, 그건 보통 인수 10의 계산이 잘못되었다는 뜻이다. 물론 실제 상황에서는 계산이 조금 더 복잡할 것이다. 실생활에서나 이 책에서 우리는 여러 다른 수 체계도 접할 수 있다. 그러나 10은 모든 수 체계의 기초로 간주된다.

EOEREXN**TEN**이라는 문자열은 TEN으로 끝난다. 이 문자열은 무슨 뜻일까? (해답 참조)

볼링을 쳐 본 사람은 알겠지만 10은 삼각수다. 10은 정말이지 완벽한 삼각수다. 10은 처음 네 자연수(1, 2, 3, 4)를 더한 값이면서, 동시에 10 앞에 있는 세 삼각수인 1, 3, 6을 더한 값이다. 방금 말한 이 성질 때문에 10은 정사면체 수가 된다. 즉, 10개의 구체 — 예를 들어, 볼링공—를 쌓아올리면 3층으로 된 사면체를 만들 수 있다.

✵

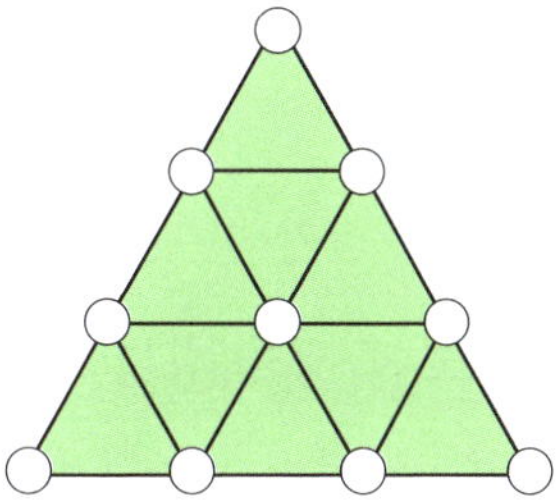

오른쪽 그림은 우리에게 익숙한 볼링핀 10개의 배열 방법이 아니다. 이것은 피타고라스 학파의 테트라크티스Tetraktys로, 피타고라스의 후계자들이 10 = 1 + 2 + 3 + 4라는 사실 때문에 신성시했던 형상이다.

✵

아래는 피타고라스와 10의 관계를 보여주는 또 다른 예다.

| 피타고라스의 10 원칙 (대극표라고도 한다.) | |
|---|---|
| 유한 | 무한 |
| 홀수 | 짝수 |
| 하나 | 다수 |
| 오른쪽 | 왼쪽 |
| 남성 | 여성 |
| 휴식 | 운동 |
| 곧은 | 굽은 |
| 빛 | 어둠 |
| 선 | 악 |
| 정사각형 | 직사각형 |

위 10개 목록은 고대의 개념이다. 그러나 피타고라스 학파가 이 목록을 10개로 만들기 위해 어느 정도 목록을 조작했다는 혐의도 있다.

아리스토텔레스의 말을 들어보자. "피타고라스 학파는 천상에서 움직이는 실체가 10개라고 말한다. 그러나 실제 눈에 보이는 실체는 9개뿐이다. 그래서 그들은 10번째 실체인 '반-지구counter-earth'를 고안해 냈다." (《형이상학》, 906a 10-12)

✵

다음 그림은 윌리엄 고스퍼의 작품이다. 그는 수학자이며 컴퓨터 프로그래머로 최초의 해커들 중 한 명으로 알려져 있다. 이 독특한 그림에서 정사각형은 10개의 이등변삼각형으로 구성되어 있다. 이것은 이등변삼각형으로 정사각형을 채울 때 가능한 최소의 개수이다. (반면, 이등변삼각형이 아닌 예각삼각형일 경우, 최소 8개로 정사각형을 채울 수 있다.)

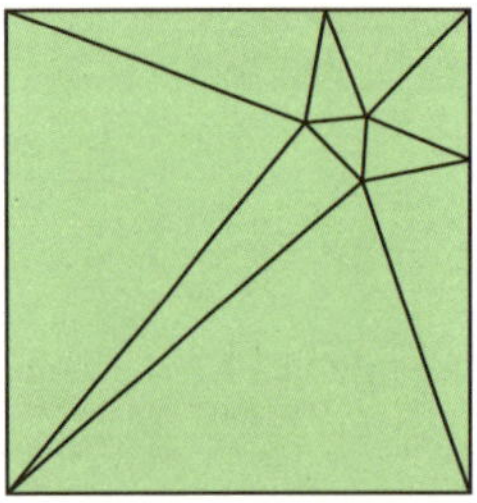

✵

누구나 성경의 십계명을 안다. 그러나 로르샤흐 그림(스위스의 정신의학자 로르샤흐가 개발한 정신분석 테스트용 그림—옮긴이) 역시 10개라는 사실을 아는 사람은 드물다. 로르샤흐 그림들은 각각 무한한 해석이 가능하다.

✵

영어에서 접두사 dec-는 10을 의미한다. decagon은 10각형을 뜻하고, decimal point(소수점)는 십진법 체계 안에서 정수부와 소수부를 구분하는 점이다. 또 decathlon(10종 경기)는 10개의 경기를 가지고 있다. 그 외에 다른 예들도 많다. 좀 덜 알려진 decimate(대량살상)이라는 말은 오늘날 '파괴하다', '전멸시키다'의 의미로 쓰인다. 그러나 이 단어의 원래 의미는 전체 구성원 중 $\frac{1}{10}$을 죽인다는 뜻이었다. 이 단어의 기원은 로마시대로 거슬러 올라가는데, 로마인들은 반란자를 처벌할 때 10명 중 1명씩을 골라서 죽였다. decimate란 단어가 '완전한 파괴'란 뜻으로 변했다는 사실은, 로마인들의 이 전략이 반란을 억제하는 강력한 효과가 있었음을 말해준다.

등식 $10! = 6! \times 7!$은 특별하다. 하나의 차례곱을 다른 두 개의 차례곱의 곱으로 표현할 수 있는 경우는 많지만(일반적으로, $A = B!$이면, $A! = (A-1)! \times B!$이다.) 연이은 두 숫자의 차례곱의 곱이 다른 차례곱이 되는 경우는 이것뿐이다.

다음은 조금 더 인상적인 등식이다. 이 식은 어떤 자연수 $n$이라도, 0부터 9까지 10개의 숫자를 순서대로 사용해서 표현할 수 있다. (아래 식에서 제곱근의 숫자는 $n$개이다.) 이 공식은 피보나치 수열에 대한 연구로 유명한 베르너 호가트 박사가 만든 것이다. 로그에 친숙한 독자들은 아래 식이 어떻게 성립하는지 생각해 보자. (해답 참조)

$$\log_{\frac{0+1+2+3+4}{5}}\left(\log_{\sqrt{\cdots\sqrt{(-6+7+8)}}} 9\right) = n$$

# 11 소수

〈미국 수학저널American Journal of Mathmatics〉의 창립자인 J. J. 실베스터는 영국 출신으로, 한때 통계학에 재능을 보였지만 나중에 선구적인 간호사가 된 플로렌스 나이팅게일의 스승이기도 했다. 그는 1884년, $x$와 $y$를 사용하여(중복 허용) 만들 수 없는 가장 큰 수는 $xy-x-y$라는 사실을 밝혀냈다. 특히, 11은 럭비 경기에 사용되는 스코어인 3(드롭골)과 7(트라이)로 만들 수 없는 가장 큰 수다. (3점과 7점으로 얻을 수 있는 점수를 조합해보면 금방 알 수 있다.) $11 = 3 \times 7 - 3 - 7$이기 때문이다. 같은 계산법은 미식축구에도 적용된다. 이때는 3점(필드골)과 6점(터치다운)으로 계산하면 된다. 또 미식축구는 축구나 크리켓처럼 한 팀의 선수들이 11명이다.

✻

실베스터 공식을 보았으니 이제 비슷하게 생긴 $\frac{1}{2}(x-1)(y-1)$을 보자. 이는 $x$와 $y$를 사용해 얻을 수 없는 스코어의 전체 개수를 나타낸다. 럭비나 축구를 하든, 그냥 숫자 계산을 하든, 1, 2, 4, 5, 8 또는 11은 절대 3과 7의 조합으로 얻을 수 없다. 이런 숫자들은 6개인데 위 식에서 얻은 값 $\frac{1}{2} \times 2 \times 6 = 6$과 일치한다.

✻

변이 11개인 도형은 십일각형이라 한다. 아마 시대를 불문하고 가장

유명한 11각형은 수전 B. 앤서니(1820-1906, 금주 · 노예제도 폐지 등의 사회개혁 운동가.)의 얼굴이 새겨진 미국의 1달러 동전일 것이다. 이 동전은 1979-1981년에 처음 만들었고 1999년에 다시 찍었다. 원래 이 동전은 정 11각형으로 계획되었다. 그러나 자동판매기 제조업자들은 원형 이외의 동전까지 인식하는 기계를 만들 수가 없었다. 안타깝게도 내부의 11각형 마크가 없을 때, 수전 B. 앤서니의 동전은 종종 25페니 동전으로 오해받았다.

✵

수 11은 곱셈과 나눗셈에서 몇몇 흥미로운 사례를 보여준다. 먼저 11의 두 자리 배수는 알아보기 쉽다. 11, 22, 33에서 99까지 같은 두 수로 되어 있기 때문이다. 11의 세 자리 배수는 두 자리 배수만큼 쉽지 않지만 만들 수 있다. 예를 들어, 3과 4에서 시작해 보자. 먼저 둘을 더해 7을 만든다. 그 다음 7을 3과 4 중간에 놓아 374라는 숫자를 만든다. 이 수는 11로 나눠지는데 $374 = 34 \times 11$이기 때문이다. 학창 시절에 했던 것처럼 곱셈을 완전히 풀어서 전개해 보면, 7이 왜 가운데로 왔는지 쉽게 알 수 있다.

$$\begin{array}{r} 34 \\ \times\ 11 \\ \hline 34 \\ +\ 340 \\ \hline 374 \end{array}$$

위 계산은 11의 세 자리 배수를 모두 알려주지 않는다. 합이 9를 넘지 않는 정수 3과 4를 썼기 때문이다. 여기서 3, 4 대신 5, 8로 위 계산을 반복하면 5138이 얻어진다. 이때는 앞부분의 5와 1을 더해 실제 답인 638을 얻으면 된다.

위 원리는 아래 삼각형에서도 발견된다.

1
1 1
1 2 1
1 3 3 1
1 4 6 4 1

이 삼각형의 가로열은 각각 11의 제곱수와 일치한다. 11:$11^0 = 1$, $11^1 = 11$, $11^2 = 121$, $11^3 = 1331$, $11^4 = 14641$. 사실 이 삼각형은 그 유명한 파스칼 삼각형의 도입부로 가장 바깥의 양쪽 대각선에는 1이 오고, 내부의 수들은 바로 윗줄의 왼쪽과 오른쪽 수를 더한 값이 온다. 그런데 위 삼각형에서 다음 열의 수는 1 5 10 10 5 1이 되어, $11^5 = 161051$과 일치하지 않는다. $11^5$는 회문(수, 문자 등에서 방향을 바꾸어 읽어도 그 의미나 소리가 같아지는 성질 ―옮긴이)이 발견되지 않는 11의 첫 번째 제곱수다.

11의 나눗셈에서 일반적인 규칙은 다음과 같다. 먼저 홀수 자릿수에 있는 수를 다 더하고, 짝수 자릿수에 있는 수도 다 더한다. 두 수의 차가 0을 포함해서 11의 배수이면 원래 수는 11로 나누어진다. 예를 들어, 42658은 11로 나누어지는데 (4+6+8)-(2+5)=18-7=11이기 때문이다.

이제 완전히 성질이 다르고, 다소 믿기 어려운 곱셈 성질을 소개할 것이다. 먼저 어떤 수든 떠올린 뒤에 모든 자릿수 숫자를 곱한다. 그 다음, 곱해서 얻은 수의 모든 자릿수 숫자를 또 곱하고, 그런 식으로 계산을 반복한다. 결과적으로 그 값은 한 자리 수가 된다. 어떤 경우에는 이 과정이 짧다. 예를 들어, 원래 수가 0이면 결과값 0을 바로 얻을 수 있다. 만약 54이면 0을 얻기 위해 2단계를 거쳐야 한다. 하지만 시간이 오래 걸리는 것도 있다. 예를 들어, 수 277,777,788,888,899가 있다면 아래 계산 과정을 거쳐야 한다.

| 단계 | 수 | 자릿수를 곱한 결과 |
|---|---|---|
| 1 | 277,777,788,888,899 | 4,996,238,671,872 |
| 2 | 4,996,238,671,872 | 438,939,648 |
| 3 | 438,939,648 | 4,478,976 |
| 4 | 4,478,976 | 338,688 |
| 5 | 338,688 | 27,648 |
| 6 | 27,648 | 2,688 |
| 7 | 2,688 | 768 |
| 8 | 768 | 336 |
| 9 | 336 | 54 |
| 10 | 54 | 20 |
| 11 | 20 | 0 |

11단계가 너무 많다고? 맞다. 그런데 흥미롭게도, 위 계산 과정에서 어떤 수도 11단계 이상을 필요로 하지 않는다. 이 문제는 아무도 주목하지 않는 듯했으나, 2001년 필 카모디가 $10^{233}$ 이하의 모든 수들은 11단계 또는 그 이하의 '곱셈 지속성'—그의 표현이다—을 갖는다는 사실을 증명했다. 위 수 277,777,788,888,899는 곱셈 지속성 11을 갖는 가장 작은 수이다.

11은 몇몇 시계 문제와도 관련이 있다. 예를 들어, 12시 정각에 두 개의 시계바늘은 포개진다. $65+\frac{5}{11}$분 뒤에, 다시 말해 12시간의 $\frac{1}{11}$이 지난 뒤에 시침과 분침은 다시 한 번 포개진다.

다음은 〈퍼레이드 매거진〉의 2007년, 5월 6일자 칼럼 "마릴린에게 물어봐"에 나온 문제다. 다음 빈 칸에 들어갈 시각은 무엇일까? 1:38, 2:44, 3:49, 5:55, ___, 7:05, 8:11, 9:16, 10:22, 11:27, 12:33. 먼저 이 시각들의 패턴을 알아내고 싶다는 유혹을 받지만, 이 수들이 11개라는 사실을 알아챘다면 다른 전략으로 가야 한다.

펜실베이니아 마운트 조이에 사는 제이콥 밀러라는 독자가 칼럼의 편집자인 마릴린 보스 사반트에게 보낸 이 퍼즐은 사실 오래된 테마의 변주이다. 위 시각들이 서로 관련이 없어 보인다면, 그것은 아날로그 시계가 디지털 시계로 바뀌면서 생겨난 폐해다. (더 나쁜 폐해는 옆 사람의 손목시계를 힐끗 봐도 시각을 알기가 어려워졌다는 것이다.) 퍼즐에 나온 11개의 시각은 아날로그 시계에서는 쉽게 확인할 수 있다. 이들은 하루에 분침과 시침이 정확히 반대방향을 가리키는 11번의 시각이다. 빈 칸에 들어갈 답은 6:00으로, 정시로 떨어지는 유일한 시각이다.

상황을 다른 방식으로 살펴보자. 6:00을 포함시킬 때, 6시 이후에 분침과 시침이 180도를 이루는 횟수는 몇 번일까? 이런 현상은 매시간 일어난다. 예외는 6:00로, 5:00와 7:00 사이에 한 번뿐인 경우다. 또 이 현상이 일어나는 주기는 모두 같은데, 시침과 분침의 상대속도가 같기 때문이다. 따라서 분침과 시침이 180도를 이루는 현상은 $\frac{12}{11}$시간마다 일어난다. 이 수치는 1시간 5분 $\frac{5}{11}$초다. (조금 까다롭지만 분모 11은 없앨 수 없다. "마릴린에게 물어봐"에 공개된 시각들은 반올림을 한 것이다.)

11은 두 개의 기하 문제에도 등장한다. 다음 11개의 형상은 6개 정사각형을 이어 붙여 정육면체의 2차원 전개도를 만든 것이다. 6개의 정사각형으로 된 이런 형상을 헥소미노라 부른다. 반사나 역전된 형태를 같은 것으로 간주하면, 헥소미노는 전부 35개가 있다. 그 중 특별한 11개를 '정육면체의 그물'이라 부른다.

헥소미노 같은 형상은 이들의 타일 맞추기 성질 때문에 수학자들의 많은 관심을 받았다. 11개의 헥소미노는 직사각형 공간을 전부 채

울 수 없다는 것이 밝혀졌다. 하지만 수 11과, 테셀레이션(동일한 모양을 이용해 틈이나 포개짐 없이 평면이나 공간을 완전히 덮는 것—옮긴이)이라고도 부르는 평면 타일 맞추기 사이에는 색다르고 멋진 관계가 있다.

우리는 앞에서 하나의 면을 전부 채울 수 있는 정다각형은 3개뿐이라는 것을 살펴보았다(정육각형, 정사각형, 정삼각형). 그러나 서로 다른 정다각형을 섞을 수 있다면, 가능한 타일 맞추기의 개수는 11개로 늘어난다. 중간 그림이 그중 하나이다. 이 11개의 타일 맞추기는 아르키메데스와는 아무 관계가 없지만, 아르키메데스 타일 맞추기라 불린다. 아르키메데스 시대부터 약 1800년 뒤에, 천문학자 요하네스 케플러는 이 패턴들을 연구하고 분류했다. 중간 그림의 문양은 정육각형과 정삼각형을 섞은 것이다.

놀라운 우연의 일치 같지만, 동일한 볼록 대칭 정다각형으로 타일을 메우는 방법도 전부 11가지다. (다른 몇 개의 제한 조건이 더 있지만, 전 가족이 돌려 읽는 이런 책에서는 이 정도 설명으로 충분하다.) 그중 하나의 예는 아래의 가장 오른쪽 그림이다. 이것은 불규칙한 형태의 오각형으로 평면을 메운 것이다. (정오각형으로 평면을 덮는 것은 불가능하다.)

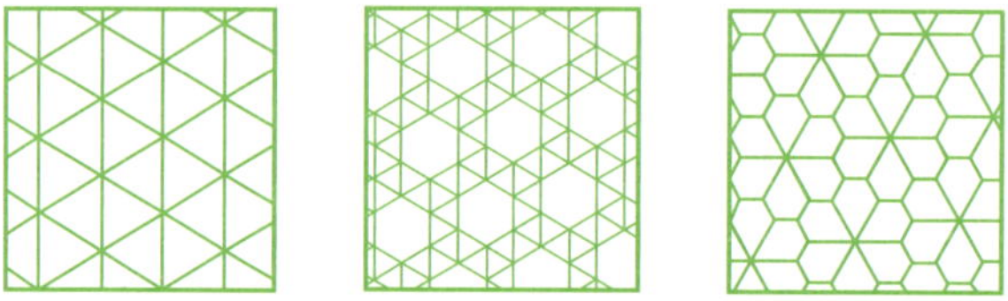

일대일 관계가 성립하는 두 종류의 테셀레이션이 있다. 아르키메데스 타일 맞추기에서 각 다각형의 중심점을 표시하고 이것을 옆 다각

형의 중심점과 이어 보자. 그러면 처음 문양에 대해, '듀얼'이라 불리는 새로운 타일 문양이 생겨난다. 위 그림에서 가장 오른쪽 테셀레이션은 중간 그림의 '듀얼' 버전이다. 듀얼 타일 맞추기는 '라베스laves'라 불린다. 사실 그건 내가 부르는 명칭이고, 정확히는 '라베스 타일 맞추기'라 불린다. 이것은 스위스의 결정학자 프리츠 라베스의 이름을 딴 것이다. 일반적인 육각형 타일 맞추기는 위 그림의 정삼각형 타일 맞추기의 '듀얼'이며 그 반대도 참이다. 또 정사각형 타일 맞추기는 자기 자신에 대해 '듀얼'이 된다.

이 다양한 타일 맞추기는 그 자체의 아름다움 때문에도 충분히 연구할 가치가 있지만, 라베스 타일 맞추기는 특히 광물 결정, 합금 등을 다루는 재료공학자들도 연구하는 것이다. 자연은 진공을 싫어할지 모르지만(아리스토텔레스의 유명한 말—옮긴이) 대칭은 좋아한다. 위에 있는 여러 문양들은 사실 자연에서(때로는 아주 미세한 규모에서도) 자주 발견된다.

## 12

$2^2 \times 3$

12는 많은 종교에서 가장 사랑받는 수이다. 12일간의 크리스마스 시즌, 12야, 12사도, 동방정교회의 12만찬, 이스라엘의 12부족 등. 이 12부족은 야곱의 12명의 아들과 관계가 있다. 또 북유럽 신화의 신 오딘에게도 12명의 아들이 있다.

1다스라는 개념은 그리스 신화에 잘 나타나 있다. 그리스 신화에서, 올림푸스 산에 있는 주요 신들은 모두 12명이다. 올림푸스 신들의 이름을 여기서 나열하지는 않겠다. 사실 그들의 수가 12를 넘기 때문이다. 하지만 대부분의 상황에서 올림푸스 신들은 12명이라고 소개된다. 여기서는 대신 티린스의 왕 에우리스테우스가 헤라클레스에게 부과한 12가지 과업을 소개할까 한다. 이 과제의 대부분은 무시무시한 괴물들을 처치하는 것이다. 예외는 3번 과제로, 여신 아르테미스가 사랑한 케리네이아의 연약한 사슴을 잡아오는 것이었다. 헤라클레스는 이 사슴을 1년간 쫓아다닌 끝에 생포했다.

### 헤라클레스의 12 과업

1. 네메아 숲의 사자 퇴치
2. 레르네 연못의 히드라 퇴치
3. 케리네이아의 사슴 생포
4. 에리만토스 산의 멧돼지 생포
5. 아우게이아스 왕의 소 축사 청소
6. 스팀팔로스 호수의 새 퇴치
7. 크레타 섬의 미친 소 생포
8. 디오메데스 왕의 식인 말 생포
9. 아마존 여왕 히폴리테의 허리띠 탈취
10. 게리온의 가축떼 생포
11. 헤스페리데스 동산의 황금사과 따오기
12. 지옥의 개 케르베로스 생포

오늘날 배심원단은 통상적으로 12명으로 구성된다. 그러나 고대 그리스 시대에는 그런 한계가 없었다. 소크라테스의 재판에는 501명의 배심원이 참석했다.

수 12가 특별한 이유 하나는 2, 3, 4, 6으로 나누어떨어진다는 것이다. 그래서 12는 달걀이나 도너츠, 시계의 숫자, 1년의 달, 황도십이궁 등 다양한 분야에 쓰일 수 있다.

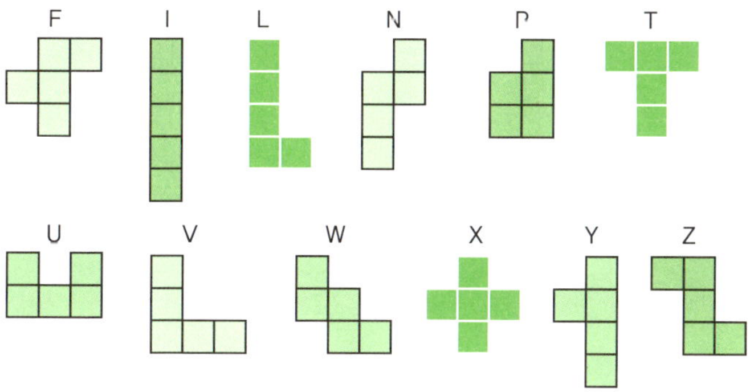


정사각형 5개를 이어 붙여 만들 수 있는 형상은 모두 12개다. 펜토미노라 불리는 이 형상들은, 종종 가장 닮은 알파벳 글자와 비교되기도 한다. 아래 12개 펜토미노의 정사각형 개수는 60개다. 이 12개의 펜토미노로는 가로세로 6×10, 5×12, 4×15, 3×20이 되는 직사각형을 만들 수 있다. 한편, 8×8 크기의 격자 위에 교대로 펜토미노를 채워나가는 보드게임도 있다. 여기서는 다른 펜토미노와 겹치지 않고 더 이상 펜토미노를 올려놓을 수 없는 사람이 지게 된다. SF 작가이자 미래학자인 아서 C. 클라크도 펜토미노의 팬이었다. 그는《2001 : 스페이스 오디세이》에서 HAL 컴퓨터가 8×8 펜토미노 게임을 하는 장면을 보여주려 했다. 그러나 펜토미노 팬으로서는 안타깝게도 그 장면은 다른 종류의 8×8 게임으로 대체되었다. 바로 체스였다.

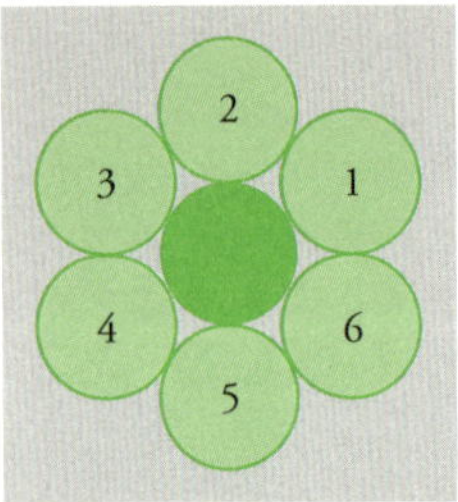


12는 또한 3차원에서의 '키스수kissing number'다. 먼저 2차원의 경우를 생각해 보자. 키스수란 특정한 원과 접촉한 채 둘레를 에워쌀 수 있는, 반지름이 1인 원의 개수를 말한다. 왼쪽 그림에서 키스수는 6이다.

3차원의 경우는 조금 복잡해진다. 12개의 구체를 중심구 주변에 배치하면 빈 공간이 많이 남는다. 그래서 13번째 구가 들어갈 수 있을 거라는 생각이 든다.

이 13번째 구체의 가능성은 1694년, 아이작 뉴턴과 스코틀랜드 천문학자 데이비드 그레고리의 대화에서 처음 언급되었던 것 같다. 그들은 서로 의견이 달랐는데, 자세한 내용은 알려져 있지 않다. (많은 사람들은 뉴턴이 12를, 그레고리가 13을 지지했다고 말한다.) 그 뒤로 이 신사들의 심심풀이 내기에 관심을 가진 사람들은 거의 없었다. 이 문제는 1953년이 되어서야 풀렸다.

고전적인 텔스타 축구공은 검정색 오각형과 흰색 육각형으로 되어 있다. 이 공은 1970년, 멕시코 월드컵의 공식구였고 그 뒤로도 여러 해 동안 사용되었다. (1970년은 월드컵 경기가 TV로 중계되었던 첫 해였다. 그때 이 새로운 공식구는 특별히 눈에 잘 띄었다.)

이 공식구에는 12개의 오각형과 20개의 육각형이 있다. 그런데 이것이 20이 아니라 12와 무슨 관계가 있을까? 텔스타 공식구는 사실 '버키볼Buckyball'이라 부르는 더 일반적인 기하학적 개념의 특수한 사례다. 버키볼은 '지오데식 돔'(기둥 없이 공간을 덮을 수 있는 돔 형태—옮긴이)으로 유명한 건축가 벅민스터 풀러의 이름을 따서 만들어졌다. (이런 말은 조금 멋쩍지만, 벅민스터 풀러는 내 고등학교 졸업식의 연사였다. 그때까지 나는 풀러에 대해 들어본 적이 없었다.) 그 뒤 오각형과 육각형의 조합으로 다양한 구체 형상들을 만들 수 있음이 밝혀졌다. 이때 육각형의 수에는 제한이 없지만 오각형의 수는 항상 12가 되어야 한다. (이는 오일러의 정리와 관련이 있다. 증명을 보고 싶은 사람은 해답 코너를 참조할 것.) 특히, 육각형의 수는 0개일 수도 있는데, 5개의 플라톤 입체(**5** 참조) 중 하나인 정십이면체가 있다면 가능하다. 또 모든 면이 마름모꼴인 십이면체도 가능하다. 마름모꼴 십이면체를 차곡차곡 쌓으면, 정육면체가 그렇듯 3차원 공간을 전부 채울 수 있다. 이것은 마름모 또는 정사각형이 2차원 면을 전부 채울 수 있는 것과 같다. (그러나 오각형은 불가능하다.) 또 탁상용 달력도 12면체로 만들 수 있다. 이때 각 면은 각각의 달을 나타낼 것이다.

라신에서 보들레르에 이르기까지, 불문학에서 발견되는 알렉산더

풍 시행은 12음절이 한 문장을 이룬다. 그러나 영국시인 알렉산더 포프는 자신의 이름과 같은 이 시풍을 별로 좋아하지 않았던 것 같다. 그는 다음과 같이 썼다.

그 노래는 불필요한 알렉산더풍 시행으로 끝난다
상처 입은 뱀이 느리게 자신의 몸을 끌고 가듯이

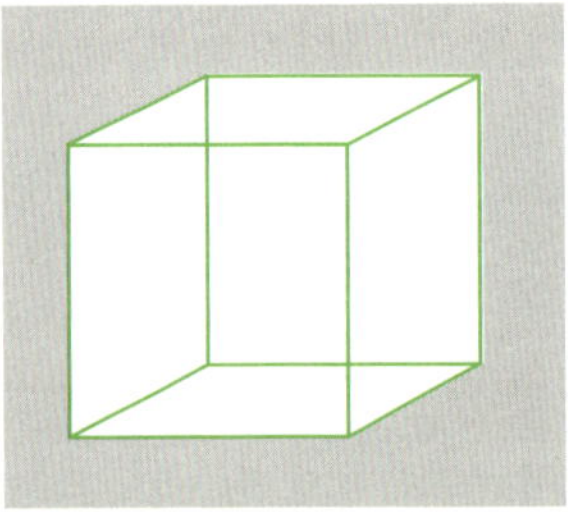

12개의 선으로 착시 효과를 일으키는 네커 정육면체는 1832년에 처음 등장했다. 이 정육면체에는 점선이 없기 때문에 최소한 2가지 형태로 해석이 가능하다.

## 13 소수

수 13에 대한 가장 유명한 통념은 불길한 수라는 것이다. 왜 13은 불길한 수가 되었을까? 거기에 대한 이유는 하나가 아니지만, 대부분 13이 앞 수인 12와 비교되기 때문이라고 설명한다. 12는 2, 3, 4로 나누어떨어진다. 그리고 1년 열두 달, 황도십이궁 등 앞에서 살펴본 다양한 분야에 사용된다. 하지만 13은 소수라서 12만큼 사랑하기가 쉽지 않다.

수 13에 대한 공포증은 '13공포증triskaidekaphobia'으로 알려져 있다. 또 최후의 만찬에 13명이 참여했다는 사실은 이런 공포를 더욱 부추긴다. 그 밖에 1307년, 템플 기사단은 10월 13일, 금요일에 체포되었다. 흥미로운 것은 그리스, 스페인을 비롯한 몇몇 문화권에서는, 13일의 화요일을 불길한 날짜로 여긴다는 것이다.

프랭클린 D. 루스벨트는 아마 역사상 가장 유명한 13공포증 환자일 것이다. 전해지는 이야기에 따르면, 그는 점심이나 저녁 만찬 때 초대된 사람들이 13명일 경우, 비서에게 손님을 한 명 더 불러 짝수인 14명을 만들라고 했다고 한다. 루스벨트만 이랬던 것은 아니다. 프랑스어에는 이를 지칭하는 낱말도 있다. 'quatorzieme'란 이렇게 직업적으로 불려 다니는 14번째 손님을 의미한다. 그 외에도, 작가 마크 트웨인이 디너 파티에 초대된 이야기도 있다. 그는 13번째 손님이었다. 그래서 그의 친구는 13은 불길한 수이니 가지 말라고 충고했다. 나중에 마크 트웨인은 친구에게 말했다고 한다. "정말 불길하더군. 그 사람들, 저녁을 12인분만 차렸더라고." 그러나 이와 다르게, 프랭클린 D. 루스벨트는 13일의 금요일을 극도로 무서워 한 모양이다. 1945년 4월, 미국 사람들이 그 달에 있을 13일의 금요일에 대비하는 동안, 루스벨트는 기필코 그 날을 피해갔다. 그는 그 해의 4월 12일, 목요일에 사망했다.

모든 문화권에서 13을 기피하는 것은 아니다. 이집트에서는 13을 성스러운 수로 여긴다. 또 루스벨트의 생각과 달리, 미국 역사에서도 13은 독특한 의미를 갖는다. 미국의 초기 성조기에 있는 13개의 별과 사선은 미국의 초기 식민지 13개를 의미했다.

미국 국기는 여러 번 바뀌었지만(사선의 수는 그대로지만 별의 개수는 변했다.) 현재 미국의 1달러 지폐 뒷면에는 아주 많은 13이 등장한다.

독수리 위의 13개 별

피라미드의 13개 계단

ANNUIT COEPTIS이라는 13개 글자
("신은 우리가 하는 일에 미소를 지으신다"라는 뜻의 라틴어—옮긴이)

E PLURIBUS UNUM이라는 13개 글자
("새로운 세계의 질서"라는 뜻의 라틴어—옮긴이)

방패에 있는 수직봉 13개

방패 꼭대기에 있는 수평 사선 13개

올리브 가지 위의 잎사귀 13개

열매 13개

화살 13개

ELEVEN PLUS TWO(11+2) = 13 = TWELVE PLUS ONE(12+1)

앞에 나온 식은 수학적으로도 참이지만, 13 양쪽에 있는 영어 구절의 철자를 몇 개만 바꾸면 맞은편 구절을 만들 수 있다.

✲

| | |
|---|---|
| $12^2 = 144$ | $13^2 = 169$ |
| $21^2 = 441$ | $31^2 = 961$ |

12와 13은 위 방정식과도 관련이 있다. 12, 13을 제곱한 값을 뒤집어 놓으면, 12와 13을 뒤집어 제곱한 값과 같아진다. (11도 비슷한 성질을 많이 가지고 있다. 그러나 13은 수 자체나 제곱수에서 동일한 수가 중복되는 일이 없기 때문에 훨씬 신기하다.)

✲

**12**에서 우리가 살펴본 축구공은 13개의 아르키메데스 입체 중 하나다. 아르키메데스 입체란 두 종류, 혹은 그 이상의 정다각형으로 이루어진 3차원 볼록 형상을 말한다. 이 중에서 가장 스펙터클한 것은 30개의 정사각형, 20개의 정육각형, 12개의 정십각형으로 이루어진 십이이십면체일 것이다.

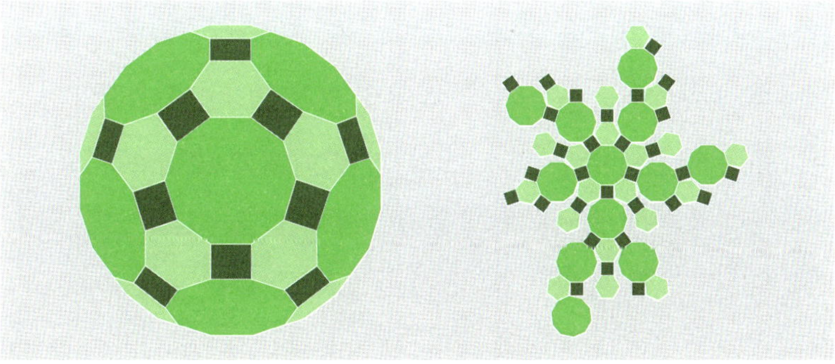

영화 「아폴로 13」은 1970년에 발사된 불운한 우주선 아폴로 13호의 이야기를 다룬 것이다. 첨단 과학영화가 종종 그렇듯이, 아폴로 13 역시 여러 가지 기술적 결점이 있다. 1976년까지 쓰이지 않았던 아폴로 13 로고를 사용했고, 달에 있는 고요의 바다 위치도 틀렸으며, 우주에서는 추진용 제트에서 아무 소리도 나지 않는다는 사실을 깜박하기도 했다. 하지만 수와 관련된 가장 우스꽝스런 실수는, 영화 속 엔지니어가 우주비행사의 수를 세려고 갑자기 계산자를 꺼낸 장면이었다. 관객들은 그 방법이 너무 원시적이라 웃음을 터뜨렸다. 그러나 여기서 핵심은, 그 계산이 덧셈 문제였다는 데 있다. 계산자는 로그 비율에 따라 수가 표기되어 있다. 따라서 곱셈이나 지수 계산에 쓰이는 도구이지, 덧셈을 할 수 있는 도구가 아니다.

## 14

2×7

### 007×2

이언 플레밍은 1953년 《카지노 로열》로 데뷔한 해부터 1966년 그가 사망한 해까지 1년에 1권씩 총 14권의 제임스 본드 소설을 썼다. 그중 2권 《선더볼》과 《옥토푸시》는 단편 모음집이다.

우리는 앞에서 정다각형으로 2차원 면을 전부 채울 수 없음을 살펴보았다. 하지만 불규칙 볼록 다각형 중에는 타일 맞추기가 가능한 14가지 모양이 있다. 그중 두 종류를 소개한다. 첫째는 육각형 타일 맞추기로 내부에 세 개의 선이 있다. 둘째는 1985년, 독일의 대학원생 롤프 슈타인이 발견한 것으로 볼록 다각형의 변과 내각 사이의 특별한 관계를 응용했다. 슈타인이 발견한 이 모양은 14번째 다각형 타일 맞추기 모양이다. 15번째 종류가 발견되면 아마 타일 맞추기 세계에 큰 충격을 줄 것이다. 그럴 가능성은 여전히 남아 있다.

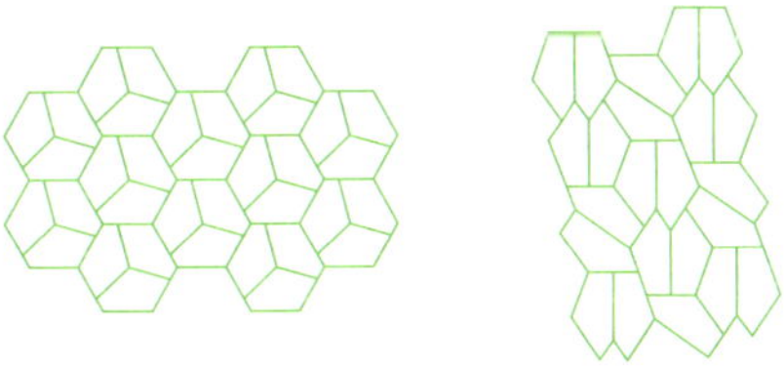

바흐는 특히 수 14를 좋아했다고 알려져 있다. 영문 숫자 코드(알파벳과 숫자를 순서대로 대응시킨 코드—편집자)에서 글자 BACH의 숫자값을 모두 더하면 2+1+3+8=14가 되기 때문이다.

고대 영국의 무게 측정 단위에서 돌 1개는 14파운드였다.

fortnight는 2주일을 뜻하는 조금 이상한 단어지만 이 말은 '14번의 밤fourteen nights'의 줄임말이다.

탄소동위법에 사용되는 탄소-14는 방사성 동위원소로, 6개의 양성자와 8개의 중성자를 갖는다. 탄소-14는 자연적으로 생성되며 반감기는 5,730년이다.

소네트는 14줄로 된 시를 말한다. 소네트는 약강 오음보격(한 문장이 10개의 음절로 구성되어 있고 그 안에서 두 음절씩 묶여 '약강'의 운율을 가지는 시행—편집자)으로 쓰이며 8행시와 6행시로 나누어진다.

다음으로 팰림프세스트Palimpsest를 살펴보자. 퍼즐 이름 치고는 좀 이상하지만, 이 퍼즐의 다른 이름인 아르키메데스의 상자, 또는 스토마키온Stomachion도 이상하기는 마찬가지다. 이름이 무엇이든 이것은 세계에서 가장 오래된 퍼즐일 것이다. 이 퍼즐은 조합해서 다양한 형태를 만들 수 있는 14개의 삼각형과 사각형으로 되어 있다. 가능한 형태들 중 하나는 정사각형이다. 이것은 14개의 스토마키온(개인적으로 이 용어가 마음에 든다. 그 원래 의미가 문제 해결자가 점점 미쳐간다는 뜻이기 때문이다.) 조각을 잘라 12×12 크기의 정사각형에 채워 넣은 것이다. 기원전 200년경 아르키메데스 시대부터 전해지는 이 퍼즐에 관련된 가장 어려운 문제는 다음과 같다. 14개의 스토마키온 조각으로 정사각형을 만들 수 있는 방법의 개수는 전부 몇 개일까? 그 답은 536가지로 이 문제는 2003년이 되어서야 풀렸다. 우리는 지금도 페르마의 마지막 정리를 푸는 데 아주 긴 시간이 걸렸다고 생각한다. (페르마의 마지막 정리는 약 400년 만에 풀렸다.)

## 15

3×5

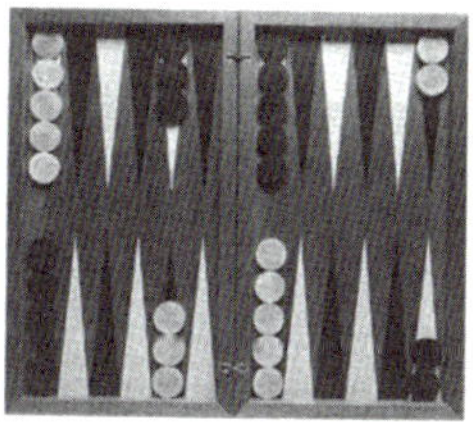

백개먼 게임(서양의 주사위 게임)에서 각 선수들은 2개, 3개, 5개, 5개로 배열된 15개의 말로 시작한다.

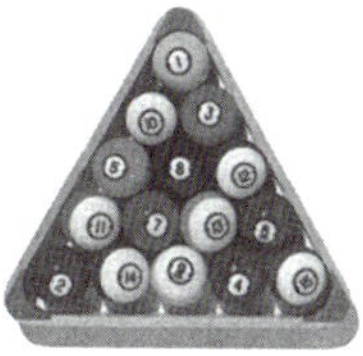

15는 5번째 삼각수로 당구를 시작하기 전의 공 배열을 보면 알 수 있다. 사진은 삼각형 프레임으로 당구공을 정렬한 것이다.

레스토랑에서 저녁을 먹을 때 15%의 팁을 주는 것이 일반적인 관례다. 15%는 계산하기도 쉽다. 식사값의 10%를 계산해서 그 값의 절반을 더하면 된다. 식사가 70달러였으면 7달러+3.5달러 해서 10.5달러의 팁을 주면 된다.

15개의 영문자로 된 단어 uncopyrightable(저작권을 취득할 수 없는)은 영어에서 단 하나의 알파벳 글자도 중복되지 않는 가장 긴 단어다.

퍼즐 마스터였던 샘 로이드의 '15개 퍼즐'은 1880년도에 큰 히트를 쳤다. 이는 루빅 큐브가 도입되기 거의 100년 전이다. '15개 퍼즐'은 1에서 15번까지의 정사각형 블록으로 되어 있는데 14번, 15번 블록은 서로 뒤집혀 있다. 이 퍼즐의 기본 원리는 다음과 같다. 전체 퍼즐의 빈 정사각형 하나를 이용해 블록들을 이동시킨 다음, 14번, 15번 블록을 제 위치로 돌려놓으면 된다.

이 퍼즐을 둘러싼 이런 이야기도 있다. 매사추세츠의 치과의사였던 찰스 피베이는 이 퍼즐을 맞추는 사람에게 25달러 상당의 의치 한 세트(그는 상금을 현금 100달러로 바꾸었다.)를 제공하겠다고 했다. 아마 피베이는 자신의 돈이 안전하다는 걸 알았던 것 같다. 이 퍼즐은 풀 수 없기 때문이다. 이 문제를 풀 수 없다는 사실은 '동등성 논쟁'이라는 것과 관련이 있다. 신기하게도, 퍼즐 블록을 어떤 식으로 배열하든, 뒤집혀 있는 블록들의 숫자와, 빈 블록이 있는 열의 번호를 더한 값은 변하지 않는다. 그런데 14, 15번 블록을 바꾼다면 이 덧셈값은 1씩 차이가 난다. 그래서 이 퍼즐을 푸는 것은 불가능하다.

이 퍼즐은 샘 로이드가 만든 것으로 알려져 있지만, 실제 개발자는 뉴욕의 우체국장이었던 노이스 채프먼이었다.

다음에 나오는 숫자판을 마방진이라 부르며 모든 열, 행, 대각선 방

| 8 | 1 | 6 |
|---|---|---|
| 3 | 5 | 7 |
| 4 | 9 | 2 |

향의 숫자를 합한 값은 같다. 15는 모든 3×3 마방진의 마방수다. 1부터 9를 모두 더한 값은 45로, 이것을 3으로 나누면 15가 되기 때문이다.

숫자 4에서 우리는 모든 자연수가 4개의 완전제곱수의 합으로 표현될 수 있음을 살펴보았다. 다시 말해, 모든 자연수는 중복이 가능한 임의의 숫자 w, x, y, z에 대해 $w^2+x^2+y^2+z^2$ 형식으로 표현할 수 있다. 15는 여기서도 중요한데 4개의 온전한 제곱수로 표현되는 가장 작은 수이기 때문이다(9+4+1+1). 그러나 수학자들은 라그랑주의 네제곱 수 정리를 더욱 일반화하려 했다. 어떤 식으로 했을까? 예를 들어, 특정한 자연수를 $w^2+2x^2+3y^2+4z^2$ 형태로도 표현할 수 있을까? 한 번 계산해 보자.

$1=1^2+2\times0^2+3\times0^2+4\times0^2$

$2=0^2+2\times1^2+3\times0^2+4\times0^2$

$3=1^2+2\times1^2+3\times0^2+4\times0^2$

$4=2^2+2\times1^2+3\times0^2+4\times0^2$

$5=1^2+2\times0^2+3\times0^2+4\times1^2$

$6=2^2+2\times1^2+3\times0^2+4\times0^2$

$7=2^2+2\times0^2+3\times1^2+4\times0^2$

$8=0^2+2\times2^2+3\times0^2+4\times0^2$

$9=3^2+2\times0^2+3\times0^2+4\times0^2$

$10=1^2+2\times1^2+3\times1^2+4\times1^2$

$11=0^2+2\times1^2+3\times1^2+4\times1^2$

$12=0^2+2\times0^2+3\times2^2+4\times0^2$

$13=1^2+2\times0^2+3\times2^2+4\times0^2$

$14=0^2+2\times1^2+3\times2^2+4\times0^2$

$15=1^2+2\times1^2+3\times2^2+4\times0^2$

위 계산은 점점 지루해진다. 그러나 다행히도 계속할 필요는 없다. 존 콘웨이와 윌리엄 슈니버거가 만든 비범한 정리 덕분에, 위에서 소개한 15개의 네제곱 수 덧셈식으로 다른 모든 자연수도 표현할 수 있기 때문이다.

지금까지 밝혀진 바로는 모든 자연수를 나타낼 수 있는 $Aw^2+Bx^2+Cy^2+Dz^2$ 형태의 다항식은 모두 54개가 있다. 그중 2개만 예로 들면 $w^2+x^2+y^2+z^2$ 나 $w^2+2x^2+5y^2+10z^2$가 있다. 이 목록은 위대한 인도 수학자 라마누잔이 20세기 초에 발견한 것이다—당시에는 컴퓨터도 없었다. 라마누잔의 업적에 유일한 흠은 그가 $w^2+2x^2+5y^2+5z^2$ 라는 식을 끼워넣은 것이다. 이 식은 보편적으로 성립하지 않음이 밝혀졌다. 사실 수 15는 $w, x, y, z$가 정수일 때, $w^2+2x^2+5y^2+5z^2$가 성립하지 않는 최초의(그리고 유일한) 수다.

미래에는 누구나 15분 만에 세계적으로 유명한 사람이 될 것이다.

- 앤디 워홀, 1968

# 16

$2^4$

16은 완전제곱수이므로 16개의 원을 왼쪽 그림처럼 정사각형 안에 배열할 수 있다.

똑같은 16개의 원을 다른 방식으로 배열해 정사각형을 만들 수도 있다.

옆의 정사각형은 16이 완전제곱수일 뿐 아니라, 두 완전제곱수의 차($5^2 - 3^2$)이기 때문에 가능한 것이다. (두 번째 사각형 그림은 총 25개의 원에서 내부의 9개를 빼낸 것과도 같다.) 16이 아닌 어떤 숫자로도 위와 같은 방식의 정사각형 2개를 만들 수 없다.

등식 $16 = 2^4 = 4^2$은 독특한 것이다. 다른 어떤 수도 $a^b = b^a$ ($a \neq b$일 때) 형식으로 표현할 수 없다.

1파운드는 16온스다. 이 사실은 16이 2의 제곱수라는 것과 관련이 있다. 온스ounce라는 단어는 12번째 부분을 뜻하는 라틴어 uncia에서 왔다. 인치inch라는 낱말 역시 여기서 파생되었다. 로마식 파운드는 12온스였는데, 이 전통은 오늘날에도 금의 무게를 잴 때 사용하는 트로이파운드에 남아 있다. 그러다 17세기경 스코틀랜드의 금 세공사들이 16온스를 1파운드로 사용했던 것 같다. 더 일반적으로 말하면, 중세시대 상인들이 절반으로 여러 번 쉽게 나눌 수 있는 16의 장점을 알아챘던 것 같다. 그러한 이유로 오늘날 1파운드는 16온스가 되었다.

컴퓨터나 다른 기기에 사용되는 16진법은 0, 1, 2, 3, 4, 5, 6, 7, 8, 9, A, B, C, D, E, F를 사용한다. 16은 $2^4$이기 때문에 16비트는 4개의 2비트로 대체 가능하다. 이 사실은 컴퓨터 코드를 크게 간소화시켜 준다. 불 연산Boolean에서는, P와 Q라는 두 개의 연산으로 16개의 불 명령이 가능하다. ZERO, P, NOT P, NOT Q, P AND Q, P AND(NOT Q), Q AND(NOT P) 등의 명령어가 있다.

✵

캐서린 쿡 브릭스와 그녀의 딸 이사벨 브릭스 마이어스는 1921년, 칼 융의 연구내용을 토대로 마이어스-브릭스 성격분류 시스템을 개발했다. 여기서 사람의 성격은 16가지로 나뉜다. 사람들은 내향적이거나 외향적이며(I 또는 E), 감각적이거나 직관적이고(S 또는 N), 사고적이거나 감정적이며(T 또는 F), 판단적이거나 인식적이다(J 또는 P). 기본적으로 4개의 성격 카테고리에 2개씩의 항이 있으므로 가능한 전체 조합은 $2^4 = 16$개이다. 이 16개의 성격은 보통 4개의 알파벳 글자를 사용해 아래처럼 표기한다.

| | | | |
|---|---|---|---|
| ISTJ | ISFJ | INFJ | INTJ |
| ISTP | ISFP | INFP | INTP |
| ESTP | ESFP | ENFP | ENTP |
| ESTJ | ESFJ | ENFJ | ENTJ |

미국에서 가장 흔한 성격은 ISFJ로 내향적, 감각적, 정서적, 판단적 타입이다. 이는 전체 인구의 13.8%를 차지한다. 가장 드문 성격 유형

은 ENTJ로 외향적, 직관적, 사고적, 판단적 유형이다. 이 두 유형은 세 가지 영역에서 반대 성격을, 한 가지 영역에서 같은 성격을 보인다.

이제 또 다른 정체성 식별법을 살펴보자. 20세기 영국에서 사용된 지문식별법은 지문에 나타난 16가지의 유사한 특징점을 활용했다. 그 뒤 기술의 발달로 이 방법은 폐기되었다. 재미있는 사실은 지문식별법의 근거가 되었던 〈16가지 특징점〉 논문이 위조된 것으로 판명났다는 것이다.

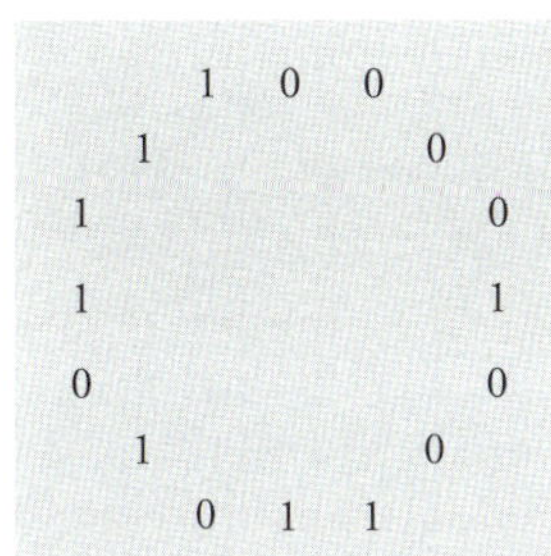


16개의 0과 1로 만든 원을 데 브뤼에인 순환de Bruijn cycle이라 부른다. 맨 위 중앙부터 시계방향으로 이동하면 집합 {0, 0, 0, 0}이 생긴다. 한 칸 더 오른쪽에서 시작하면 {0, 0, 0, 1}이 만들어진다. 그런 식으로 전체 원을 한 바퀴 돌면, 4개의 이진법 숫자(0과 1)를 배열할 수 있는 16가지 방법이 나열된다. 데 브뤼에인 순환은 숫자 대신 알파벳을 쓰거나, 원의 크기를 다르게 해도 그래프 이론을 통해 증명할 수 있다. 또 이 순환은 '전부 색칠하기' 문제와도 관련이 있다. 위 그림과 관련된 또 하나의 문제가 있다. 여러분도 곰곰이 생각해 보기 바란다. 시계 방향으로 돌아가면서 각 위치를 4색 중 하나로 칠하는데, 이때 네 가지 색깔로 가능한 2개의 순서쌍 16가지가 (빨강, 파랑), (파랑, 노랑)처럼 모두 원 안에 들어 있으면 된다.

✷

전통적인 책 제본법에 16이라는 수가 중요하다는 사실은 잘 알려져 있지 않다. 하지만 옛날에는 많은 책들의 전체 쪽수가 272, 288 등 16의 배수였다.

✷

집합 A, B를 아래와 같이 정의하자.

$$A = \{1, 4, 6, 7, 10, 11, 13, 16\}$$

$$B = \{2, 3, 5, 8, 9, 12, 14, 15\}$$

위 집합을 보면 먼저 첫째, 두 집합의 교집합이 없고 둘째, 두 집합의 원소를 모두 합하면 1부터 16까지의 정수임을 알 수 있다. 조금 더 자세히 보면 A, B 집합의 숫자들은 {1, 2}, {15, 16}처럼 쌍을 이루고 있다. 각각의 집합에는 4개의 짝수와 4개의 홀수가 있고, 집합의 원소를 모두 더한 값이 서로 같다. 조금 알아채기 힘든 것은 A 집합의 원소들을 제곱해서 더한 값이, B 집합의 원소들을 제곱해서 더한 값과 같다는 것이다. 신기하게도 이는 세제곱에서도 성립한다. 이런 조합은 상당히 신기해 보이지만, 집합의 원소가 2의 제곱수일 때는 항상 성립한다. 원소가 32개일 경우에는 각 집합의 네제곱의 합이 모두 같으며, 64개일 경우에는 다섯제곱의 합이 같다. 그런 식으로 계속 이어진다.

✷

16개의 정사각형으로 된 아래 그림은 칠교라는 기하학적 형상을 만드는 과정을 보여준다. 7개의 칠교—5개의 정삼각형, 1개의 정사각형, 1개의 평행사변형—를 조합하면 처음의 4×4 정사각형을 비롯해 다양한 형태를 만들어낼 수 있다.

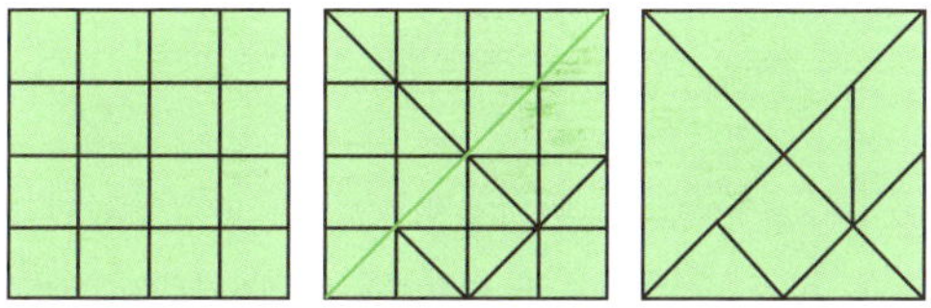

연습 삼아 넓이가 16인 다음 도형을 7개의 칠교 형태로 나누어 보라.

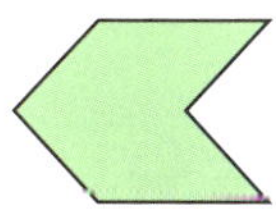

16과 관련된 마지막 주인공은 바셰 정사각형Bachet square이다. 여기서는 각 열, 행, 대각선에 하나씩의 에이스, 킹, 퀸, 잭이 오며 이 4개의 카드는 겹치지 않고 오직 한 번씩만 나타나야 한다. 이 정사각형은 1600년대에 클라우드 가스파르 바셰 드 메제리악이 발견한 것이다. 1624년에 그는 이런 형태가 얼마나 많이 존재하는지 궁금

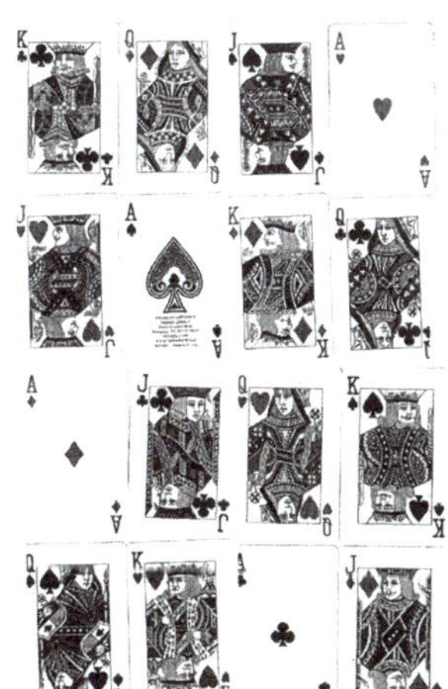

했다. 그 답은 1152개로 $2 \times 576 = 2 \times (4!)^2$로 표현하면 이해하기 쉬울 것이다. 일단 제일 위쪽 열을 고정시키면, 그 열과 관련된 2개의 바셰 정사각형이 생긴다. 그 다음 나머지 정렬 조건을 만족시키려면, 각 경우에 4!개의 배열 방법이 있다.

## 17 소수

피타고라스 학파는 17이라는 수를 혐오했던 것 같다. 17에 16이나 18의 대칭적 아름다움이 없다고 생각했던 모양이다. 그들 역시 그들만의 방식대로 생각할 권리가 있지만, 훗날의 수학사는 그들이 여러 분야에서 어리석었음을 보여준다. 17의 문제도 예외가 아니다. 아마 17은 그 잠재성 때문에 이 책에서 다루는 모든 수 중 가장 놀라운 수일 것이다.

유명한 발레 안무가 조지 발란신은 17에서 대칭을 보았다. 당시 그의 발레팀은 17명이었는데 발란신은 그들을 더블 다이아몬드 형태로 배치했다. 이 형태는 그의 유명한 발레 「세레나데」의 오프닝이 된다.

이탈리아에서는 다른 문화권에서 13이 그렇듯, 17이 불길한 수로 통한다. 이탈리아 항공에는 17번째 좌석줄이 없고, 많은 이탈리아 건물에는 17층이 없다. 또 르노자동차는 R17 기종을 이탈리아에서 출시할 때, 차 이름을 R117로 바꿔야 했다. 17에 대한 이런 기피에는 오랜 유래가 있다. 이것은 로마 문자의 철자와 관계가 있다. 17을 뜻하는 로마자 XVII는 라틴어 VIXI와 철자 순서가 바뀐 말이다. VIXI는 "나는 살았다"는 뜻으로 "지금은 죽은 상태다"라는 의미로도 읽힐 수 있다. (또한 VI + XI = 6 + 11 = 17이다.)

17은 연속된 수들의 배열에서 일종의 경계선이 되는 수다. 하나씩 살펴보자.

임의의 연속된 2개의 정수는 공통인수를 갖지 않는다. 수학적 용어로 그들을 서로소라 한다. 반면 이런 성질은 3개의 연속된 정수에는 적용되지 않는다. 최소한 2개의 짝수가 있어 2라는 공통인수가 생기기 때문이다. 하지만 여전히 가운데 수는 다른 두 수와 서로소 관계에 있다. 4개의 연속된 정수에서는 가운데 두 수 중 하나는 홀수가 되고, 이는 다른 세 수와 서로소 관계에 놓인다.

이런 식으로 어디까지 갈 수 있을까? 눈치 챘겠지만 17개 '미만의' 연속된 정수에서는, 최소한 다른 모든 정수와 서로소 관계에 있는 수가 하나 존재한다. 그러나 2184~2200까지 17개의 연속된 정수를 보면, 모든 수들은 다른 수들 중 최소한 하나의 수와 공통인수를 갖는다. 더 엄밀히 말하면, 임의의 수 $n$이 17보다 크거나 같을 때, $n$개의 연속된 정수 순서쌍에서 모든 수들이 다른 수들 중 최소한 하나의 수와 공통인수를 갖는다. 2184부터 시작하는 위 순서쌍은 공통인수가 있는 수 배열 중 가장 작은 것이다.

✷

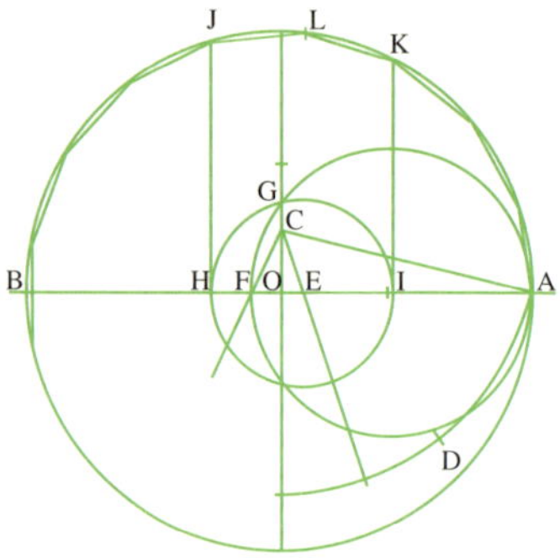


칼 프리드리히 가우스의 출생지인 독일의 브라운슈바이크에는 원형 받침대 위에 놓인 가우스 동상이 있다. 눈여겨 볼 것은 동상의 받침대다. 이 받침대는 원형이 아니라 정십칠각형으로 가우스의 눈부신 초기 업적 중 하나를 나타낸 것이다. 바로 자와 컴퍼스만을 이용해 정십칠각형을 작도하는 문제다.

이제 작도가 어떻게 가능한지 알아보자. 자와 컴퍼스만 사용해 정삼각형을 그리는 방법은 다음과 같다. A와 B 두 점을 정하자. 이제 A에 컴퍼스의 바늘을 꽂고 B에 충분한 크기의 호를 그려준다. 다음은 B에 바늘을 꽂고 A에 호를 그린다. 두 호가 충분히 크다면 새로운 점에서 만날 것이다. 이 점을 C라고 부르기로 하자. 이제 자를 가지고 A, B, C 세 점을 이어주기만 하면 정삼각형이 완성된다.

정십칠각형의 작도과정은 조금 복잡하지만 앞의 그림이 약간의 힌트가 될 것이다.

✷

가우스는 거기서 멈추지 않았다. 사실 그럴 필요가 없었다. 그는 18

세 때 이 작도법을 발견했기 때문이다. 그는 여러 정다각형을 몇 개의 카테고리로 나누고, 각 정다각형을 자와 컴퍼스로만 작도하는 방법을 연구했다. 그 과정에서 그는 자와 컴퍼스만 가지고 정구각형을 작도하는 것이 불가능함을 알아냈다.

✵

신시내티 동물원에는 십칠각형, 아니 17과 관련된 전시물이 있다. 이 동물원에는 17년 된 다양한 종의 매미들이 있다. 이 매미들의 울음소리는 지독하게 시끄러운데, 이들이 17년간 유충으로 지내다가 단 한번 우는 거라는 생각을 해야 겨우 참을 수 있을 정도다. 1987년에 운 매미의 새끼들은 17년이 지나 2004년에 다시 모습을 드러냈다.

✵

**6**의 내용을 떠올려 보자. 6개의 점을 검은선, 혹은 회색선으로 모두 이으면 자동적으로 단색 삼각형—세 점을 꼭짓점으로 갖는, 전부 검은선, 또는 흰색선으로 이어진 삼각형—이 만들어진다. 여기서 색깔의 수를 3개로 늘리면, 단색삼각형을 만드는 데 최소한 17개의 점이 필요하다.

✵

우리가 실생활에서 접하는 다양한 벽지들은 반복된 대칭 문양으로 되어 있다. 벽지 상점에 가면 수천 개의 디자인을 볼 수 있다. 그러나 놀랍게도, 그 모든 벽지들은 '벽지군'이라고 불리는 17개의 기본대칭 패턴으로 되어 있다. 아래 그림은 다양한 대칭 기술을 소개한 것이다.

평행이동, 반사, 회전, 특정각으로의 회전, 그리고 앞선 대칭들의 조합이 나타나 있다.

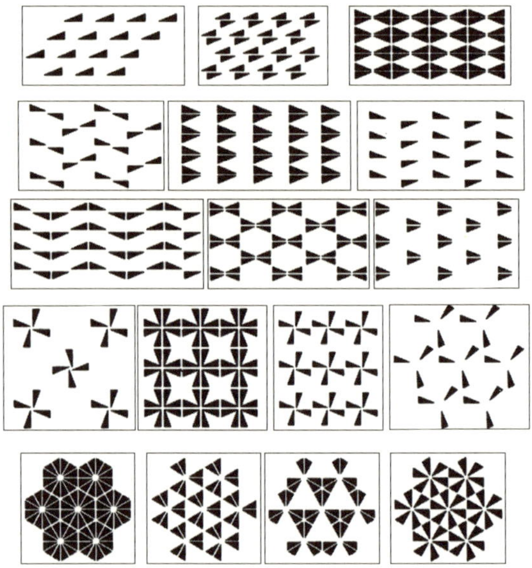

평면대칭의 수가 17로 제한되는 이유는 이 책에서 다룰 수 있는 주제가 아니다. 이 주제에 대해서는 존 콘웨이, 하이디 버지엘, 챠임 굿맨 스트라우스가 《사물의 대칭들The Symmetries of Things》이라는 멋진 책을 썼다.

17개의 평면대칭이 스페인 그라나다에 있는 무어인들의 성, 알함브라 궁전의 벽면에 모두 존재할까? 여기에 대한 견해는 학자들마다 다른 것 같다. (스페인 역시 17개의 자치구역으로 나뉘어 있다.) 전에 수 17에 대한 세계적인 권위자인 햄프셔 대학의 데이비드 켈리와 대화를 나눈 적이 있다. 몇몇 문헌 기록은 그렇지 않다고 말하지만 그는 17개 대칭이 모두 존재한다고 말한다. 알함브라 궁전의 벽면에 대한 진실이 어떻든, 1922년과 1936년, 무명의 네덜란드 시각예술가 모리츠 코르넬리스 에셔는 그 명성을 듣고 이 궁전을 방문했다. 그 방문을 통해 지금은 전설이 된 그의 마술적인 평면대칭 그림들이 탄생했다.

✸

마지막으로 아래의 스도쿠 퍼즐을 보자. 눈치 챘겠지만 원래 스도쿠 퍼즐보다 처음 숫자가 몇 개 적다. 하지만 숫자가 몇 개 빠진 퍼즐은 수학자들에게는 엄청나게 흥미로운 것이다. 아래 퍼즐에는 정확히 17개의 숫자가 있다. 이것은 퍼즐을 푸는 데 필요한 최소의 숫자 개수다. 다시 말해, 16개 또는 그 이하의 숫자가 주어지면 퍼즐을 풀 수 없다. 이 퍼즐에서 필요한 숫자는 최소한 17개라는 증거는 상당히 많다. 아직 여기에 대한 정리는 없지만 말이다. 놀랍게도 이 퍼즐은 그리 어렵지 않다. 한번 풀어보라. (해답 참조)

| | | | | | | | | |
|---|---|---|---|---|---|---|---|---|
| | 1 | 4 | | | | 8 | | |
| | | | | 2 | 7 | | | |
| | | | | | | | | |
| 7 | 6 | | | | | | 2 | |
| | | | 4 | | | | | |
| 2 | | | | | | | | |
| 3 | 7 | | | 8 | | | | |
| | | | 5 | | | 4 | | 1 |
| | | | | | | 5 | | |

✸

17에 대한 이야기는 여기서 마치자. 데이비드 켈러가 모르는 내용을 얼마나 썼는지는 알 수 없지만, 피타고라스 학파가 이 멋진 수를 무시한 것이 얼마나 큰 잘못이었는지는 충분히 보여준 것 같다.

# 18

$2 \times 3^2$

네 변의 길이가 3+6+3+6=18인 직사각형은 넓이 또한 3×6=18이다. 4×4 정사각형을 제외하고, 이것은 둘레의 길이와 넓이가 같은 유일한 직사각형이다.

선분 위에 점 하나를 찍자. 그 다음 점 하나를 더 찍어, 2개의 점이 각각 선분의 양쪽 절반에 속하도록 하자.

이제 점 하나를 더 찍어, 3개의 점이 각각 선분의 $\frac{1}{3}$ 영역에 속하도록 하자. 잠깐만! 다시 보니 처음 두 점은 원래부터 선분의 가운데 $\frac{1}{3}$ 영역에 위치하고 있었다. 아래처럼 다시 그려보자.

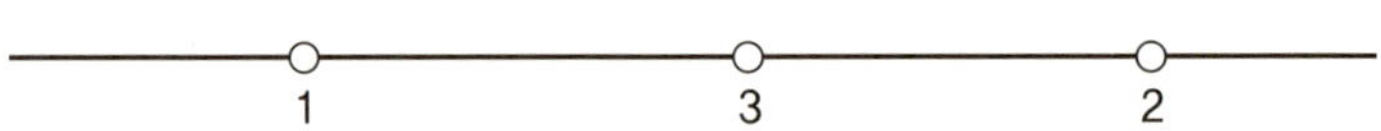


위 과정은 어렵지 않다. 첫 번째 2개의 점은 각기 선분의 $\frac{1}{2}$ 영역에

속하고, 3개의 점은 각각 선분의 $\frac{1}{3}$ 영역에 속한다. 더 할 수 있을까? 그럴 수 있겠지만 여기까지면 충분하다. 1970년, 엘윈 베렉캄프와 로널드 그레이엄은 어떤 방법으로도 18개의 점을 이런 식으로 배치할 수 없다는 것을 발견했다.

'18점 정리'라 불리는 이 원리는 대표제 선출에도 적용될 수 있다. 1984년, 버지니아 공대 경제학과 교수인 아모즈 카츠는 이 주제에 대해 처음으로 글을 썼다. 카츠의 논문은 이스라엘이나 스칸디나비아 국가들에게 특별한 반향을 불러일으켰다. 이 국가들은 입법 시 비례대표제를 택하고 있기 때문이다. 비례대표제란 특정 정당이 $x$%의 투표수를 얻으면, 그에 비례한 수만큼 당의 의원이 선출되고, 결과적으로 입법에도 $x$%만큼 참여할 수 있는 제도이다. 문제는 비례대표가 항상 그 당을 지지한 다양한 유권자들을 대변할 수 있다는 것인가 하는 점이다. 카츠는 "이 비례대표 명단의 의원이 몇 명이든 당에서 $k$명의 의원을 선출했고, 그 의원들 각각이 당의 임무를 동등하게 $\frac{1}{k}$로 분할하여 맡고 있다면, 당을 지지한 유권자를 대변할 수 있다"고 썼다. 이때 입법기관의 규모가 작으면 문제가 없다. 그러나 입법기관의 규모가 커지면 '18점 정리'가 빛을 발한다. 카츠의 결론은 "정당에서는 의원들의 수가 17명을 넘지 않을 때에만, 순서대로 비례대표의 명단을 작성할 수 있다."는 것이다. 다행히도 오늘날 대부분의 정당에서는 17명 이상의 비례대표를 추천하지 않는다. 그것이 '18점 정리'에 대한 오마주이든 아니든 말이다.

오늘날의 골프 코스에는 18개의 홀이 있다. 발리볼의 경기구역 길이는 18m이며, 발리볼 자체도 18개 조각으로 이어져 있다.

18은 '배럴 점프'(배럴통을 일렬로 늘어놓은 다음 스케이트를 신고 이를 뛰어넘는 대회—옮긴이) 같은 스포츠에서 하나의 표준이 되기도 한다. 스케이트를 신고 여러분은 얼마나 많은 배럴통을 뛰어넘을 수 있겠는가? 1960년대 ABC 텔레비전 프로그램 「와이드 월드 스포츠」는, 캣츠킬즈에 있는 그로싱어 리조트에서 자주 배럴 점프 대회를 방영하곤 했다. 지금까지의 세계 신기록은 18개였는데(약 9미터) 이는 1981년 캐나다의 이반 졸린이 세운 것이다. 이 기록은 앞으로도 오랫동안 깨트리기 힘들 것이다.

경마에도 18에 관련된 것이 있다. 2000년, 켄터키 더비 경마레이스의 우승마는 16자로 된 가장 긴 이름을 가진 푸사이치 페가수스Fusaichi Pegasus였다. (경주마 이름에서는 빈 칸도 글자로 친다.) 스티븐 스필버그가 공동 소유한 '아츠와팀토큰보트Atswhatimtalknbout'라는 경주마는 2003년에 4위를 기록했지만 동시에 깨기 힘든 또 하나의 기록을 추가했다. 그 말의 이름은 18글자로 되어 있는데, 전세계 모든 경마장에서는 18글자를 초과하는 경주마 이름을 금지하고 있다.

# 19 소수

바둑은 19×19 크기의 판 위에서 검은돌과 흰돌로 상대편 돌을 에워싸 제거하는 게임이다. 전설에 따르면 바둑은 기원전 2000년경에 만들어졌다고 한다.

바둑과 비교해 크리비지 게임은 상대적으로 최근에 만들어졌다. 이 게임의 개발자는 영국의 시인 존 서클링 경으로 알려져 있다. 크리비지 게임은 각각의 숫자값을 가진 카드들을 나눠준 다음, 각 카드패의 값에 따라 판 위의 핀을 움직이는 식으로 진행한다. 크리비지 게임에서는 19 이상의 점수가 나올 수 없다. 그래서 19는 쓸모 없는 패를 의미한다.

19는 동심 육각수centered hexagonal number라 불린다. 19개의 점을 배열해 중심이 같은 육각형을 만들 수 있기 때문이다. 이때 점 하나는 중앙에 놓는다. 다음 그림에서 1번에서 19번까지의 점은 어떤 삼각형

변의 합이라도 22가 되도록 배치되었다. 이때 총합의 값은 다양하게 구성할 수 있다. 그중 가장 큰 총합의 값은 31이다. 어떻게 배치하면 31이 될까? 한번 찾아보라. (해답 참조)

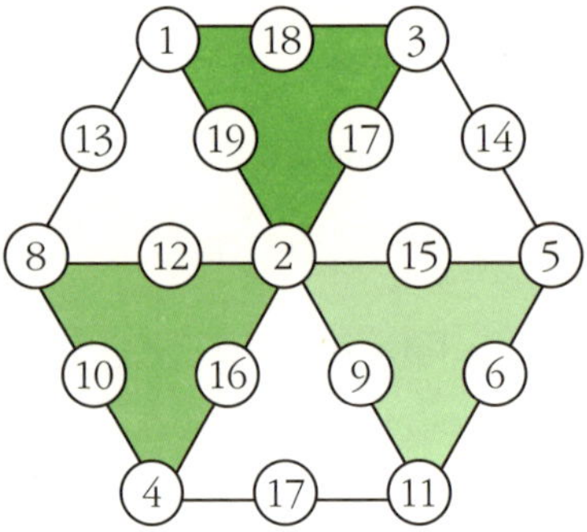


위 그림에서 수를 모두 빼면 19개의 구멍이 남는다. 이는 우리가 싱크대나 세면기 배수구에서 흔히 볼 수 있는 모양이다.

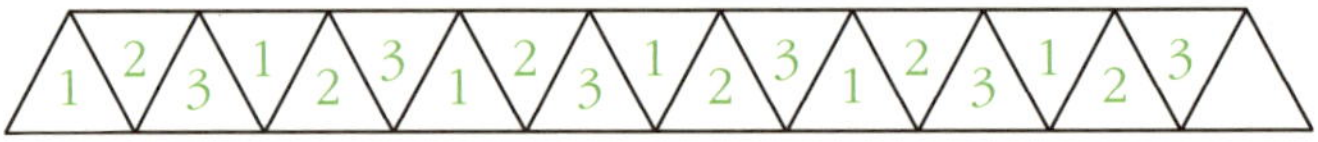

19와 육각형의 다른 관계는 위 그림에서 나타난다. 색깔이 칠해진 19개의 정삼각형을 접으면 이중으로 된 육각 다면체를 만들 수 있다. 이때 1, 2, 3에 서로 다른 색깔을 칠하고(반대편도 마찬가지다.), 종이를 알맞게 접으면 6개의 정삼각형 조각이 모두 같은 색을 띠는 정육각형을 만들 수 있다. 이때 나머지 색은 보이지 않는다.

✱

켈로그 제품 '19'는 1967년에 출시되었고 이는 제네럴 밀스 사의 제품 '토탈Total'의 강력한 경쟁제품이 되었다. 전해지는 이야기에 따르면, 켈로그는 새 제품 이름을 두고 고심하다가 그것이 자사의 19번째 제품이라서 19를 붙였다고 한다. 켈로그의 첫 번째 제품은 '콘플레이크'다.

✱

철학자 버트란드 러셀은 한때 '19개 이하의 음절로 나타낼 수 없는 가장 작은 정수'를 찾아내는 것이 불가능함을 연구했다. 예를 들면, 11은 3개의 음절로 이루어져 있다. 'e-le-ven' 또는 'eight plus three'로, 11은 3개의 음절로 된 가장 작은 정수다. 그러나 러셀의 생각은 완전히 달랐다. 그는 따옴표 안에 있는 구절이 18개의 음절로 되어 있는데, '19개 이하의 음절로 나타낼 수 없는 가장 작은 정수'가 사실은 18개의 음절로 되어 있다는 데서 모순을 찾아냈다. (원문 "the least integer not nameable in fewer than nineteen syllables"이 뜻하는 원래 의미와, 따옴표 안 구절의 음절 수 사이에 논리적 모순이 있다는 뜻—옮긴이) 이 역설을 만든 사람은 옥스퍼드 대학의 사서인 G. 베리였다. 이 역설은 여러 다른 형태가 있지만 그 기본 아이디어는 베리의 역설로 불린다.

✲

빠르게 풀어보자. 아래 등식은 19와 무슨 관련이 있을까?

$$559 = 256+256+16+16+1+1+1+1+1+1+1+1+1+1+1+1+1+1+1$$

답은 등식의 우변에 19개의 수가 있다는 것이다. 하지만 그게 전부가 아니다. 우변을 다음처럼 써 보자.

$$559 = 4^4+4^4+2^4+2^4+1^4+1^4+1^4+1^4+1^4+1^4+1^4+1^4+1^4+1^4+1^4+1^4+1^4+1^4+1^4$$

즉, 559는 19개의 네제곱 수의 합으로 표현이 가능하다. 다시 정리하면, 모든 자연수는 최대 19개 제곱수의 합으로 표현 가능하다. **4**에서 다룬 라그랑주의 네 제곱 정리를 떠올려 보자. 그 내용은 모든 자연수는 4개의 제곱수의 합으로 표현이 가능하다는 것이다. 수학자들은 여기에서 더 나아갔다. 1770년, 옥스퍼드의 수학자였던 에드워드 워링은 19개의 네제곱 수를 더하면, 모든 자연수를 나타낼 수 있다고 추측했다. 이 추측은 1986년에 발라수브라마니안, 데쇼우예, 그리고 드레스에 의해 증명되었다. 이때 네제곱 수 19개를 모두 필요로 하는 수는 오직 7개뿐임이 밝혀졌다. (559는 그 7개 수 중 가장 큰 수다.)

✲

| 1 | 1 | **2** | 3 | **5** | 8 | **13** | 21 | 34 | 55 | **89** | 144 | **233** | 377 | 610 | 987 | **1597** | 2584 | **4181** |
|---|---|---|---|---|---|---|---|---|---|---|---|---|---|---|---|---|---|---|
| $F_1$ | $F_2$ | $F_3$ | $F_4$ | $F_5$ | $F_6$ | $F_7$ | $F_8$ | $F_9$ | $F_{10}$ | $F_{11}$ | $F_{12}$ | $F_{13}$ | $F_{14}$ | $F_{15}$ | $F_{16}$ | $F_{17}$ | $F_{18}$ | $F_{19}$ |

위는 $F_1$, $F_2$가 모두 1인 피보나치 수열을 19번까지 나열한 것으로, 특정항의 값은 앞선 두 항의 값을 더한 것이다(**5**, **8** 참조). 이때 초록색으로 표시한 수는 F 옆에 붙은 수가 소수인 경우다. (F2는 제외했다.) F 값이 소수인 처음 6개의 수들—3, 5, 7, 11, 13, 17—은 피보나치 수 역시 소수이다. 이 관계는 끝없이 이어지지는 않는다. $F_{19}$부터 예외가 시작되는데 $F_{19}$, 4181 = 37×113이다.

19로 나눌 수 있는 모든 수는 다음 같은 별난 성질을 갖는다. 마지막 자릿수를 2로 곱해서 이것을 나머지 자릿수와 더하면, 그 결과는 다시 19로 나눠진다. 예를 들어, 625632는 19로 나눠진다. (62563 + 4 = 62567); (6256 + 14 = 6270); (627 + 0 = 627); (62 + 14 = 76); (7 + 12 = 19); (1 + 18 = 19). 이 경우 나눗셈은 어렵지 않다. 그러나 과정이 조금 번거롭기 때문에 여러분은 '그냥 19로 나누면 되지, 왜 굳이 이래야 하지?' 하고 생각을 할 수 있다. 물론 내 말을 안 들어도 좋다. 정 그렇다면 19의 가장 유명한 배수 중 하나인 19181716151413121110987654321 같은 수를 19로 직접 나눠보기 바란다. 이는 1부터 19까지의 수를 반대로 표기한 것이다.

일반적으로 어떤 자연수가 19로 나누어질 경우는 다음과 같다. 즉, 그 자연수의 마지막 자릿수를 2배한 값에 나머지 수를 더한 값이 19로 나누어질 때뿐이다. (19|704836 ➜ 19|70495 ➜ 19|7059 ➜ 19|723 ➜ 19|78 ➜ 19|23 ➜ 19|8) 그래서 704836은 19로 나누어지지 않는다.

# 20

$2^2 \times 5$

체스를 할 때 처음 택할 수 있는 동작의 개수는 20개다. 8개의 폰은 앞쪽으로 1칸, 또는 2칸을 이동할 수 있다. 또 2개의 나이트는 앞으로 두 칸 갔다가 좌우로 한 칸 이동할 수 있다. (표준 체스 표기법에서는, 백팀의 가능 동작을 a3, a4, b3, b4, c3, c4, d3, d4, e3, e4, f3, f4, g3, g4, h3, h4, Na3, Nc3, Nf3, Nh3으로 표현한다. 20개의 동작 중 4개는 나이트의 것인데, K는 킹을 뜻하기 때문에 나이트는 N으로 나타낸다. 나머지 16개는 폰의 동작인데 이들은 체스 말 중 등급이 낮아 오늘날의 표기법에도 등장하지 않는다.)

수 20은 게임이나 음악의 세계에 자주 등장한다. 특히 '스무고개'가 유명하다.

「던전스 앤 드래곤」 게임에는 20개의 면을 가진 주사위(20면체)가 쓰인다. 이것은 1946년 아베 부크만이 개발한 매직 8볼Magic-8-ball로, 볼 내부의 푸른색 액체에 20면체가 떠 있다. 먼저 공에게 질문을 하고, 공을 흔든 다음, 공 위의 작은 창문에 답이 나타나기를 기다리면 된다. 20개의 표준 답변은 다음과 같다.

| | |
|---|---|
| 징조에 따르면 그렇다. | 그렇다. |
| 답변 불가, 다시 시도하라. | 의심의 여지없다. |
| 나의 판단에 따르면 아니다. | 내가 볼 때는 그렇다. |
| 그것은 믿어도 된다. | 전망이 좋지 않다. |
| 집중하고 다시 질문하라. | 그것은 확실히 그렇다. |
| 지금은 당신에게 알려주지 않는 것이 좋겠다. | 매우 의심스럽다. |
| 확실히 그렇다. | 그것은 확실하다. |
| 지금은 예측할 수 없다. | 그럴 가능성이 매우 높다. |
| 나중에 다시 질문하라. | 내 대답은 '아니다'이다. |
| 전망이 좋다. | 그것을 믿지 말라. |

조금 더 교활한 이십면체는 많은 바이러스의 단백질 구조에서 발견된다. 이는 DNA의 발견으로 유명한 프랜시스 크릭과 제임스 왓슨이 예견한 것이다.

20은 항상 바로 사용 가능한 수로 여겨졌다. 사람 몸에 있는 손가락과 발가락을 합하면 20개이기 때문이다. 또 과거 영국의 화폐 시스템에서 1파운드는 20실링이었다.

미터법 표기를 사용하지 않는 곳에서 20/20 시력은 일반 표준시력을 말한다. 이는 20피트 거리에서 보여야 하는 물체가 실제 20피트 거리에서 보인다는 뜻이다. 반면 20/60 시력은 60피트 거리에서 보여야 하는 물체가 20피트 거리에서 보인다는 뜻이다. 미터법 표기를 사용할 때 일반 표준시력은 6/6으로 표현한다. 여기서 6은 미터를 가리킨다.

# 21

## 3×7

프랭클린 루스벨트는 21을 두 개의 소인수로 나눌 수 있다는 사실에 별 관심이 없었던 것 같다. 1933년 취임했을 때, 그의 정책 중 하나는 금의 가격을 매기는 것이었다. 조금 이상하게 들린다고? 더 이상한 것은 당시 루스벨트가 금의 가격을 21센트 인상하자고 제안했다는 사실이다. 그 근거는 21이 행운의 수인 7의 3배라는 것이었다. (루스벨트는 13공포증 때문에 금의 가격을 결코 13센트 인상하지 않았을 것이다. **13** 참조) 실제 루스벨트 행정부에서 21은 행운의 수로 드러났다. 1933년, 21번째 법 개정안이 비준되어 금주법을 폐지했기 때문이다. 물론 현재는 당신이 21세 이상이면, 미국의 50개 주 어디서라도 술을 마실 수 있다.

블랙잭으로 알려진 게임 「21」은 도박사들이 그 이상이 아닌, 가능한 한 21점(예를 들어, 에이스와 페이스 카드)을 따려고 하기 때문에 붙여진 이름이다. 1950년대의 악명 높은 게임쇼 「21twenty one」에서도 상황은 마찬가지였다. 참가자들은 그들의 점수가 상대방의 점수보다 21점에 더 가깝다고 생각하면 게임을 멈출 수 있었다. 어떤 참가자들은 아주 똑똑하게 답을 맞추었고, 스톱을 외치는 데도 비상한 재주를 보였다. 그러나 몇 년 후에, 당시의 여러 퀴즈쇼들이 그랬던 것처럼 모두 조작된 것으로 드러났다. 1994년 영화 「퀴즈쇼」는 바로 이 「21twenty one」의 이야기를 다룬 것이다. 또 「21」이라는 영화는 블랙잭 게임에 대한 것으로, 벤 메츠리히의 소설 《카지노 무너뜨리기》가 원작이다. 이 책은 카드 계산 시스템을 이용해 라스베가스를 터는 MIT 학생들의 이야기를 다루고 있다.

영화 「퀴즈쇼」와 「21」에는 대칭과 관련된 몇 가지 실수가 있다. 퀴즈쇼에서 잭 배리는 퀴즈쇼 스캔들이 터졌던 1958년 여름, 「21twenty one」의 사회자로 묘사된다. 그러나 사실 당시 사회자는 몬티 홀이었다. **3**에서 보았던 「협상합시다」의 사회자였고, 지금은 몬티 홀 역설로 유명해진 그 사람이다. 또 영화 「21」에서는 케빈 스페이시가 연기한 교수가, 스타 학생이자 미래의 스타 도박사인 벤 캠벨에게 몬티 홀 문제를 내는 장면이 나온다. 벤은 그 문제를 정확히 풀면서 경품을 딸 확률이 33.3%에서 66.7%(**3** 참조)로 높아진다고 말한다. 이 이상한 퍼센트 수치는 아마 분수 계산이 관객들에게 지루할 거라고 생각한 감독의 배려였을 것이다. 그러나 수에 대한 훌륭한 가이드 북인 《수들이 말하는 것》의 공동저자인 데이비드 보이엄의 말을 들어보자. "MIT의 수학 천재들이 $\frac{1}{3}$과 $\frac{2}{3}$를 33.3%, 66.7%라고 표현했을 가능성은 0.0%에 가깝다." 그러나 최소한 영화 「21」에는, 벤의 21번째 생일 케이크에 1, 1, 2, 3, 5, 8, 13이라는 수가 등장한다. 이것은 피보나치 수열로 다음 수가 21이다.

21은 게임이라면 어디에든 등장한다. 탁구에서는 21점을 먼저 따는 선수가 이긴다.(현재는 11점제로 바뀌었다.) 「말발굽 게임」 역시 1982년 40점 체제로 바뀌기 전까지 21점을 사용했다. 21은 또한 일반 주사위의 점들, 즉 1부터 6까지의 숫자를 모두 더한 값이기도 하다. 수학용어로 $21 = T_6$인데, 이는 6번째 삼각수라는 뜻이다.

미국의 국립 허리케인 센터에서는 해마다 폭풍 시즌에 21개의 공식 허리케인 이름을 고안한다.

일반적으로 퀜틴, 업톤, 사비에르, 이본느, 젤다 같은 이름을 가진 사람들은 자신의 이름이 허리케인 이름이 되지 않을까 걱정할 필요가 없다. 위 이름의 앞글자(Q, U, X, Y, Z)는 충분한 이름을 만들 수 없다는 이유로, 국립 허리케인 센터에서 제외한 글자들이기 때문이다.

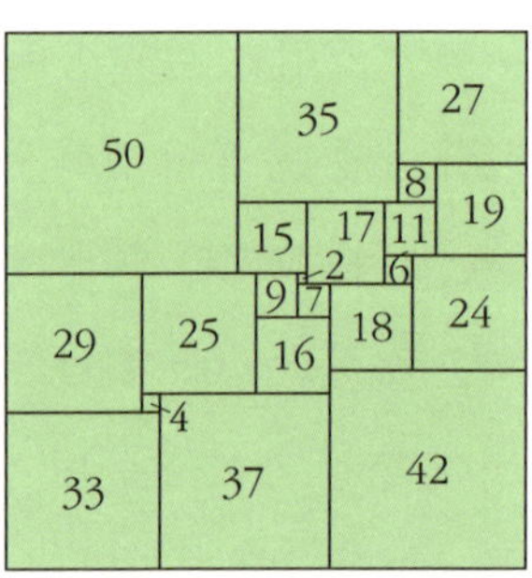


정사각형을 다시 4개의 작은 정사각형으로 나누기는 쉽다. 하지만 조건을 바꾸어 어떤 2개의 정사각형도 같은 크기를 가져서는 안 될 경우, 정사각형을 최소한 21개의 작은 정사각형으로 나누어야 한다. 이렇게 21개로 정사각형을 나누는 방법은 하나뿐임이 밝혀졌는데, 왼쪽 그림이 그것이다. 회전과 반사대칭을 이용한 이 방법은 1978년 A. J. W. 뒤베스틴이 발견했다.

## 22

2×11

하나의 자연수를 다른 자연수의 합으로 나타내는 것을 분할법이라 한다. 22는 분할이론에서 여러 번 등장하는 수다. 예를 들어, 숫자 8은 정확히 22가지로 분할할 수 있는데, 1+1+1+1+1+1+1+1이 첫 번째이고, 숫자 8이 22번째이다. 더 흥미로운 것은 22를 다음처럼 분할하는 것이다.

$$22=4+5+6+7$$

$$22=1+4+7+10$$

위의 첫 번째 식에서 우변의 숫자들은 모두 1씩 차이가 난다. 두 번째 식에서는 3씩 차이가 난다. 22는 이렇듯 일정하게 증가하는 정수들의 두 가지 합으로 표현할 수 있는 가장 작은 수다. 더 흥미로운 것은 아래 3가지 방법이다.

$$22=3+3+4+12$$

$$22=2+5+5+12$$

$$22=2+4+8+8$$

각각의 경우에서 우변의 숫자들을 모두 분모로 만들어서 더하면

$\frac{1}{3}+\frac{1}{3}+\frac{1}{4}+\frac{1}{12}=1$이 된다. 다른 것들도 마찬가지다. 이런 분할법을 정밀분할이라 하는데, 22는 하나 이상의 정밀분할이 가능한 가장 작은 수이다.

✻

분할법은 수론뿐 아니라 입자 분석에서도 중요한 역할을 한다. 물리학에서는 개별 입자들의 에너지 레벨을 지수로 표시한다. 열역학적으로 닫힌 시스템에서는 입자들의 에너지를 계산할 때 이 지수 값을 더한다. 같은 문맥에서 '분배 함수'는 조금 다른 분할을 의미한다. 그러나 기본 원리는 역시 자연수를 더 작은 자연수들의 합으로 표현하는 것이다.

✻

이제 조금 다른 분할을 살펴보자. 유명한 갈리아 지역은 정확히 세 부분으로 나뉘어 있었다. 그러나 오늘날 프랑스는 알자스에서부터 노르망디 북부에 이르기까지 22개 구역으로 나뉘어 있다.

✻

22는 또한 교차하는 6개의 선분과, 5개의 원으로 만들 수 있는 영역의 최대 개수이기도 하다(다음 그림). 물론 이 그림들이 프랑스 지도처럼 보이지는 않는다. 이 경우(최소한 내가 그린 다음 그림에서는) 특정 영역은 다른 영역보다 훨씬 커질 수밖에 없다. 오른쪽 그림에서 22번째 영역은 모든 원들의 바깥 영역이다. 일반적으로 $n$개의 선분은 하나의 면을 $\frac{1}{2}(n^2+n+2)$개로 나눌 수 있고, $n$개의 원은 한 면을 $n^2-n+2$개로 나눌 수 있다.

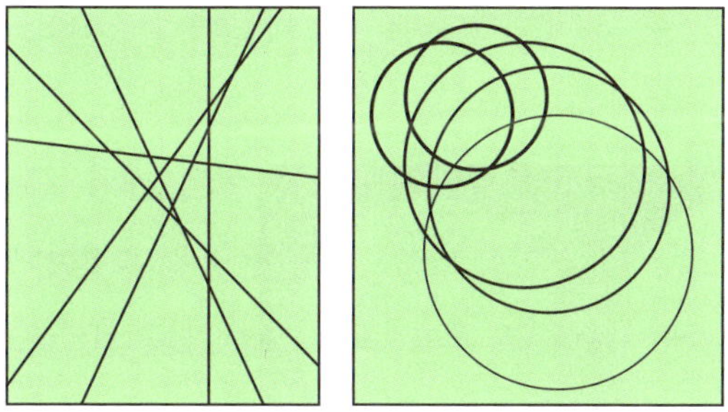

기초수학에서 가장 유명한 22는 $\frac{22}{7}$의 분자일 것이다. 이것은 가장 잘 알려진 $\pi$의 근삿값이다. 한편, 미국에서 남자의 모자 사이즈 7은 여자의 모자 사이즈 22와 일치한다. 그 이유는 모자를 완벽한 원형이라 가정할 때, 여자의 모자 사이즈는 내부 땀밴드의 둘레 길이로 측정하고, 남자의 모자 사이즈는 지름으로 측정하기 때문이다. 22와 7의 연관성은 여기서도 확인된다. $\pi$의 정의는 원의 둘레를 지름으로 나눈 값이다.

다음의 놀라운 그림에는 1부터 22까지의 수가 있다. 여기서 선으로 연결된 모든 두 수의 합은 소수가 된다.

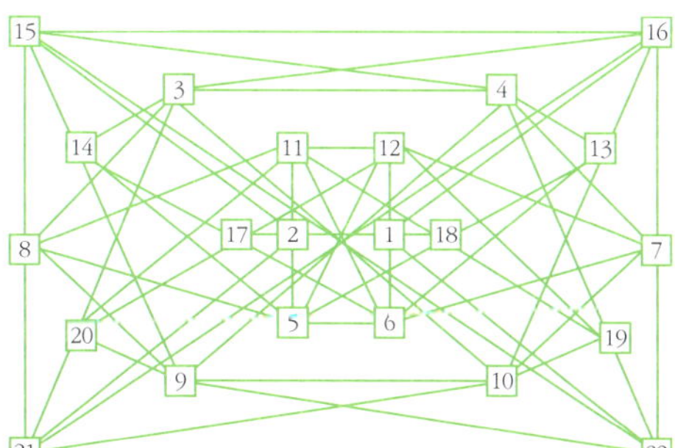

1961년에 발표된 조셉 헬러의 유명한 소설《캐치-22Catch-22》는 현대문화에서 22를 가장 인상적으로 활용한 경우일 것이다. 사실 이 책에는 22에 대한 내용이 없다. 그래서 제목이 조금 실망스러울 수도 있다. 헬러의 책 제목은 처음에 '캐치-18'이었다. 그러나 1961년 바르샤바 봉기를 소재로 한 레온 유리스의 소설,《밀라-18Mila18》과 제목이 겹친다는 이유로 제목을 바꿨다. 11, 14, 17 같은 수들이 제안되었지만 모두 거절당했다. 오늘날 '캐치-22'는 승산 없는 다양한 상황을 묘사하는 데 쓰이는 단어다.

크리켓에서 투수와 타자 사이의 거리는 22야드다. 이것은 건터 측쇄gunter's chain(**66** 참조)의 길이이며, 펄롱(길이 단위로 220야드—옮긴이)의 1/10이기도 하다. 펄롱은 긴 고랑을 뜻하는 'furrow long'의 줄임말로, 옛날의 많은 거리 단위들은 모두 땅을 경작하는 것과 관련이 있었다. 1펄롱×1체인 넓이의 땅은 과거에 색슨 스트립 에이커Saxon strip-acre로 알려져 있었다. 이는 오늘날 1에이커(43,560제곱피트)와 넓이가 같지만 직사각형 형태를 띤다.

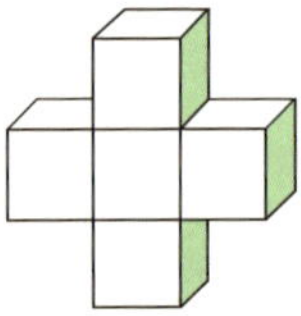

정육면체로 만든 그리스 십자가는 5개의 정육면체, 또는 22개의 정사각형 면으로 되어 있다.

1부터 22까지의 정수를 모두 곱한 값인 22!은, 22자릿수로 1,124,000,727,777,607,680,000이다. 22, 23, 24는(1을 제외하고) $n$!의 값이 $n$자릿수인 유일한 세 수이다.

## 23 소수, $2^3+3^2+2\times3$

수 23은 수학사에서 20세기 초부터 확고한 위치를 갖게 되었다. 독일의 수학자 데이비드 힐베르트가 수학사에서 풀리지 않은 23개의 문제를 정리해 공표했기 때문이다. 그 문제들이 얼마나 어려운지 궁금한가? 23개의 문제들 중 가장 쉬운 문제가 다음과 같은 수준이다.

부피가 같은 두 개의 다면체가 주어졌을 때, (오른쪽의 정육면체와 정사면체처럼) 첫 번째 다면체를 유한개의 많은 조각으로 분해하여 다시 조립하면 두 번째 다면체를 만들 수 있는가?

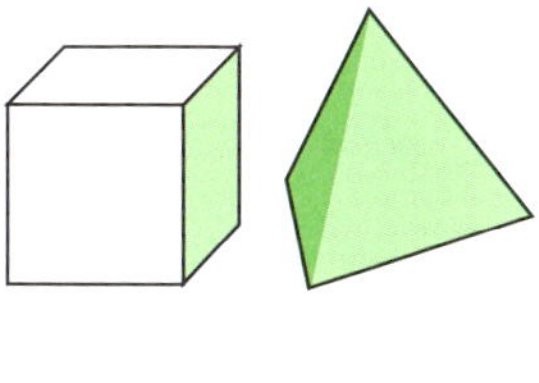

1년도 되지 않아 힐베르트의 학생이었던 막스 덴은 그것이 불가능하다는 답을 내놓았다. 힐베르트는 이 결과를 의심했다. 그러나 힐베르트 역시 이러한 분해와 조립이 2차원의 다각형에서는 가능하다는 것을 알고 있었다(19세기 초의 보여이-거웨인 정리).

가장 유명한 힐베르트 문제는 2번 문제일 것이다. 그것은 산술 법칙(페아노의 공리)이 내적으로 모순이 없는지를 묻는 것이다. 답은 1931년, 괴델의 불완전성 정리에서 발표되었는데 그 정리는 산술공리 체계가 항상 완벽하지 않음을 증명해서 수학계에 충격을 주었다. 명제형 논리($p$는 $q$이다)와 다르게, 공리에 의거한 산술 시스템은 항상 공리들에 기반한 수학적 진술을 쏟아내지만, 그 시스템 자체를 공리들을 이용해 증명할 수는 없다는 것이다. 즉, 페아노 공리를 증명하고 싶어도, 페아노 산술 시스템 안에서는 그것이 불가능하다.

괴델의 불완전성 정리(이는 사실 '정리들'이지만 추가적인 내용은 여기서 소개하지 않겠다.)의 증거는 수학적 표기와 표현법('괴델 수'라 불리는)에 쓰이는 부호화 시스템, 그리고 역설적 성격을 내포하고 있는 자기 지시적 진술에서 드러난다. **19**에 나오는 베리의 역설은 어떻게 그런 진술이 성립하는지를 보여준다. 그러면《옥스퍼드 논리 가이드 시리즈 Oxford Logic Guide series》중 하나인〈괴델 불완전성 정리〉에서, 논리학자 레이먼드 스멀리언이 말한 수수께끼 하나를 살펴보자.

기사와 악당들이 사는 섬이 있다. 여기서 기사들은 항상 옳은 진술을 하며, 악당들은 항상 거짓말을 한다. 스멀리언은 말한다. "그 섬의 모든 주민은 자신이 기사라고 말할 것이다." (기사는 절대 거짓말을 하지 않고, 또 악당은 절대 옳은 말을 하지 않기 때문에.) 이때 거짓말을 믿지 않는 논리학자 한 명이 섬을 방문한다. 이제 이야기는 더욱 흥미로워진다. 섬사람 한 명이 논리학자에게 이렇게 말한다. "당신은 내가 기사라는 것을 절대 믿지 않을 것이다." 그 다음은 스멀리언의 말을 소개하겠다.

"만약 그 섬사람이 악당이라면 그의 진술은 거짓이다. 그러므로 논리학자는 그 섬사람이 기사라는 것을 믿을 것이다. 그런데 이는 논리학자가 어떤 거짓말도 믿지 않는다는 초기 가정과 모순된다. 따라서 그 섬사람은 기사여야만 한다. 그렇다면 그가 한 말은 진실일 테지만, 논리학자는 그 섬사람이 기사라는 사실을 믿을 수 없다. 그런데 사실은 그 섬사람이 기사이고 논리학자는 참인 진술만 믿으므로, 논리학자는 그 섬사람이 악당이라고 믿지 않을 것이다. 따라서 논리학자는 그 섬사람이 기사인지 악당인지 결코 알 수 없을 것이다."

괴델의 정리는 꽤 어렵다. 그래서 많은 수학자, 철학자, 신학자들이 이를 잘못 사용했다. 스웨덴의 논리학자 토르켈 프란젠은 괴델의 정리와 관련된 터무니없는 진술들을 연대별로 정리하고 분석했다. 예를 들어, "괴델의 정리는 성경이 모순되거나 불완전함을 보여준다", "괴델의 불완전성 정리에 따르면, 모든 지식은 근본적으로 불완전하고 자기 지시적이다." 또는 "존재와 의식을 동일시하면, 우리는 괴델의 불완전성 정리를 진화론에도 적용할 수 있다." 등이다. 그러나 괴델의 노력은 컴퓨터, 집합 이론, 디오판토스 방정식을 위한 알고리즘 등 여러 분야의 많은 명제들이, 사실은 결정 불가능한 것임을 분명하게 보여주었다.

힐베르트 문제 중 가장 어려운 것은 리만 가설일 것이다. 들어본 사람이 있을지도 모르겠다. 리만 가설은 매우 난해하여 유명 언론에 소개되기도 했는데, 복잡한 변수를 가진 리만 제타 함수의 함숫값이 언제 0이 되는지를 다루고 있다. 이 함수에서 처음 10억 개의 0값은 모두 2차원 공간의 특정한 선분 위에 위치한다는 것이 밝혀졌다. 그러나 수학자들은 그것으로 만족할 수 없었다. 10억 개의 0이 아니라 모든 0에 대해서 식이 성립해야 하는 것이다. 비록 리만 가설에는 복잡한 숫자들이 등장하지만(고등학교 때 배운 머리 아픈 허수 $i = \sqrt{-1}$처럼), 사실 리만 가설은 소수의 분포에 대한 가설이다. 힐베르트가 다음과 같은 말을 했을 때, 그는 리만 가설의 난해함을 잘 알고 있었던 것으로 보인다. "내가 만약 수천 년 동안 잠을 자다 깨어날 수 있다면, 처음으로 이렇게 물을 것이다. '리만 가설이 풀렸습니까?'"

힐베르트만 그 답을 궁금해했던 것은 아니다. 영화 「뷰티풀 마인드」에서 주인공 존 내쉬는 뒤뜰에서 그의 방문객에게, 자신이 리만 가설을 풀고 있었다고 말한다. 카메라는 방문객의 시선을 따라가다 내쉬의 노트북을 보여준다. 거기에는 아무렇게나 갈겨쓴 망상형 정신분열자의 낙서가 보인다. 그런 것으로는 현대수학에서 가장 신성한 성배 중 하나를 찾을 수 없다. 영화에서 내쉬를 방문한 사람은 고개를 돌린다. 내가 글을 쓰는 이 순간에도 리만 가설은 풀리지 않았다. 우연이지만, 존 내쉬 역시 23을 좋아했다. 그의 가장 유명한 망상 중 하나는 〈라이프〉 잡지에 실린 교황 요한 23세(1958-1963년)의 사진이, 사실은 변장한 자신의 사진이었다는 것이다. 그것이 그의 정신분열의 첫 증상이었다.

✻

이제 문제를 풀어보자. 다음에 나오는 글자들이 모두 23개라는 것은 세어보지 않아도 된다. 그러면 이 글자들은 무엇을 의미할까? 26

개 알파벳 중에서 왜 글자 3개가 빠졌을까? (해답 참조)

ONETWHRFUIVSXGLYDAMBQPC

✵

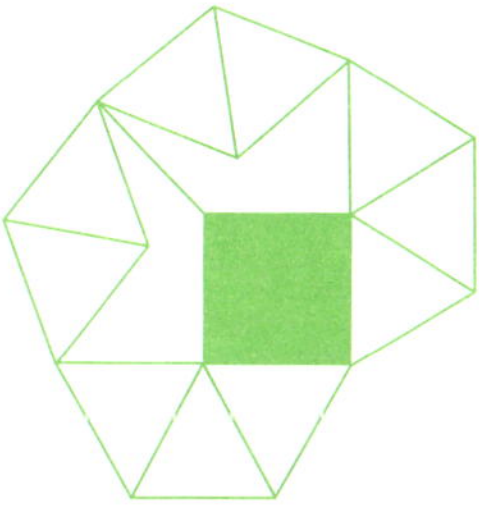

다음 문제는 더 이상하다. 먼저 정사각형이 하나 있다. 이 정사각형을 단단히 고정시키려면, 같은 길이의 선분이 23개 필요하다. 처음 정사각형이 이쑤시개로 만들어졌다고 상상하면 쉽다. 그 다음 동일한 이쑤시개로 정사각형 주변을 둘러싸, 정사각형이 움직이지 못하도록 단단히 고정하면 된다(위 그림은 대칭이다. 그림을 45도 회전해 보라.).

✵

마지막으로, 수 23은 '생일 역설'에서도 중요한 역할을 한다. 이미 답도 공개되어 있다. 얼마나 많은 사람들을 초대해야, 초대된 사람들의 생일 중, 서로 같은 생일이 있을 확률이 $\frac{1}{2}$을 넘겠는가? 그 답은 23명으로 믿기지 않을 만큼 적어 보인다. 결론부터 말하자. 만약 367명의 손님을 초대하면 그중 임의의 손님들의 생일이 같을 확률이 100%가 된다(이는 비둘기집 원리의 응용이다. **37** 참조). 생일 역설은 설명을 들은 뒤에도 직관적으로 와 닿지 않는다. 조금 더 자세히 알아보자.

정답의 수치가 이렇게 작은 데는 이유가 있다. 우리는 '특정한' 두 사람의 생일이 겹치거나, 두 사람의 생일이 '특정한' 날짜에 겹치는 경우만 찾는 것이 아니다. 어떤 조합도 가능하다. 일단 23개의 물체를

365개의 상자에 넣는다고 상상해 보자. 어떤 두 물체도 한 상자에 넣지 않는다고 할 때, 아주 많은 경우의 수가 가능하다(365×364×…343). 그러나 한 상자에 두 개, 혹은 그 이상의 물체를 넣어도 된다면 더 많은 경우의 수가 생겨난다. 물체 중 임의로 2개를 선택해, 이것을 1번 상자에 넣는다고 상상하자. 그리고 나머지 21개 물체를, 다른 363개 상자에 계속해서 넣는다. 특정 상자에 1개 이상의 물체가 들어 있을 확률을 50% 이상으로 하기 위해서는, 23개의 물체면 충분하다. 아래 그래프는 사람들이 23명 이상이면 생일이 같을 확률이 50%를 넘어서며, 60명 이상이면 거의 100%가 됨을 보여준다.

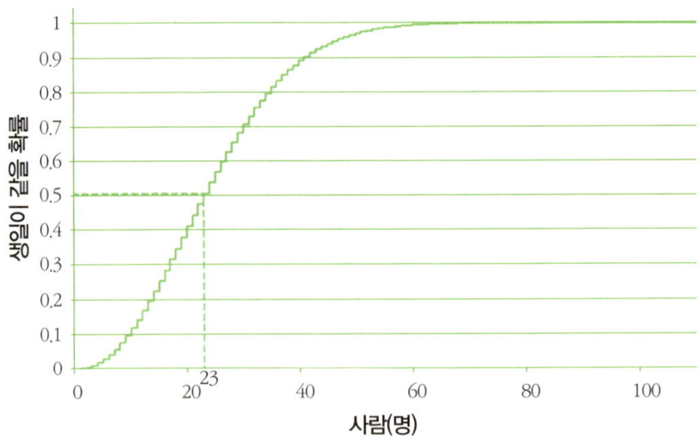


생일 역설에 대한 레이먼드 스멀리언의 말을 소개하겠다. 그는 앞서 보았듯 논리학자이면서 수학의 여러 분야에 재능이 많은 사람이다. 아래 글은 내가 이 책을 쓰고 있을 때 그에게서 받은 편지의 일부이다.

프린스턴 대학에서 확률에 대한 강의를 할 때였죠. 언젠가 강의실에서 만약

한 방에 23명 이상의 사람들이 있다면, 그들 중 최소한 두 사람의 생일이 같을 확률이 50%가 넘는다고 말했습니다. 당시 교실에는 19명의 학생들이 있었기 때문에, 두 명의 학생이 생일이 같을 확률은 아주 낮았어요. 그때 한 학생이 그러더군요. "지금 우리 반에서 최소한 두 사람의 생일이 같다는데 25센트 걸게요." 나는 잠시 생각하다 말했어요. "그래? 넌 다른 친구들의 생일도 알고 있구나?" 그러자 그 친구가 말하더군요. "다른 친구들의 생일은 몰라요. 하지만 적어도 우리 중 두 사람의 생일은 같다는 건 장담할 수 있어요." 그래서 그 친구가 잘못 생각하고 있는 부분을 알려줘야겠다고 생각하고 내기를 받아들였죠. 나는 한 사람씩 학생들의 생일을 물었습니다. 그러다 그 중 두 학생이 쌍둥이라는 걸 알게 됐어요. 교실에 엄청난 웃음이 터졌죠. 저는 말했습니다. "경험적 관찰 없이도, 순수한 이론이 얼마나 강력한 힘을 가질 수 있는지 잘 보여주는 사례군요."

## 24

$2^3 \times 3$

24는 인류의 가장 오래된 게임 중 하나에 등장한다. 바로 백개먼 보드 게임이다. 백개먼 보드에는 24개의 점이 있는데, 가느다란 삼각형이 일렬로 늘어서 있어 알아보기가 쉽다. 또 「아홉 사람의 모리스」라는 게임에도 점이 24개 있다. 셰익스피어의 희곡 《한여름밤의 꿈A Midsummer Night's Dream》에는 그 게임의 인기가 식어가고 있다는 언급이 있다. 그만큼 오래된 게임인 셈이다.

당연히 24는 시간과 관련이 있다. 하루가 24시간임은 누구나 안다. 또 영화를 찍을 때 1초에 24프레임의 필름이 돌아간다. 그러나 이것이 오래된 표준이라는 사실을 모르는 사람이 많다.

스포츠와 시간의 관계에서 1954-1955 시즌부터 NBA 게임의 필수품이 된 24초 시계를 빼놓을 수 없다. 이 시계는 대니 비아손이 만든 것으로, 그는 한때 시러큐스 내셔널즈의 구단주였다. 이 시계의 기본 취지는 슈팅과 득점수를 높이는 것이었다. 비아손은 평균적인 NBA 게임에서 120개의 슛이 나온다는 것을 관찰했다. 이는 48분 동안 24초마다 슛 하나가 터진다는 뜻이다. 그는 기존의 시계로는 24초를 충분히 활용할 수 없다고 보았다. 그래서 24초 시계가 있다면 슈팅과 득점에 도움이 될 거라고 믿었다. 24초 시계를 도입한 뒤의 최저 점수 경기는 바로 그해(1955년)에 있었다. 보스톤 셀틱스가 밀워키 혹스를 62-57로 이긴 게임이다. 그러나 촘촘한 방어가 강조되는 오늘날의 농구에서도 3점슛 때문에 다음의 최저 득점기록을 깨기는 힘들 것이다. 1950년, 피스톤즈와 레이커즈는 19-18의 스코어를 기록했다. (이 해는 포트웨인이 미네아폴리스를 누르고 우승을 했다.)

24는 처음 4개의 자연수를 곱한 값으로 4!로 표기한다. 여기서 감탄사 부호는 조금 우스워 보인다. 마치 "오늘 나는 '제퍼디!'를 보았어"

할 때의 느낌표 같다. 그러나 '제퍼디!'는 원래 TV 쇼 이름에 느낌표가 포함되어 있다. 그걸 모르는 독자들은 저 문장이 제퍼디가 정말 재미있어서 흥분한 사람의 말이라고 생각할지 모르겠다. 아무튼 수학에서 ! 표시는 차례곱을 말한다. 이것은 4!은 1부터 4까지의 모든 정수를 곱한 값(24)이라는 뜻이다.

임의의 $n$에 대해 $n!$은 1부터 $n$까지의 모든 자연수를 곱한 값이다. 이는 $n$개의 물체를 배열하는 경우의 수이기도 하다. 첫 물체를 배열하는 $n$가지의 방법, 두 번째 물체를 배열하는 $n-1$가지 방법 등. 특히, 4개의 물체를 배열하는 방법은 24개가 있는데 아래에 O, P, S, T라는 글자로 표시했다. 아래에서 1열에 나오는 6개의 문자는 모두 영단어들인데, 어떤 4개의 글자를 선택해도 뜻을 가진 6개 이상의 단어를 만드는 것은 불가능하다.

| | | | |
|---|---|---|---|
| OPTS | OPST | OSTP | OSPT |
| POST | OTSP | OTPS | PSOT |
| POTS | PSTO | PTOS | PTSO |
| SPOT | SOPT | SOTP | SPTO |
| STOP | STPO | TOSP | TPOS |
| TOPS | TPSO | TSOP | TSPO |

4개의 글자를 순서대로 늘어놓는 집합에 대해 조금 더 살펴보자. 먼저, 사전에는 없지만 쓰이고 있는 단어, ANTITRINITARIANIST를 보자. 이는 기독교의 삼위일체 교리에 반대하는 사람을 뜻한다. 이 단

어는 조금 특별하다. 교리라는 뜻의 doctrine에는 TRIN이란 글자가 포함되어 있다. 삼위일체trinity 역시 TRIN으로 시작하며, 바로 연속되지는 않지만 RINT, RNIT라는 글자들을 포함한다. 다시 원래 단어를 살펴보자. 이 단어에는 I, N, R, T로 가능한 모든 24개의 배열이 들어 있다.

위 그림은 삼위일체 반대론자로 보이지 않는다. 24명이 모여 있는 상황도 딱히 특별할 것이 없다. 그렇다면, 이 그림이 나타내는 것은 무엇일까? (해답 참조)

24는 로마숫자에서 회문인 Ⅳ×Ⅵ(4×6)의 형태로 나타낼 수 있다.

이제 24의 가장 인상적인 성질 중 하나를 보자. 먼저 1의 제곱과 2의 제곱을 더한다. $1+4=5$. 그 다음 1부터 3까지의 제곱을 더한다. $1+4+9=14$. 여기서 5나 14는 제곱수가 아닌데 거기에 뚜렷한 이유는 없다. 그러나 여러분이 1부터 24까지의 제곱수를 더하면 처음으로 그 합이 제곱수가 된다. $1^2+2^2+\cdots 23^2+24^2=4900=70^2$

이것은 수학 문헌에서 '포탄 문제'로 알려져 있는 것이다. 먼저 한 변이 24개의 포탄으로 이루어진 정사각형을 만들고, 그 위에 한 변이 23개의 포탄으로 된 정사각형을 만든다. 그런 식으로 계속 쌓아올리면 마지막에는 포탄의 합계가 제곱수가 되는 피라미드가 만들어진다. 여기서 멋진 부분은 24는(1을 제외하고) 이러한 계산을 가능하게 하는 최초이자 마지막 수라는 점이다.

정육면체는 6면에 대해 각각 4번씩, 24개의 회전대칭을 갖는다. 또 정사각형 퍼즐에 암, 수 연결부를 달거나 아예 달지 않고, 정확히 24개의 직소퍼즐을 만드는 것도 가능하다. 여기서 암, 수 연결부가 모두 있는 양성兩性 퍼즐은 7개이다. 또 무성無性 퍼즐도 하나 있다. 이 24개의 직소퍼즐을 모두 연결하면 4×6 크기의 직사각형을 만들 수 있다.

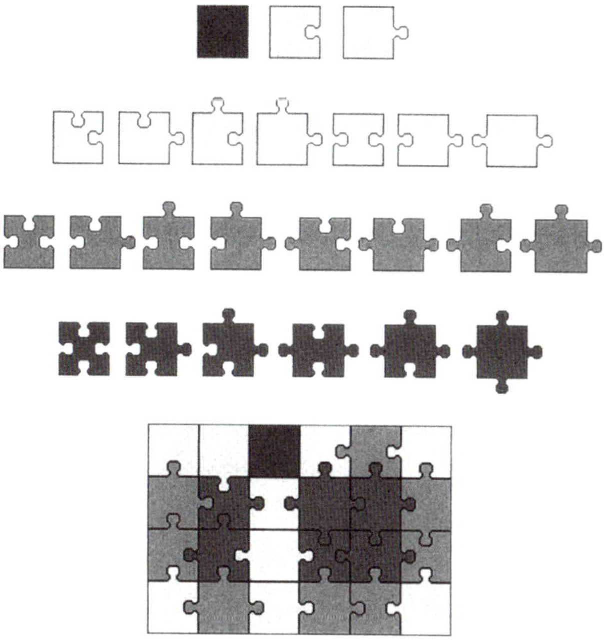

# 25

$5^2$

$5^2$은 25로 2, 5를 한 번씩만 써서 표현 가능하기 때문에 프리드먼 수라 불린다. 이는 플로리다 드랜드의 스테츤 대학 교수인 에리히 프리드먼의 이름을 딴 것이다. 모든 한 자리 수는 프리드먼 수다. 반면 25는 가장 작은 프리드먼 수로, 5의 모든 제곱수는 프리드먼 수로 알려져 있다.

25의 제곱수는 항상 25로 끝난다. 이러한 수는 자기동형수automorphic number라 부르는데, 25는 가장 작은 두 자리 자기동형수다. (한 자리 자기동형수는 1, 5, 6이다.) 또 어떤 수가 25, 50, 75, 00으로 끝난다면 이들은 25로 나눌 수 있다.

25는 두 제곱수의 합으로 표현되는 가장 작은 제곱수다. 즉, 이것은 피타고라스 삼각형에서 (변의 길이가 3, 4, 5로 된 삼각형의 경우) 가장 작은 빗변값의 제곱이다. 또 7, 24, 25의 세 수에서도 피타고라스 정리가 성립한다.

카드게임 「25」는 아일랜드의 국민 카드게임으로 불린다. 다음에 나오는 파치시 게임은 인도의 국민 게임으로, 파치시는 힌두어로 25를 의미한다. 게임 참가자들은 차코니라 부르는 중앙의 가장 큰 정사각형에서 게임을 시작한다. 정사각형 주변의 네 날개는 3×8 = 24개의 구멍으로 되어 있다. 참가자는 전부 25개 칸을 이동해 처음 출발한 가장 큰 차코니로 돌아와야 한다. 이때 주사위처럼 쓰이는 조개껍데기를 던져 말을 움직이는데, 25는 거기서 나올 수 있는 수 중 가장 큰 값이다.

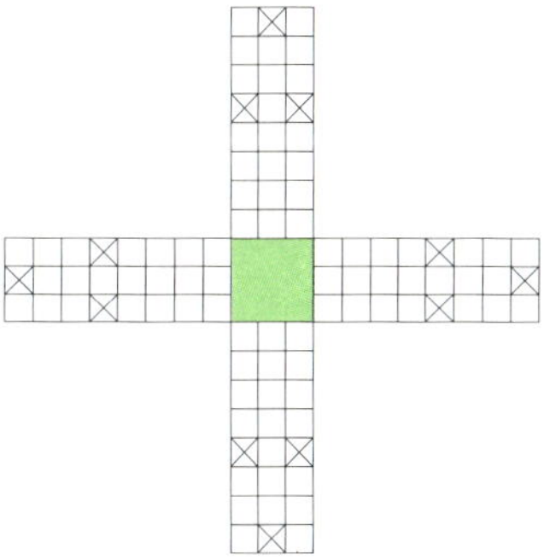

표준적인 빙고 카드에는 25개의 공간이 있고 그중 24개에 수가 있다.

## 26

2×13

26은 그 자체보다 다른 뭔가의 절반이 되는 수로 더 잘 알려졌다. 26주는 1년(52주)의 절반이며 카드 26장은 카드 반 벌이다. 여기서 카드 한 벌은 13장이며, 두 벌은 26장이다. 브릿지 게임에서는 각 팀이 총 26장의 카드, 즉 반 벌의 카드로 시작한다.

2×13=26이라는 식은 크로켓에서도 나타난다. 일반적으로 크로켓은 2개의 공으로 진행하는데 각 공마다 13점씩 얻을 수 있다(12개의 후프와 가운데의 페그를 포함). 크로켓 게임의 승자는 따라서 총 26점을 획득한다.

26에서 1을 빼면 제곱수 25가 나온다. 또 26에 1을 더하면 세제곱 수 27이 나온다. 어떤 수도 이런 식으로 제곱수와 세제곱 수 사이에 끼어 있지는 않다.

카드에서 수 26의 관계를 살펴보자. 일단 카드 한 벌에서 임의의 두 카드를 생각하자. 이 2장의 카드가 바로 옆에 붙어 있을 확률은 얼마나 될까? 이때 모든 카드는 무작위로 섞였고, 다이아몬드 킹이나 퀸 같은 카드를 직접 고를 수 없다. 카드가 무작위로 분포해 있다면, 2장의 카드가 서로 붙어 있을 확률은 $\frac{1}{26}$이다.

알파벳의 글자수는 26개다. 따라서 26은 암호문에서도 중요한 역할을 한다. 먼저 간단한 암호문 하나를 보자. 아래 문장에서 각 글자는 알파벳의 서로 다른 글자들이다.

SGE ZNK LUXIK HK COZN EUA

다소 황당해 보이지만 이 암호문은 구식의 자리바꿈 암호문이다. 암호문의 원래 글자를 알파벳에서 일정한 간격만큼 앞으로 당겨서 읽으면 뜻이 드러난다. 자리바꿈 암호법의 약점은 가장 많이 등장한 글자—이 경우에는 K—가 영어에서 가장 흔한 글자인 E와 관련될 가능성이 크다는 것이다. 이 경우에도 그렇다. 글자 K는 E보다 6번째 뒤에 있는 글자로, 암호문의 모든 글자를 6칸 뒤로 당겨 읽으면 암호가 풀린다.

MAY THE FORCE BE WITH YOU

너에게 신의 은총이 있기를

반면 암호를 만드는 것은 조금 더 어렵다. 이것은 26과 관련이 있다. 먼저, M에서 S까지는 여섯 글자가 차이 난다. (13번째 알파벳에서 19번째 알파벳까지니까.) 그긴 쉽다. 그러나 Y에서 E(암호문의 첫 번째 단어 마지막 글자)로 가려면 25번째 알파벳에서 5번째 알파벳까지 가야 한다. 수학적 용어로 이것을 '모듈러 산술'이라 한다. 말은 어려워 보여도, 사실은 단순한 것이다. (특히 아래의 영숫자 표를 보면 더 쉽다.) 모듈러 산술에서 25+6=31의 값은 5(계수 26)와 같다. 31을 26으로 나누면 5가 남기 때문이다. 이것은 오전 11시에서 3시간 후를 오후 2시라고 하는 것과 같은 원리다. 다른 점이 있다면 시계의 계수는 12이고, 알파벳의 계수는 26이라는 것이다. '계수modulus' 같은 말은 괜히 어려워 보인다. 그러나 핵심은 간단하다. 암호화 과정에서 글자 Y를 6칸 옮기면 E가 된다는 것이다.

| A | B | C | D | E | F | G | H | I | J | K | L | M | N | O | P | Q | R | S | T | U | V | W | X | Y | Z |
|---|---|---|---|---|---|---|---|---|---|---|---|---|---|---|---|---|---|---|---|---|---|---|---|---|---|
| 1 | 2 | 3 | 4 | 5 | 6 | 7 | 8 | 9 | 10 | 11 | 12 | 13 | 14 | 15 | 16 | 17 | 18 | 19 | 20 | 21 | 22 | 23 | 24 | 25 | 26 |

자리바꿈 암호법은 율리우스 카이사르의 시대에까지 거슬러 올라간다. 카이사르는 왼쪽으로 3칸 자리바꿈을 선호했던 것 같다. 카이사르의 유명한 적수 한니발이 코끼리를 알프스 산맥 너머로 옮긴 것에 비하면, 3칸 자리바꿈은 그리 어렵지 않다. 가장 쉬운 것은 13칸 자리바꿈일 것이다. 알파벳을 절반으로 나눈 다음 나머지 반쪽과 바꾸면 된다. 예를 들면, VEX라는 단어는 IRE로 바뀐다. IRE 역시 VEX로 바뀐다.

위의 표를 사용해 암호코드를 만드는 방법은 많다. (종종 A의 값은 0, Z는 25를 나타내기도 한다.) 예를 들어, 모듈러 산술을 사용해 우리는 MAY THE FORCE BE WITH YOU의 숫자값에 3을 곱해, MCW HXO RSBIO FO QAHX WSK로 바꿀 수 있다. 여기서 M은 3을 곱해도 자기 자신이 된다. $3 \times 13 = 39 = 13$(계수 26)이기 때문이다. 그러나 숫자 2를 곱하는 것은 여러 이유 때문에 불가능하다. 왜 그럴까? 예를 들어 N을 보자. N의 숫자값은 14이고 $2 \times 7 = 14$다. 그래서 N은 7번째 글자인 G를 의미할 수 있다. 그런데 문제는 N이 T도 나타낼 수 있다는 것이다. T의 숫자값은 20으로, 여기에 2를 곱하면 40이 된다. 40에서 26을 빼면 결국 14인 N이 된다.

여기서 기본 원리는 다음과 같다. 곱셈식 암호 만들기에서는 26과 공통인수를 갖지 않는 숫자를 곱해야 한다. 즉, 26과 서로소 관계에 있는 1, 3, 5, 7, 9, 11, 15, 17, 19, 21, 23, 25의 12개 수를 곱해야 한다. (그러나 1을 곱하는 것은 별 도움이 되지 않는다.) 임의의 정수 $n$에서, $n$보다 작고 $n$과 서로소 관계에 있는 수의 개수는 $\Phi(n)$으로 표기하며 '파이 앤'으로 읽는다. 이것은 토티엔트 함수로 불리며, $\Phi(n) = (n)\pi\left(1 - \frac{1}{p}\right)$과 같은 관계식이 성립한다. 여기서 $p$는 $n$의 소인수를 말한다. 예를 들면, $n = 26$일 때, 26의 소인수는 2와 13뿐이므로 $\Phi(26) = 26\left(1 - \frac{1}{2}\right)\left(1 - \frac{1}{13}\right) = 12$가 된다.

26과 관련된 영어 표현들이 몇 개 더 있다. 26은 「워드 웜프」 게임에서 참가자가 만들어야 하는 최대의 단어 개수다. 워드 웜프는 다운로드 가능한 온라인 게임이며 참가자는 2분 내에 글자 6개를 사용해 모든 가능한 단어를 만들어야 한다. 이때 6개의 글자가 전부 들어간 단어가 최소한 1개는 있어야 한다. 때로 이 6개의 글자로 만들 수 있는 단어 개수가 적을 수도 있다. 그러나 STRONG MAYORS LOOSEN TENDER BOUGHS(힘센 시장이 연약한 나뭇가지를 느슨하게 한다.) 같은 억지 문장에 포함된 각각의 6글자로는 최대 26단어를 만들어 낼 수 있다. 물론 스크래블 딕셔너리(몇 개의 알파벳 글자를 기입하면 여러 단어를 만들어 주는 온라인 웹사이트—옮긴이)라면 분명 더 많은 단어들을 만들어 낼 것이다.

물론 'Mr. Jock, TV quiz PhD, Bags few lynx' 같은 문장은 안 된다. 말이 안 되니까. 그러나 위 문장은 알파벳의 모든 글자가 하나씩만 포함된 최고의 '문장' 중 하나일 것이다.

# 27

$3^3$

27은 완전 세제곱 수로 자신의 세제곱과도 특별한 관계를 갖는다.

27의 세제곱은 19,683인데, 이 수의 자릿수의 합은 1+9+6+8+3=27이다. 사실 26도 이런 성질을 갖지만 27보다 더 큰 수는 불가능하다. 위와 같은 관계가 성립하는 수는 1을 제외하고 8, 17, 18, 26, 27뿐이다. 여기서도 8과 27은 완전 세제곱 수이다.

✪

야구의 퍼펙트게임(투수가 한 명의 타자도 1루로 진출시키지 않고 승리하는 게임—옮긴이)에서 투수는 최소한 27명의 타자—1회당 3명씩 총 9회 동안—를 상대해야 한다.

✪

게임에 등장하는 27은 또 있다. 바로 3명이 하는 게임, 가위바위보는 모두 27개의 결과가 있다. 이것도 3의 세제곱이 27이라는 것과 관계가 있다.

✪

뉴질랜드, 호주, 영국에서 쓰이는 하우지 카드(빙고 게임의 일종)는 3×9 크기의 직사각형이다. 첫째 열에는 0부터 9 사이의 수가, 9번째 열에는 80부터 89 사이의 수가 쓰여 있다.

| | | | | | | | | |
|---|---|---|---|---|---|---|---|---|
| 5 | | | | 49 | | 63 | 75 | 80 |
| | | 28 | 34 | | 52 | 66 | 77 | |
| 6 | 11 | | | | 59 | 69 | | 82 |

✪

스누커 게임(당구의 일종—옮긴이)에서 빨간색이 아닌 공들은 각각 2, 3, 4, 5, 6, 7점을 나타낸다(순서대로 노랑, 초록, 갈색, 파랑, 분홍, 검정 공). 그 공들이 나타내는 2부터 7까지의 수를 모두 더한 값은 27이다. 그렇다면 두 자리 수 중에서 처음 자릿수부터 2번째 자릿수까지의 수를 모두 더한 값이 원래 수와 같은 수는 어떤 것이 있을까? (해답 참조)

27단 자전거는 3개의 체인링과 9개의 톱니바퀴가 있다. 그래서 $3 \times 9 = 27$가지의 스피드 조절이 가능하다. 체인링과 톱니바퀴의 조합은 실제 자전거의 속도를 결정하는 크랭크암이 한 바퀴 회전할 때 이동하는 거리와도 관계가 있다. 실제 27단 자전거는 15가지의 서로 다른 속도를 낼 수 있다. 이것을 처음 발견한 사람은 수에 대한 훌륭한 책 《수가 말하는 것들What the Numbers Say》의 공동저자인 데이비드 보이엄이다.

27은 그 역수가 반복되는 세 자리 소수값을 갖는 가장 작은 수다. $\frac{1}{27} = 0.037037037\cdots$ 신기하게도 37은 이런 성질을 갖는 다음번 수인데(동시에 유일한) $\frac{1}{37} = 0.027027027\cdots$이다. 게다가 $27 \times 37 = 999$라는 신기한 값이 나온다. 일반적으로 어떤 수가 $n$자리의 반복되는 소수값을 나타내는 경우는, 그 수가 $n$개의 9로만 이루어진(위의 999처럼) 수의 인수가 될 때뿐이다. 그 이외의 경우는 성립하지 않는다.

# 28

$2^2 \times 7$

1년 중 2월이 가장 짧은 달이라는 사실은 누구나 안다. 2월은 윤년이 아닌 해에 28일을 갖는다. 28일은 정확히 4주라서, 3월의 특정한 날은 2월의 특정한 날과 요일이 같다. 물론 4년마다 돌아오는 윤년을 제외한 나머지 3년 동안의 이야기다.

달력에서 28이 중요한 수임을 보여주는 하나의 예가 더 있다. 일반적으로 28년의 간격이 있는 두 달력은 서로 같아야 한다. 윤년은 4년마다 돌아오고 1주일은 7일이다. 그래서 달력의 주기는 28년마다 새로워진다. 물론 여기에도 예외는 있다. 예를 들어, 시인 T. S. 엘리엇은 1888년 9월 26일 수요일에 태어났다. 하지만 그의 28번째 생일은 1916년 9월 26일 화요일이었다. 그 이유는 세기가 바뀌던 해인 1900년이 윤년 규정에 따라 윤년이 아니었기 때문이다. 그 뒤로 윤년은 계속 4년마다 이어진다.

잠깐 숨을 돌리자. 호주가 원산지인 28-앵무는 그 울음소리가 28[twenty eight]을 닮아서 그런 이름이 붙었다. 어쨌거나 녀석이 사는 곳이 영어권 국가라서 다행이다.

다시 수학으로 돌아오자. 28은 2번째 완전수다. 즉, 자신의 인수를 모두 더한 값이 자신과 일치한다. 1 + 2 + 4 + 7 + 14 = 28

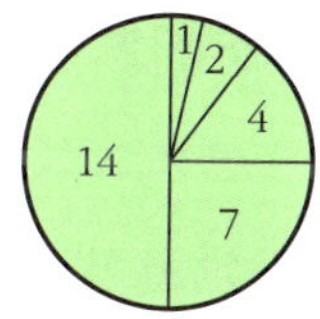


첫 번째 완전수 6은 $2(2^2-1)$이고, $28 = 2^2(2^3-1)$이다. 고대 그리스인들은 완전수가 이런 식으로 표현된다는 것을 알고 있었다. 하지만 1849년이 되어서야, 레온하르트 오일러의 유작 원고에서 모든 짝수인 완전수가 같은 패턴을 따른다는 것이 밝혀졌다. 만약 $p$가 소수이면 $2^p-1$도 소수이다. 또한 $P^n = 2^{(p-1)}(2^p-1)$ 역시 완전수이다. $2^p-1$ 형태의 소수는 메르센 소수라고 불리는데, 프랑스의 수도사였던 마랭 메르센(1588-1648)의 이름을 딴 것이다. 처음 6개의 메르센 소수를 그들이 만드는 완전수와 함께 표에 정리해 두었다. 완전수는 아주 빠른 속도로 증가하기 때문에, 이 목록이 무한한지는 아직 알려지지 않았다. 또 홀수인 완전수가 존재하는지 아닌지도 증명되지 않았다. 여기서 어려운 부분은 어떤 짝수의 완전수라도 임의의 $p$에 대해 $2^{(p-1)}(2^p-1)$과 같은 형태를 갖는다는 것이다. 이는 $\frac{2^p(2^p-1)}{2}$으로 처음 $2^p-1$개의 양의 정수의 합이며, 따라서 정의에 의해 삼각수가 된다.

| $n$ | $p_n$ | $P_n$ |
|---|---|---|
| 1 | 2 | 6 |
| 2 | 3 | 28 |
| 3 | 5 | 496 |
| 4 | 7 | 8,128 |
| 5 | 13 | 33,550,336 |
| 6 | 17 | 8,589,869,056 |

28은 또한 4번째 육각수이다. 육각수란 일반적으로 여러분이 생각하는 그런 뜻이 아니다. 한 무리의 육각형 속에 있는 점의 개수를 더한 값을 말한다. 이 개념의 공식은 놀랄 만큼 쉽다. $n$번째 육각수는 $H_n = n(2n-1)$ 공식의 결과값이다. 이때 모든 육각수는 삼각수인데(역은 성립하지 않는다.) $H_n = T_{2n-1}$이다. 아래는 처음 4개의 육각수가 1, 3, 5, 7번째 삼각수로 변하는 모습을 보여준다. $28 = T_7$. (완전수 6과 28은 모두 삼각수다. 모든 짝수 완전수가 삼각수라는 추측은 조금 고지식해 보인다. 그러나 사실 그 추측은 참이며 증명도 그렇게 어렵지 않다.)

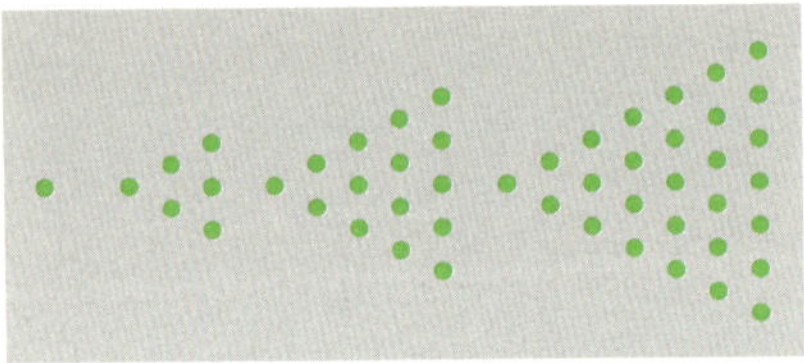

28이 삼각수라는 것을 조금 다른 맥락에서 살펴보자. 일반적인 도미노(영어로는 '더블 식스 도미노')는 정확히 28가지 경우의 수를 갖는다. 7개의 경우(0부터 6까지, 그리고 빈칸) 중 하나를, 자기 자신을 포함한 다른 수들과 짝지으면 $7+6+5+4+3+2+1=28$이 된다.

## 29 소수, (2×9)+(2+9)

두 소수의 차가 2일 때 이를 쌍둥이 소수라 부른다. 29와 31은 5번째 쌍둥이 소수쌍이다. 처음 5쌍의 쌍둥이 소수는 다음과 같다. (3, 5),

(5, 7), (11, 13), (17, 19), (29, 31).

쌍둥이 소수는 수론 학자들을 수백 년간 매혹시켜 왔다. 그러나 이 소수에 대해 밝혀진 사실은 놀랄 만큼 적다. 가장 중요한 질문은 과연 그런 소수쌍이 무한히 존재하는가이다.

1919년, 비고 브룬은 이 문제에서 작은 진전을 이루었다. 그는 쌍둥이 소수가 소수의 세계에서 그리 흔하지 않다는 것을 밝혀냈다. 브룬의 정리는 쌍둥이 소수 값을 역수로 취한 $\frac{1}{3}+\frac{1}{5}+\frac{1}{7}+\frac{1}{11}+\frac{1}{13}\cdots$ 무한 급수가 수렴함을 나타낸다. 이는 부분적인 합으로 된 $\frac{1}{3}$, $\frac{1}{3}+\frac{1}{5}$, $\frac{1}{3}+\frac{1}{5}+\frac{1}{7}\cdots$ 수열이 일정한 한계값에 접근함을 의미한다. 그 한계값을 브룬 상수라 하고 이는 1.902 근처의 값이다.

모든 자연수의 역수를 더한 조화급수 $\frac{1}{2}+\frac{1}{3}+\frac{1}{4}+\frac{1}{5}+\cdots$을 본 적이 있는 사람은, 브룬의 결과가 그리 놀랍지 않을 것이다. 조화급수는 발산한다. 그것은 이 급수의 합이 무한히 증가한다는 뜻이다. 사실, 분모에 소수만을 사용해도 급수 $\frac{1}{2}+\frac{1}{3}+\frac{1}{5}+\frac{1}{7}+\cdots$은 발산한다. 그러나 브룬은 쌍둥이 소수의 역수를 더한 값은, 결국 수렴한다는 것을 보여주었다. 그 항이 무한하더라도 말이다.

노르웨이 태생인 브룬은 29개 알파벳에도 매우 능숙했다. 이 알파벳은 1917년 노르웨이의 공식 알파벳이 되어 현재는 스칸디나비아 반도 전체의 표준 문자가 되었다. 이는 26개로 된 전통적인 라틴 알파벳에 3개의 모음(Å, æ, ø)을 추가한 것이다.

✻

펜타큐브는 모두 29종류가 있는데 다섯 개의 정육면체를 면끼리 맞대서 만든다. 12개의 2차원 펜토미노(**12** 참조)를 사용하면 다양한 직사각형을 만들 수 있는데, 29개의 펜타큐브로는 3차원 블록이나 직각 프리즘을 만들 수 없다. 그 이유는 무엇일까? (해답 참조)

많은 이들은 레봄보 뼈Lebombo bone를 역사에서 가장 오래된 수학적 유물로 여긴다. 이 뼈는 1970년대, 스와질란드의 레봄보 산맥에서 출토되었다. 개코원숭이의 정강이뼈에 29개의 눈금이 조각된 것으로 기원전 3만 년경의 유물이다. 이 뼈가 정확히 어디에 쓰였는지는 알 수 없지만, 여러 원시문화에서 발견되는 수 세기용 막대기, 또는 달력용 막대기와 비슷한 모양을 하고 있다. 몇몇 고고학자들은 뼈의 눈금들이 29일간의 달의 주기와 관련이 있을 것으로 추측하고 있다.

2월 29일은 윤일로 4년에 한 번씩 찾아온다. 윤년의 개념은 기원전 45년으로 거슬러 올라간다. 율리우스 카이사르는 당시 알렉산드리아의 천문학자 소시게네스의 충고에 따라, 지구가 태양을 한 바퀴 도는 시간(1년)을 365.24일로 해서 로마력을 개정했다. 당시 2월은 1년의 마지막 달이어서 2월에 하루가 더 추가되었다. 당시에 2월은 24일이었다. 2월 29일은 시간이 흐르면서 점점 확고하게 자리잡았다. 스코틀랜드 민담에 따르면, 스코틀랜드 의회는 1288년에 법을 만들어 2월 29일을 여자가 남자에게 청혼을 할 수 있는 유일한 날로 지정했다고 한다. 또 아일랜드에서는 성 패트릭이 2월 29일 성 브리짓의 청혼을 거절했다고 한다.

오늘날 윤년에 대한 표준은 1500년대에 교황 그레고리 13세가 만들었다. 그레고리력에서는 4로 나눌 수 있는 해가 윤년이 되는데, 여기에도 예외는 있다. 1900년처럼 400으로 나누어지지 않는 해이다. 아직 도달하지는 않았지만, 4000으로 나누어지지 않는 해도 윤년에서 제외된다.

## 30

2×3×5

프랑스 게임회사 기가믹Gigamic에서 만든 「필로스Pylos」 게임은 30개의 나무공을 이용하는 쌓기 게임이다. 그중 15개는 밝은색, 15개는 어두운 색이다. 게임이 진행되면 공들은 네 층이 된다. 가장 아래는 4×4 배열이고, 가장 위에는 하나의 공만 놓인다. 수학적 용어로 30은 제곱 피라미드 수다. 이것은 임의의 $n$에 대해, $n$까지의 제곱수의 합으로 표현가능한 수를 말한다. 앞의 경우 $n = 4$이다.

✷

원의 내부는 360도이고 벽시계에는 12시간이 표시되어 있다. 따라서 시계의 1시간은 $\frac{360}{12} = 30$도다. 3차원에서는 이야기가 달라진다. 지구가 태양을 한 바퀴 도는 데 12시간이 아니라 24시간이 걸리기 때문에, 30도의 경도변화는 1시간이 아니라 2시간이 흘렀음을 뜻한다.

✷

다음 직각삼각형의 내각 중 하나가 30도이면, 그 내각과 마주하는 변의 길이는 빗변의 $\frac{1}{2}$이 될 것이다.

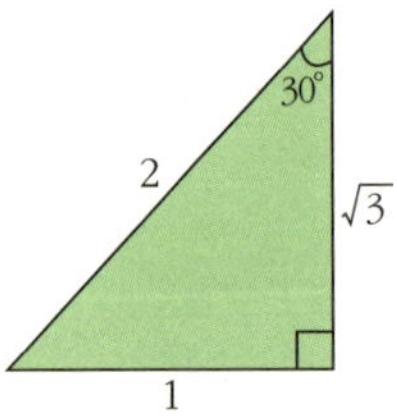


1부터 6까지의 숫자를 십자 형태의 도형에 적고, 이를 정육면체로 접어 주사위를 만들 수 있는 방법은 모두 30가지가 있다. 서로 마주보는 두 면의 합계가 7이 되는 일반적인 주사위는 회색으로 표시했다. 9번째 주사위는 1번째 주사위에서 3번과 4번 숫자를 바꿔놓은 것이다.

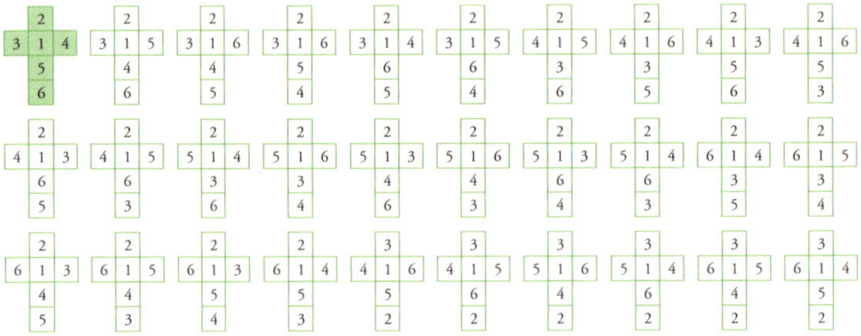


30보다 작고 30과 서로소(공통인수가 없는)인 모든 수는 소수이다. 30보다 더 큰 수에서는 이 성질이 적용되지 않는다. 예를 들어 32를 보자. 15는 32보다 작고 32와 서로소이지만, 15는 소수가 아니다.

30의 특별함은 30이 처음 세 소수를 곱한 값이라는 데 있다. 그런데 이 성질은 처음 네 소수를 곱한 210에는 적용되지 않는다. 210은 143(11×13) 같은 소수의 곱보다 크지만, 143과 210 사이에는 공통인수가 없다.

30은 연속된 4개의 숫자 6, 7, 8, 9를 더한 값이다.

## 31 소수

**28**에서 보았듯이 메르센 소수는 $2^p-1$ 형태인 소수이다. 만약 $p=5$라면, $2^p-1=31$이 되어 3과 7 다음으로 31은 세 번째 메르센 소수가 된다.

$2^n-1$ 형태의 수들은 위에 그려진 '하노이 탑 퍼즐'과도 관계가 있다. 이 퍼즐은 1883년, 프랑스 수학자 에두아르 루카스가 만든 것이다. 이 퍼즐은 3개의 말뚝과 말뚝에 끼우는 여러 개의 원형판으로 되어 있는데, 판들은 위로 갈수록 작아져 원뿔 모양을 만든다. 과제는 한 번에 하나씩 원형판을 다른 말뚝으로 이동시키는 것이다. 여기서 핵심은 작은 원형판 위에 큰 원형판을 놓아서는 안 된다.

위 퍼즐에는 5개의 원형판이 있고 과제를 풀려면 전부 31번의 동작이 필요하다. 일반적으로, *n*개의 원형판이 있을 때 과제를 풀기 위해 필요한 최소한의 이동횟수는 $2^n-1$회이다. 수학에 관심이 있는 독자들을 위해 한 가지만 더 언급하겠다. 여기서 본 *n*개 원형판 문제는, *n*-하이퍼큐브(10~1000개의 프로세서를 병렬로 동작시키는 컴퓨터 구조—옮긴이)에서 해밀턴 경로를 찾는 문제와도 같다.

잘 알려져 있지 않지만, 2의 제곱수(32)보다 1 작은 31의 성질을 이용한 문제도 있다. 먼저 원주 위에 점 2개를 찍고, 이것을 이어 선분을 만든다. 그러면 선분은 원을 이등분할 것이다. 만약 원주에서 세 점을 선택하고 선을 이으면, 원은 4부분으로 나누어진다. 점의 수를 늘려 같은 과정을 반복하면 아래 표와 같은 결과가 나온다.

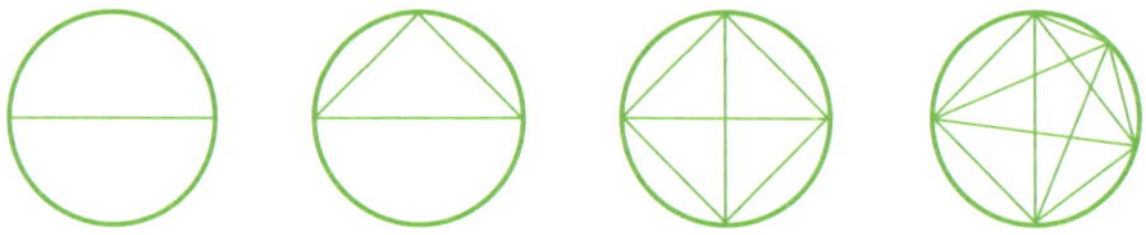

| 점들의 개수 | 원 내부 조각의 최대 개수 |
|---|---|
| 2 | 2 |
| 3 | 4 |
| 4 | 8 |
| 5 | 16 |

패턴을 보면 6개의 점을 찍고 선분으로 이었을 때, 원은 32등분이 될 것처럼 보인다. 그러나 실제 원은 31등분으로 나누어진다. 비슷하지만 같지 않은 수다. 이 의외의 결과는 시작일 뿐이다. 위 문제가 실

제 학교 시험에 출제되었다고 하자. 다음 빈칸에 들어갈 답은 무엇일까? 1, 2, 4, 8, 16 ___

A) 30　B) 31　C) 32　D) 33

시험에서 답은 C일 것이다. 하지만 우리가 충분히 창의적이기만 하다면, 어떤 보기도 답이 될 수 있다. 우리는 이미 점/선/원의 관계에서 B가 답이라는 것을 보았다. 만약 A를 골랐다면 시험감독에게 위의 숫자들은 $n!$의 약수라고 말하면 된다. (1! = 1 하나의 약수, 2! = 2 2개의 약수, 3! = 6 4개의 약수, 4! = 24 8개, 5! = 120 16개, 6! = 720 30개의 약수가 있다.) 또 D를 골랐다면, 5명이 참여하는 러시안 룰렛 게임에서(총은 $n$개의 약실이 있고, 총알은 1부터 $n$까지의 개수 중 하나로 하되 탄창 회전 없이) 첫 번째 참가자가 죽게 되는 경우의 수라고 말하면 된다. 장담하는데, 그러면 보너스 점수까지 받을 것이다.

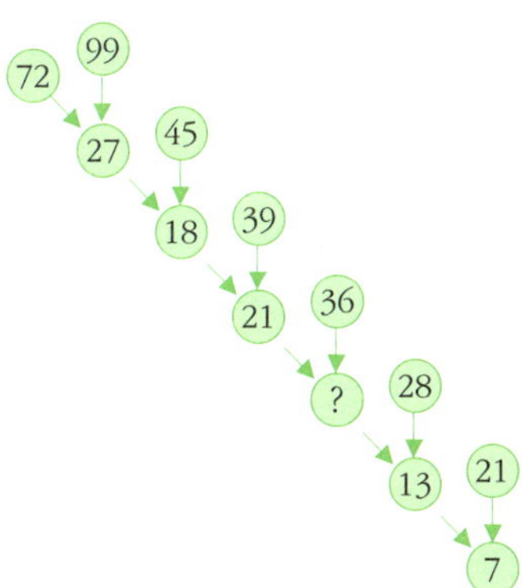


시험 말고 다른 퍼즐을 풀고 싶다고? 여기 위대한 퍼즐 제작자 노브 요시가하라의 따끈따끈한 문제가 있다. 패턴을 항상 신뢰할 수는 없음을 염두에 두고, 그림의 물음표에 어떤 수가 들어갈지 추정해 보자. (해답 참조)

우리는 4에서 어떤 자연수든 4개의 제곱수의 합으로 표현할 수 있음을 살펴보았다. 이때 네 제곱수는 서로 다르지 않아도 된다. 그러나 전부 다른 네 제곱수의 합으로 표현할 수 없는, 31개의 수가 있다. 31 역시 그중 하나다. 아래는 그런 수들의 목록이다.

2 3 6 7 8 11 12 15 18 19 22 23 24 27 28 31 32
33 43 44 47 48 60 67 72 76 92 96 108 112 128

그러면 아래 목록을 보자. 이것 역시 31개다.

1 2 3 5 6 7 9 10 11 13 15 17 18 19 22 23 25 27
31 33 34 37 43 47 55 58 67 73 82 97 103

나는 위 목록을 인터넷에서 발견했는데 그 옆에 설명이 달려 있었다. "어떤 자연수든 4개의 제곱수의 합으로 표현할 수 있다. 그러나 위 수들만은 예외이다. 동시에 어떤 4의 제곱수를 위 수들로 곱한 값 역시 예외이다."

어떻게 된 것일까? 서로 다른 31개의 수가 있다. 서로 구별되는 네 제곱수의 합과 관련된 결론도 다르다. 뭔가 이상하지 않은가. 여기서 핵심은 14라는 수의 공백에 있다. 14는 위 목록에 포함되지 않았고, 4의 제곱수를 위 수 중 하나로 곱한 값도 아니다. 그런데 옆의 설명에, 14 = 9 + 4 + 1 + 0라는 식이 보인다. 이제 알겠다. 두 번째 목록은 정확히 4개(더도 덜도 아닌)의 서로 다른 제곱수(0을 포함)의 합으로 표현할 수 없는 수들인 셈이다.

# 32

$2^5$

고백하자면 수 32는 내가 이 책에서 꽤 자세히 다룰 수 있을 거라고 생각했던 수다. 무엇보다 32는 2의 제곱수다. 또 화씨 32도는 기준 해수면에서 물의 어는점이고, 32ft/sec$^2$은 중력 가속도를 나타낸다. 또 32는 매직 존슨, 샌디 코팍스, 짐 브라운(각각 미국의 농구, 야구, 축구선수_옮긴이) 같은 운동선수들의 유니폼 번호이기도 하다. 그러나 써 놓고 보니, 32에 대한 자료가 그리 많지 않은 것 같다!

✵

스포츠나 게임에서 32가 유니폼 번호에만 쓰이지는 않는다. 카드게임 「스카트Skat」는 7 이하의 카드를 쓰지 않는다. 그래서 카드가 전부 32장이다. 또 체스에서는 백팀, 흑팀 모두 32개의 말이 있다. 그 외에 축구공에는 정확히 32개의 기하학적 형상(12개의 오각형과 20개의 육각형)이 있다. (더 자세한 내용은 **12** 참조)

✵

나침반에는 32가지 방위가 표시되어 있다. 북, 북미동, 북북동, 북동미북, 북동 등 시계방향으로 목록은 계속 이어진다. 이 다양한 방위들은 원을 반복해서 분할해 얻은 것이다. 동, 서, 남, 북을 기준으로 방위를 여러 개로 나누면, 2의 제곱수인 32 방위가 만들어진다.

# 33

## 3×11, 1!+2!+3!+4!

영국판 「페그 솔리테르」 게임의 보드판에는 33개의 구멍이 있다. 말(페그)은 점프로 이동시키며 수평, 수직 방향으로 움직일 수 있다. 게임의 룰은 하나의 페그로 다른 페그를 건너뛰는데, 그 사이에 있는 페그를 제거하는 것이다. 마지막에는 보드판 중앙에 페그 하나를 이동시키면 된다.

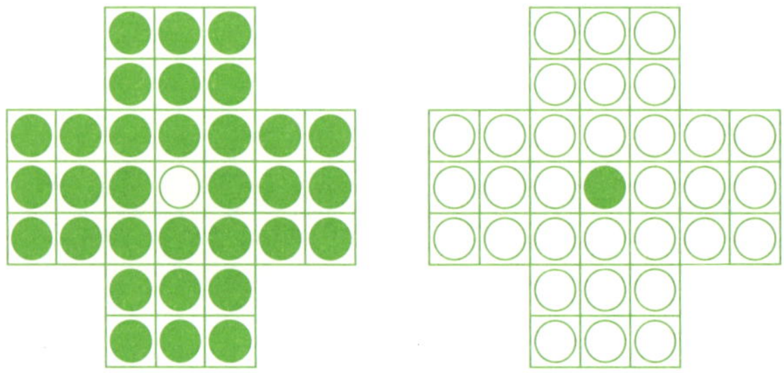

처음에 페그는 32개로 앞의 오른쪽 그림처럼 승리하려면 31회 점프가 필요하다. 그러나 체커에서처럼 다양한 점프가 가능하면 18번의 동작으로 게임을 끝낼 수 있다.

다음의 매직 육각별에서, 화살표 방향의 수를 모두 더하면 33이 된다.

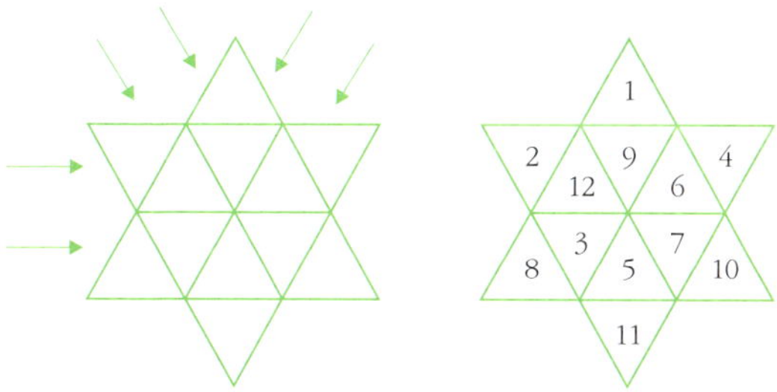


위 삼각형을 보니 생각나는 게 있다. 바로 33이 서로 다른 삼각수의 합으로 표현할 수 없는 가장 큰 수라는 것이다. (33 이후로는, 34 = 6 + 28, 35 = 1 + 6 + 28, 36 = 36, 37 = 1 + 36, 38 = 10 + 28 등이 있다.)

33은 세계의 여러 문화권에서 발견된다. 스페인어에서 "Diga treinta y tres(33을 말하세요)"는 영어권에서 사진 찍을 때 쓰는 "치즈~~"와 같은 말이다. 또 루마니아에서는 의사들이 청진기로 환자의 폐를 진찰할 때, 종종 33(Treizeci si trei)을 말하라고 요구한다.

## 34

2×17

다음 그림은 34개의 점을 독특한 방법으로 결합시킨 것이다. 이 그림에는 다음과 같은 특별한 점이 있다. (1) 이 그림은 모든 점을 한 번

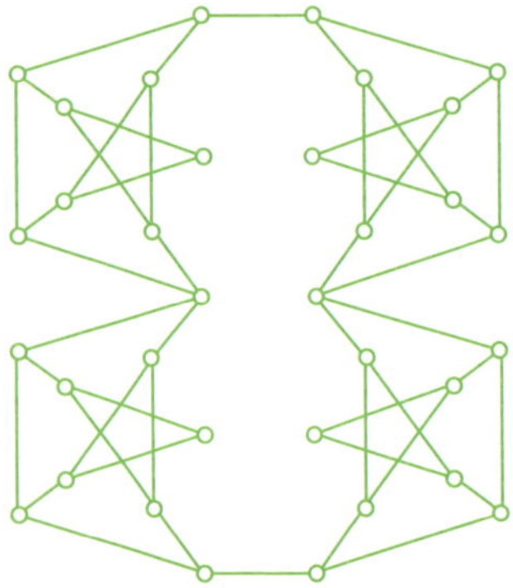

씩만 통과하면서 한 번에 그릴 수 없다. (이를 수학자들은 해밀턴 경로라 부른다.) (2) 만약 점 하나를 제외시키면 그림 전체를 한 번에 그릴 수 있다. (1)과 (2)의 성질을 가진 도형을 '하이포해밀턴 그래프hypohamiltonian graph'라 부른다.

위에 나온 도형은 덴마크의 수학자 카르스텐 토마센의 이름을 따 토마센그래프라 부른다. 놀랍게도 이것은 현재까지 알려진 하이포해밀턴 그래프 중 가장 작은 것이다. (꼭짓점이 10개 이하인 하이포해밀턴 그래프는 존재하지 않는다. 한때는 하이포해밀턴 그래프가 하나도 없다고 여겨졌다.)

해밀턴 경로 이론은 '여행하는 세일즈맨 문제'로 알려진 고전적 문제의 기초가 된다. 이 문제는 여러 도시 중에서, 각 도시들을 한번씩 들렀다가, 다시 원래 출발했던 도시로 돌아오는 가장 비용이 적게 드는 경로를 찾는 것이다. 이 문제의 현대적 버전으로는, 인쇄회로 기판을 제작할 때, 드릴 머신의 경로를 찾는 문제가 있다. 여기서 '도시'는 기계나 드릴로 뚫어야 하는 구멍(서로 다른 사이즈)이며, '여행비용'은 기계나 드릴을 다시 세팅하는 데 걸리는 시간(기계는 하나뿐이라고 가정한다.)이다. 구멍(도시)의 수가 많아질수록, 가능한 회로의 수도 엄청나게 증가하기 때문에 이 계산은 아무렇게나 할 수 없다. 그래서 이론적 접근이 필요하다.

가장 유명한 4×4 마방진은 알브레히트 뒤러의 1514년 판화, '멜랑

콜리 I'에 새겨진 것이다. 이 마방진을 보자.

| | | | |
|---|---|---|---|
| 16 | 3 | 2 | 13 |
| 5 | 10 | 11 | 8 |
| 9 | 6 | 7 | 12 |
| 4 | 15 | 14 | 1 |

여기서 모든 열, 행, 대각선 방향의 수를 더하면 34가 된다. 34는 4×4 마방진의 마방수인데 1부터 16까지의 정수를 모두 더한 값을 4로 나누면 34가 되기 때문이다.

위 마방진의 가장 아래 행에는 뒤러가 이 마방진을 제작한 연도가 숨어 있다.

4×4의 수 배열표에는 다음과 같은 수학적 마술이 숨어 있다. 배열표에서 16개 숫자 중 하나를 골라보자. 예를 들어 5를 선택했다. 이제 5와 같은 열이나 행에 있지 않은 수, 예를 들어 15를 고른다. 그리고 이런 수를 하나 더 고르자. 다시 2를 뽑겠다.

| | | | |
|---|---|---|---|
| 1 | 2 | 3 | 4 |
| 5 | 6 | 7 | 8 |
| 9 | 10 | 11 | 12 |
| 13 | 14 | 15 | 16 |

(3번째 수는 1, 2번째 수와 열, 행이 겹치면 안 된다.) 그러면 뽑힌 3개의 숫자와 열, 행이 겹치지 않는 수는 하나만 남는다. 바로 12다. 이제 5, 15, 2, 12를 더하면? 바로 34가 나온다.

그것은 첫번째 배열표를 두번째처럼 회색 열과 행에 있는 수의 합으로 나타낼 수 있기 때문이다. 흰색 칸의 수들은, 왼쪽과 위에 있는 회색 칸의 수들을 합한 값이다. 따라서 같은 열과 행에 있지 않은 수의 합이라도, 1+2+3+4+0+4+8+12=34가 된다.

| | 1 | 2 | 3 | 4 |
|---|---|---|---|---|
| 0 | 1 | 2 | 3 | 4 |
| 4 | 5 | 6 | 7 | 8 |
| 8 | 9 | 10 | 11 | 12 |
| 12 | 13 | 14 | 15 | 16 |

미국에서는 2년마다 상원의원을 선출한다. 의원의 수는 100명이며 임기는 6년이다. 선거의 수는 최대한 균등하게 분할된다. 이론적으로 상원의원 선거가 있는 해에 치를 수 있는 최대의 선거의 수는 34개다.

100을 이렇게 분할하는 것은 단테의 《신곡》(3 참조)에서도 나타난다. 100편의 시로 된 《신곡》은 33편의 〈천국편〉, 33편의 〈연옥편〉, 그리고 가장 유명한 34편의 〈지옥편〉으로 이루어졌다.

수 34는 9번째 피보나치 수이다(앞의 두 개 항인 13과 21을 더해서). 자연에서 발견되는 피보나치 수열의 예 중 하나로 야생 데이지가 있다. (이런 현상을 '루드비히 법칙'이라 한다.) 이들이 34개의 꽃잎을 갖고 있기 때문이다. 데이지는 "그녀는 날 사랑할까, 사랑하지 않을까?" 같은 심심풀이 게임에도 쓰인다. 보통 꽃잎의 개수가 짝수이면 결과는 좋지 않다. 그러나 자연이 항상 같은 비율만 고집하는 것은 아니다. 자연에는 13개, 24개의 꽃잎을 갖는 식물들도 많다.

## 35

5 × 7, (10 − 3) (10 − 5)

가장자리를 맞댄 6개의 정사각형 모양을 헥소미노라 부른다. 회전

하거나 뒤집은 형상을 같은 것으로 간주하면, 헥소미노에는 모두 35 종류가 있다. (**11** 참조)

8×8 체스판에서, 한 번 지나간 길은 다시 지나가지 않으면서 기사knight를 35번 이동시킬 수 있다. 어떻게 하면 될까? (해답 참조)

처음 5개의 삼각수를 모두 더하면 1+3+6+10+15=35가 된다. 이것을 기하학적으로 표현하면 다음과 같다. 당구의 삼각프레임에 15개의 공을 놓고, 그 위에 한 변마다 4개씩 공을 올려놓는다. 그렇게 쌓아가다 보면, 마지막에는 35개의 당구공으로 된 피라미드 또는 사면체 모양이 만들어진다.

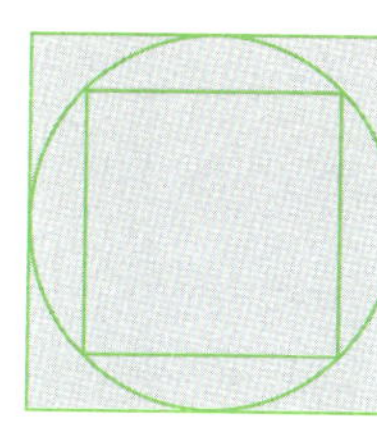

루돌프 반 쿨렌은 독일 수학자로, 1600년에 네덜란드로 이주해 라이덴 대학의 첫 수학과 교수가 되었다. 반 쿨렌이 1610년 사망했을 때 원주율(π)을 35번째 소수값까지 표현한 3.14159265358979323846264338327950288이 그의 묘비에 새겨졌다. 그 수를 계산하는 것이 반 쿨렌의 필생의 업적이었기 때문이다.

반 쿨렌의 접근법은 집요할 만큼 아르키메데스적이었다. 바로 원의 내부와 외부를 다각형으로 둘러싸 파이값을 구하는 것으로, 기원전 200년경 그리스인들도 이 방법을 알고 있었다. 간단한 예를 보자.

그림에서 원의 지름을 1이라고 가정하자. 따라서 원 내부에 있는 정사각형의 대각선 길이도 1이다. 한편 이 정사각형의 한 변의 길이는 $\frac{\sqrt{2}}{2}$인데, 네 변의 길이의 합이 $2\sqrt{2}$이기 때문이다. 원 바깥에 있는 정사각형의 한 변은 원의 지름과 같은 1이며 네 변의 합은 4이다. 여기서 포인트는 원의 원주 길이가 $2\sqrt{2}$와 4 사이의 값이라는 것이다. 왜냐하면 $\pi$는 원의 둘레를 원의 지름으로 나눈 값이기 때문이다. 이렇게 하면 $2\sqrt{2} < \pi < 4$를 얻을 수 있다. 이것은 정확한 부등식이지만 동시에 너무 모호한 표현이다. 여기서 원과 접하는 다각형 변의 개수를 늘리면, 실제 $\pi$ 값과 조금 더 가까운 값을 얻을 수 있다. 바로 이것이 반 쿨렌이 했던 작업이다. 그가 구한 35자리까지의 $\pi$ 근삿값은, $2^{62}$개의 변을 가진 다각형을 통해 구한 것이다! (물론, 그가 이 다각형을 그린 것은 아니다. 그는 계산을 통해 이 다각형의 둘레를 구했다.)

프랑스 남부, 르믈랭 근처에 있는 로마 시대의 수도교(계곡이나 골짜기를 가로질러 물을 대는 데 이용되는 구조물)인 가르 교Pont du Gard는 여러 개의 아치로 되어 있다. 이 다리의 가장 꼭대기 열은 35개의 작은 아치로 되어 있다.

우연의 일치겠지만 파리 센 강의 다리도 35개다. 불리바르 동부에서 서부까지 다리를 모두 더하면 35개가 된다.

35는 무게와 측량에도 사용된다. 1배럴은 35영국갤런이며, 35mm 필름은 토머스 에디슨, 조지 이스트먼 시대부터 지금까지 필름 업계의 표준이 되었다.

## 36

$2^2 \times 3^2$

세계적으로 유명한 무용단 로켓Rockettes의 무용수는 36명이다. 이는 무용수들이 무대에서 방해받지 않고 킥 댄스를 할 수 있는 최대한의 인원이다.

그 외에 36명의 무용수들은 6×6 형태의 정사각형, 높이가 8인 삼각형을 만들 수도 있다. 로켓 무용단은 이런 형태를 「해피 핏」 공연에서 선보인 바 있다. 2006년 개봉한 같은 이름의 펭귄 영화와 헷갈리지 말기를! 36의 삼각수 성질은 유대교의 하누카(8일간 진행되는 유대교 축제—옮긴이) 의식에서도 발견된다. 하누카 의식에서는 힐렐 전통에 따라 첫 번째 밤에는 1개의 메노라 양초를, 두 번째 밤에는 2개를 켠다. 그렇게 전부 8일 동안 1+2+3+4+5+6+7+8=36개의 양초를 사용한다.

36은 사실(1을 제외하고) 제곱수이면서 삼각수인 1번째 수다. 레온하르트 오일러는 1730년에 이런 수들이 무한히 많음을 밝혀냈다. 하지만 36은 로켓 무용단에서 채택할 수 있는 유일한 수다. 36 다음의 제곱수이자 삼각수는 1,225이기 때문이다.

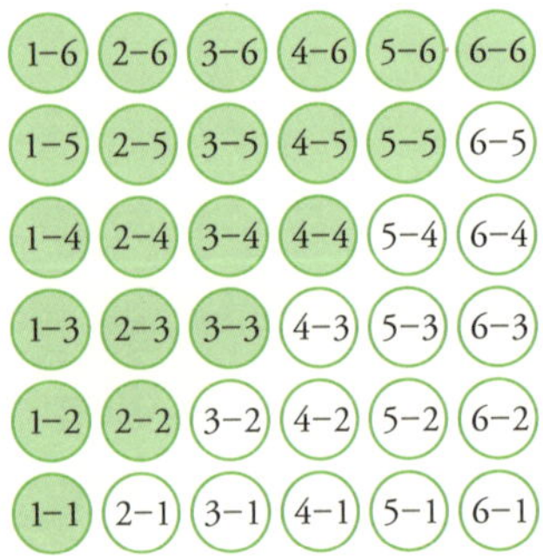

이제 정사각형과 삼각형에 대해서 살펴보자. 다음의 6×6 정사각형은 2개의 주사위를 굴려 나올 수 있는 36가지 경우를 나타낸 것이다. 회색 원은 21개의 서로 다른 경우의 수로, 이 그림에서는 2 - 5(2 다음 5)와 5 - 2(5 다음 2)를 구분하지 않았다. 하얀 원은 15개의 중복된 경우의 수를 나타낸다. 36가지 경우의 수를 이런 식으로 표현하면, 어떤 제곱수도 2개의 연속된 삼각수의 합으로 나타낼 수 있음을 알 수 있다.

워싱턴 D.C.의 링컨기념관에는 전면과 후면에 12개, 그리고 측면에 8개씩 총 36개의 기둥이 있다. (12 + 12 + 8 + 8 = 40으로 36보다 4가 많다. 그러나 건물에서 네 모서리의 기둥은 2번씩 계산되므로 4를 빼야 한다.) 각 기둥 꼭대기에는 링컨 재임 당시 36개의 연방주 이름이 쓰여 있었다. 36번째 주인 네바다는 1864년, 링컨이 재선되기 며칠 전 연방주에 가입했다.

링컨기념관에서 멀지 않은 알렉산드리아 시에는, 버지니아 주의 게임 퍼즐 회사 싱크펀이 있다. 이 회사에서도 36을 기막힌 사업소재로 여긴 게 분명하다. 1996년, 이들은 6×6 크기의 퍼즐 게임 「러시아워」를 개발했다. 발명자는 노브 요시가하라였다. 그는 우리가 **31**장에서 본 끔찍하게 어려운 숫자 퍼즐을 만든 사람이기도 하다. 「러시아워」는 자동차와 트럭을 이동시켜, 빨간 자동차가 6×6 사이즈의 격자를 빠져나가도록 하는 게임이다. 그러다 2008년, 싱크펀은 다시 「36 큐브」 게임을 출시했다. 이것은 36개의 타워로 정육면체를 만드는 게임이다. 타워는 6세트로 되어 있는데, 각 타워 세트는 색깔이 같고 높이가 다른 6개의 타워로 되어 있다. 이 제품 라벨에는 '세계에서 가장 어려운 퍼즐'이라는 문구가 적혀 있다. 그리고 게임 예상소요 시간은 '무한대'이다.

| A | B | C | D | E | F |
|---|---|---|---|---|---|
| A | B | C | D | E | F |
| A | B | C | D | E | F |
| **A** | **B** | **C** | **D** | **E** | **F** |
| A | B | C | D | E | F |
| A | B | C | D | E | F |

'36명의 공무원 문제'는 오래된 수수께끼다. 왼쪽의 격자를 통해 살펴보자.

왼쪽 그림을 보면 A부터 F까지의 글자가 36개의 격자에 서로 다른 폰트로 표기되어 있다. 문제는 이 글자들을 재배치해서 어떤 열이나 행에도 같은 글자나 같은 폰트의 글자가 오지 않도록 하는 것이다. 예를 들어 3×3 격자의 경우 답은 오른쪽과 같다. (2×2 격자에서는 문제 해결이 불가능하다.)

| **A** | C | B |
|---|---|---|
| C | **B** | A |
| B | A | **C** |

'36명 공무원 문제'라는 이름이 붙은 것은, 이 문제가 처음에는 각기 다른 직급을 가진 6명의 공무원을 6개의 부서에 배치하는 문제였기 때문이다. 그러나 그것은 불가능하다. 이것은 1780년 오일러가 추측했고 1901년 아마추어 수학자 개스턴 테리가 증명했다.

오일러는 이 그레코-라틴 방진의 해결이 다양한 크기에서도 불가능할 것으로 추측했다. 그러나 1959년, 수학자들은 놀랍게도 해결 불가능한 방진의 사이즈는 2×2, 6×6뿐임을 발견했다. 즉, 나머지 사이즈에서는 답이 존재한다.

1야드는 36인치다. 36인치는 테니스 네트의 공식 높이(테니스 줄을 팽팽하게, 또는 느슨하게 하여 잰 전체 높이)이기도 하다. 나무 라켓을 사용하던 시절에는 라켓의 길이와 폭을 합한 값 역시 정확히 36인치였다. 그래서 당시에는 네트의 높이를 라켓을 통해 측정했다. 그러나 테니스 라켓이 더 커지면서 이런 방법은 사용할 수 없게 되었다. 오늘날에는 테니스 네트의 높이를 재는 모습은 거의 볼 수 없다. 그러나 간단한 야드 자만 있으면 높이를 확인할 수 있다.

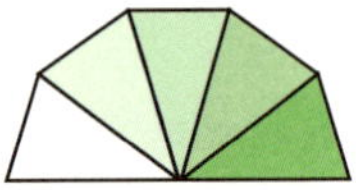

오각별에서 튀어나온 꼭지 부분의 내각은 36도다. 못 믿겠다면 같이 계산해 보자.

오각별의 꼭지에 있는 5개의 삼각형을 오른쪽의 그림처럼 배열한다. 그러면 5개 삼각형의 내각의 합이 180도가 된다. 이것을 5로 나누면 36도가 된다.

36진법은 문자 십진법이라고도 부른다. 이것은 알파벳의 26글자에, 0부터 9까지의 숫자(A = 10, B = 11, …, Z = 35)를 결합한 편리한 자릿수 체계이다. 36진법은 컴퓨터 프로그래밍에 가장 유용하지만(이는 많은 URL 방향변경 시스템에 사용된다.) 동시에 모든 단어나 이름에 독특한 숫자값을 부여할 수 있다. 예를 들어, GO = 16×36 + 24 = 600이 된다. G와 O는 각각 36진법에서 16, 24의 값을 가지기 때문에 GO의 계산값은 600이 된다.

이 수체계에서 각 자릿수는 36의 거듭제곱을 나타낸다. 그래서 36진법으로 환산한 특정한 글자값은 10진법에서 엄청나게 큰 값을 갖는다. 예를 들어, NIEDERMAN이라는 글자는 66,327,368,641,439의 수치를 갖는다. 자릿수 체계를 처음 개발한 사람들은 바빌로니아인으로 알려져 있다. (그들은 60진법을 사용했다.) 여기서 바빌로니아를 멸망시켰던 페르시아의 왕 크세르크세스XERXES(485-465 B.C.)의 이름은 2020201444의 값을 갖는다. 만약 크세르크세스의 이름이 XERXUS(크세르크수스)였다면, 그 값은 조금 더 보기 좋은 2020202020이었을 것이다.

19세기 프랑스 작가인 조르지 폴티는 《36가지의 드라마틱한 상황The 36 Dramatic Situations》이라는 책을 썼다. 그 책에는 희곡이나 소설에 등장할 수 있는 모든 스토리 라인이 분류되어 있다. "범죄는 복수를 부른다", "치명적인 경솔함", "잘못된 질투" 등이 그런 내용이다. 폴티는 책을 36장으로 나눈 선택이 다소 임의적이었음을 인정했다. 어쩌면 그는 고대 중국의 전략서, 《손자병법 36계》의 구성을 본떴는지도 모른다. 《손자병법 36계》는 상당히 흥미로운 내용을 담고 있다. 간단한 예를 들면 3계 "남에게 빌린 칼로 상대방을 죽여라", 15계 "호랑이를 유인해 굴에서 끌어내라" 등의 내용이 실려 있다. 그중 가장 유명한 것은 36계로 그 내용은 "모든 시도가 실패하면 줄행랑쳐라"이다.

## 37 소수

$$37 = \frac{666}{(6+6+6)}, \quad 123,456,790 \times 3 = 370,370,370$$

위와 같은 신기한 곱셈식이 가능한 것은 3×37=111이라는 것과 관련이 있다.

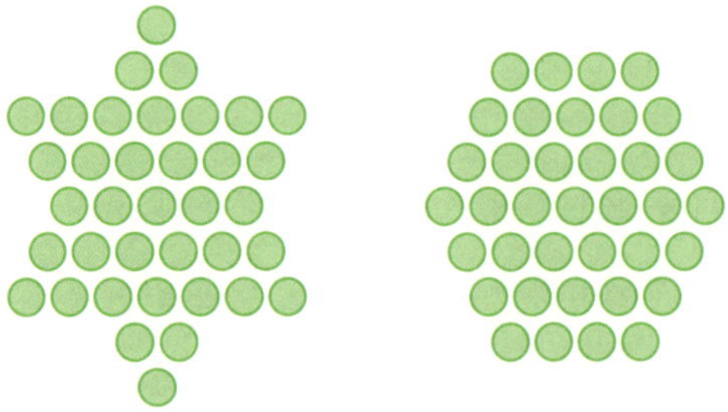

앞의 배열은 37개의 점으로 별 또는 육각형을 만들 수 있음을 보여준다. 별을 만들 때는 먼저 육각형을 만들고, 바깥에 6개의 삼각형을 덧붙이면 된다. 37은 이렇듯 별과 육각형을 만들 수 있는 첫 번째 수로, 같은 성질을 가진 다음 수는 1261이다. 왼쪽 그림은 프랑스 솔리테르 보드판이며, 오른쪽 그림은 구식 전화기의 송화기 모양과 같다. 이것은 보잉 757 비행기의 화장실 통풍구에 뚫린 공기구멍 형태이기도 하다.

37은 브릿지 카드게임에서 얻을 수 있는 최대 포인트다. 일반적인 포인트 계산법에 따르면, 에이스는 4점, 킹은 3점, 퀸은 2점, 잭은 1점이다. 따라서 16장의 카드 한 벌은 전부 40점의 점수를 낼 수 있는데, 게임에서는 한 경기에서 가질 수 있는 카드 수가 13장이다. 따라서 1점짜리 잭 3장을 제외하면—에이스 3장, 킹 4장, 퀸 4장, 잭 1장—37점이 얻을 수 있는 최대 점수가 된다.

들어 보았을지 모르지만 '술탄의 지참금 문제'를 소개할까 한다. 상황은 다음과 같다. 술탄이 한 평민에게 자신의 100명의 딸 중 한 명과 결혼할 기회를 주었다. 평민은 술탄의 딸을 한 명씩 만나 그녀들의 지참금에 대한 이야기를 듣는다. 평민은 각각의 딸을 맞아들이거나, 거절할 수 있는 기회를 한 번씩 갖는다. 즉, 한 번 거절했던 딸을 다시 부인으로 맞을 수는 없다. 당연히 평민의 목표는 지참금이 가장 높은 딸과 결혼하는 것이다. 그러나 그는 딸들에게 어떻게 지참금이 분배되었는지 알지 못한다. 이런 상황에서, 평민의 가장 훌륭한 선택은 무엇일까?

해결이 불가능해 보이는 문제다. 그렇지 않은가? 어쨌든 딸 중 한 명이 최고의 지참금을 갖고 있을 확률은 $\frac{1}{100}$인데, 평민은 딸들이 가진 지참금의 액수나, 지참금의 분배방식을 알 수 없다. 그러나 여기서도 방법은 있다. 즉, 정확히 37명의 딸과 그들의 지참금이 드러날 때까지 기다리는 것이다. 그 다음 이 37명보다 높은 지참금을 가진 딸을 고르면 된다. 우연이겠지만 이 전략을 통해 가장 높은 지참금을 가진 딸을 찾을 확률 역시 37%다.

정상적인 사람의 체온은 미국에서 보통 화씨 98.6도, 또는 섭씨 37도라고 알려져 있다. 이는 적어도 $F = (\frac{9}{5})C + 32$라는 공식을 따르면 참이다. 사람의 체온을 처음 과학적으로 연구한 인물은 19세기, 독일의 외과의사였던 카를 레이놀드 아우구스트 분더리히였다. 그는 통계연구를 위해 수천 명의 체온을 측정했다. 이때 그는 수집한 통계자료의 평균에 반올림 처리를 해, 섭씨 37도라는 값을 얻었다. 따라서 사람의 체온은 사실 화씨 98.6도라고 표현하는 것이 더 정확하다.

윌리엄 셰익스피어는 모두 37편의 희곡을 썼다. 36에 관한 부분에서 조르지 폴티는 정확히 36개의 극적 상황이 있다고 했다. 따라서 우리는 셰익스피어의 희곡 중 최소한 2편의 줄거리가 서로 중복된다고 말할 수 있다. 또 하위 줄거리에는 훨씬 중복되는 부분이 많을 것이다. 여기에는 중요한 수학적 원리가 숨어 있다. 이름이 다소 소박한

'비둘기집 원리'(디리클레 상자 원리라고도 한다.)라는 것이다. 이 원리는 여러분이 $n$개 이상의 물건을 갖고 있을 때(37편의 희곡처럼), 그것을 $n$개의 구멍(36개의 극적 상황처럼)에 넣는다면, 적어도 하나의 구멍에는 1개 이상의 물체가 놓인다는 원리다.

비둘기집 원리는 아주 간단하지만 폭넓게 쓰인다. 이 원리는 기하학, 기초적인 수론, 브릿지 게임, 아래와 같은 일반상식 문제에 이르기까지 다양한 영역의 증명에 쓰인다.

1. 서울에는 머리카락 수가 같은 사람이 최소한 둘 이상 있다.
2. 한 변이 2인치인 정삼각형 안에 5개의 점을 찍을 때, 점 사이의 간격이 1인치 이하인 두 점이 존재한다.
3. 1부터 100 사이에서 임의의 자연수를 10개 고른다면, 서로 교집합이 없지만 원소들의 합은 같은 2개의 하위집합이 항상 존재할 것이다.

내용이 조금 까다로워진 것 같다. 자, 위 명제들이 참인지 한번 생각해보자. (해답 참조)

## 38

2 × 19

38은 다음과 같이 2개의 홀수의 합으로 표현할 수 있다. 여기에는 각기 다른 10가지 방식이 있다.

$$
\begin{aligned}
38 &= 1 + 37 \\
&= 3 + 35 \\
&= 5 + 33 \\
&= 7 + 31 \\
&= 9 + 29 \\
&= 11 + 27 \\
&= 13 + 25 \\
&= 15 + 23 \\
&= 17 + 21 \\
&= 19 + 19
\end{aligned}
$$

위에 표기된 10쌍의 홀수 쌍은 최소한 1개의 소수를 포함하고 있다(초록색 수). 즉, 38은 합성수인 2개의 홀수의 합으로는 표현할 수 없다. 평범하게 느껴질지 몰라도, 38은 그런 성질을 갖는 가장 큰 짝수이기도 하다.

위 내용의 증명은 어렵지 않다. 38보다 더 큰 몇 개의 수들이 합성수인 2개의 홀수의 합으로 표현됨을 보이면 된다. 40 = 15 + 25, 42 = 15 + 27, 44 = 35 + 9, 46 = 25 + 21, 48 = 15 + 33. 예를 더 들 필요는 없다. 50부터 58까지의 수는 각각의 합계에 10을 더하면 된다. 60부터 68까지의 경우는 20을 더하면 된다. 다른 경우도 마찬가지다. 이것이 가능한 것은 5로 끝나는 모든 수(5를 제외하고)는 합성수이기 때문이다. 자, 증명이 예상보다 쉽게 끝났다. 그렇지 않은가?

반면, '어떤 짝수라도 두 소수의 합으로 표현할 수 있다'라는 진술은 증명하기가 극히 어렵다. 이 추측은 프러시아의 수학자 크리스티안 골드바흐가 1742년에 한 것으로, 지금까지도 풀리지 않았다. 현재는 어떤 짝수가 2개의 소수의 합으로 표현될 수 없다면, 극도로 큰 수일 거라는 사실 정도만 알려져 있다. 지금은 그러한 수를 간절히 찾으려는 수학자들을 대신해, 컴퓨터가 위 문제의 반례를 찾아 밤낮을 가리지 않고 작업 중이다.

✵

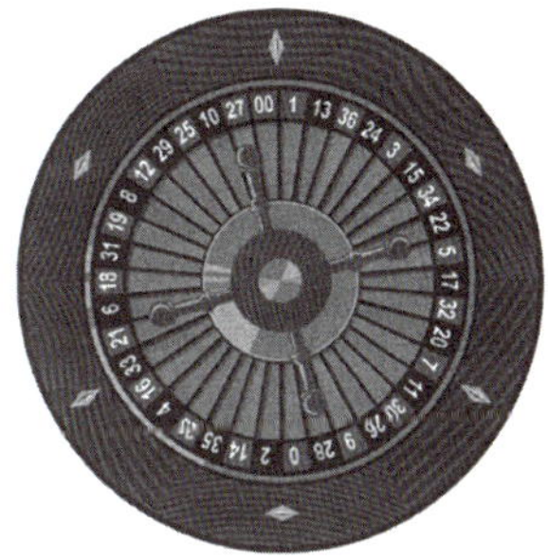

미국식 룰렛에는 38개의 슬롯이 있는데, 각각 1부터 36까지의 수와 0, 그리고 00이 쓰여 있다. 여기서 여분의 0 슬롯을 둔 까닭은 하우스 어드밴티지(각 게임당 카지노 측에서 얻게 되는 수익—옮긴이)를 높이기 위한 것이다. 그래서 빨강 또는 검은색에 배당한 도박사가 이길 확률은 $\frac{18}{38}$이다. 이는 유럽식 룰렛에서의 $\frac{18}{37}$ 확률보다 조금 작다.

✵

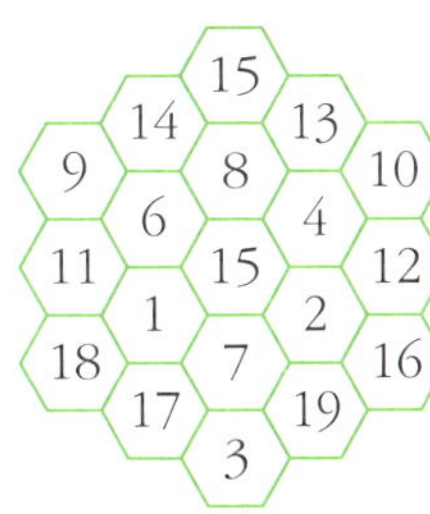


오른쪽 그림은 육각진으로, 5개의 열, 5개의 왼쪽 방향 대각선, 5개의 오른쪽 방향 대각선의 합이 모두 38이 된다.

전하는 이야기에 따르면 이 육각진은 퇴직한 철도 공무원, 클리포드 아담스가 개발한 것이다. 그는 이를 〈사이언티픽 아메리칸〉지의 편집자 마틴 가드너에게 보냈다. 가드너는 이를 다시 유명한 레크리에이션 수학자 찰스 트리기에게 넘겼고, 트리거는 이 매직 육각형이 독특하다는 사실을 인정했다. (같은 크기의 다른 육각진은 모두 아담스의 육각진을 회전/반사대칭한 것이다.)

더 나아가 트리거는 또한 가장 바깥쪽의 육각형 개수가 $n$개일 경우, 그 육각진의 마방수는 $\frac{9(n^4-2n^3+2n^2-n)}{2(2n-1)}$ 라는 공식으로 구할 수 있음을 밝혀냈다. 이 식의 값은 $\frac{5}{(2n-1)}$이 정수일 때만 정수인데, 이는 $n=1$, 3일 때뿐이다. 다시 말해 아담스의 이 작품은 모든 크기를 통틀어 유일한 육각진이다. 하나의 육각형이 있고 그 안에 1이 들어 있는 경우를 제외하고 그러나 그 경우는 육각진이라 부르기가 곤란하다.

## 39

3×13

39를 분할한 값을 모두 곱하면 같은 값이 얻어지는 경우는 3가지다. 또 39는 이런 성질을 가진 최소의 수다. 이것은 '크리스마스 리본 문제'에서 $n=3$일 때의 값이다. 즉, 같은 길이의 리본으로 포장이 가능한, 부피는 같지만 형태가 다른 3가지 상자를 찾는 경우의 수다.

$$39=4+15+20 \quad : \quad 4\times15\times20=1200$$

$$39=5+10+24 \quad : \quad 5\times10\times24=1200$$

$$39=6+18+25 \quad : \quad 6\times18\times25=1200$$

39의 가장 작은 소인수부터 가장 큰 소인수까지 나열하면 3, 5, 7, 11, 13이다. 그리고 이를 전부 더하면 39가 된다. 이런 성질은 155가 될 때까지 다시 나타나지 않는다(그런데 같은 성질을 가진 39보다 작은 수가

있다. 답은 무엇일까?). (해답 참조)

알프레드 히치콕의 1935년작, 「39계단」의 원작은 존 버컨의 동명소설이다. 영화에서 「39계단」은 스파이 조직의 이름이지만, 책에서는 켄트의 한 해변 지역을 가리키는데 그 해변의 절벽에서 해안까지의 오솔길은 정확히 39계단이다. 39계단에 대한 이야기를 하나만 더 소개하자. 과거 영국 웸블리 스타디움의 승자는 시상대까지 39개의 계단을 올라가 트로피를 받았다.

'39개 신조'는 1563년 영국 국교회가 제정한 것으로, 오늘날에도 영국 국교회의 중요한 교리로 남아 있다. 그 뒤 미합중국에서도 독립을 선포하고 고유한 헌법을 만들었다. 거기에 서명한 사람의 수도 39명이었다.

39는 마스터 수 자물쇠에서 가장 많은 번호의 개수다.

볼링 레인은 정확히 39개의 띠로 되어 있는데 주로 나무로 만든다. 각각의 띠는 폭이 1인치보다 조금 넓어 레인의 폭은 전부 42인치다.

브릿지 게임에는 39가지 분배 방법이 있다. 가장 잘 알려진 분배 방법은 4-4-3-2로, 한 벌을 4장, 4장, 3장, 2장씩 분배하는 방법이다.

## 40

$2^3 \times 5$

종교에는 수 40이 많이 등장한다. 사순절(기독교에서 예수의 고행을 기리는 40일의 기간—옮긴이)은 40일이며, 이슬람권의 추모기간 역시 40일이다. 성경에서는 40이 40일 낮과 40일 밤 동안 계속되었던 대홍수처럼 아주 큰 수를 나타내기도 한다. 비슷하게 《알리바바와 40명의 도둑》에서도 40은 많은 수를 뜻하며, '40번의 윙크'라는 표현은 짧은 단잠을 뜻한다. 오늘날에는 gazillion(셀 수 없을 만큼 많은—옮긴이)으로 표현하는 수를 과거에는 40으로 표현한 것이다. 세상이 변한 게 분명하다.

40을 문자 그대로 사용한 놀라운 예는 '검역quarantine'에서 찾을 수 있다. 이는 사실 프랑스어로 40을 뜻하는 quarante와 닮았다. 사실 라틴어 quarantine은 배들을 40일 동안 항구에 격리시켜 놓는 것을 의미했다.

'인생은 40부터'라는 표현은 월터 피트킨의 1932년작 책 제목과 소피 터커의 1937년 노래에서 유래한 것이다. 이 표현은 프린스턴 대학의 수학자였던 앤드류 와일스에게도 적용된다. 영국 태생인 그는 갓 40세가 되었을 때인 1993년, 케임브리지 대학에서 그 유명한 '모듈 형식, 타원 곡선, 그리고 갈루아 표현법'이라는 제목의 강의를 펼쳤다. 그 유명한 페르마의 마지막 정리—$x^n+y^n=z^n$에서 $n>2$일 경우 정수해가 존재하지 않는다는 정리(**2**장 참조)—를 와일스가 증명했음을 보여주는 자리였다. 그러나 안타깝게도 수학자에게 부여되는 가장 영예로운 상인 필즈상—영화 「굿윌헌팅」에서 맷 데이먼의 스승이 수상했던 바로 그 상—은 오직 40세 이하의 수학자들에게만 주어진다. 와일스의 첫 증명에는 약간의 오류가 있는 것이 밝혀졌고, 결국 그는 1994년 필즈상 후보에서 제외되었다. (필즈상은 4년에 1번씩 수여된다.) 그러나 국제수학연맹은 1998년, 와일스에게 필즈상과 동급의 특별 명예패를 수여했다. 와일스가 그 뒤 자신의 오류를 수정해, 결국 페르마의 마지막 정리를 증명해냈기 때문이다.

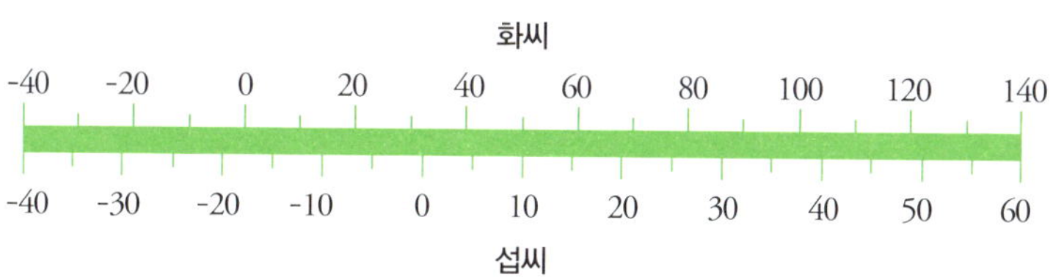


위 그림에 나오듯 섭씨 -40도는 화씨 -40도와 같은데, 이는 두 온도체계의 온도가 같아지는 유일한 지점이다. 일반적으로 두 온도 척도 사이에는 $F=(\frac{9}{5})C+32$의 관계가 성립한다.

1953년, 갓 설립된 로켓 케미컬 사의 세 과학자들은 물 치환법이라는 기술을 활용해, 로켓과 다른 금속 부품에서 녹과 부식을 제거할 방법을 찾고 있었다. 그들은 40번째 시도에서 성공했고 그 뒤 그들의 첫 번째 상업용 제품을 개발했다. 이 회사는 1969년에 주력상품(당시에는 하나뿐이었던)을 위해 회사명을 바꾸었다. WD-40 컴퍼니는 1995년부터 회사의 제품 종류를 서서히 늘려나가기 시작했다. 몇 년 사이에 그들은 미국에서 유명한 브랜드가 된 3-IN-ONE 오일, 라바 비누, 2000 플러시, 카펫 프레시 같은 제품들을 출시했다.

A B C D E F G H I J K L M N O P Q R S T U V W X Y Z

40은 영어로 표기했을 때 글자들이 알파벳 순으로 배치되는 유일한 수이다.

# 41 소수

$x^2-x+41$은 평범해 보이는 다항식인데, 여기에는 오일러가 처음 발견한 놀라운 성질이 숨어 있다. 이 다항식에 1부터 몇 개의 수를 대입해 결과를 살펴보자.

| X | $X^2 - X + 41$ |
|---|---|
| 1 | 41 |
| 2 | 43 |
| 3 | 47 |
| 4 | 53 |
| 5 | 61 |
| 6 | 71 |
| 7 | 83 |
| 8 | 97 |
| 9 | 113 |
| 10 | 131 |

처음 두 수인 41과 43은 쌍둥이 소수인데 이는 그 차가 2인 소수들을 말한다. 그 다음의 연속된 값들 사이에는 47 - 43 = 4, 53 - 47 = 6, … 과 같은 관계가 성립한다. 그러나 오른쪽 수 목록에서 가장 놀라운 것은 그 수들이 전부 소수라는 것이다. 이렇게 다항식에 수들을 계속 대입하면, 전부 40개의 소수를 얻는데 마지막 소수는 $40^2 + 40 + 41 = 1681$이다. (그러나 $x = 41$이면 합성수가 나오는데, $41^2 - 41 + 41 = 41^2$이기 때문이다.) 41개 이상의 연속된 소수를 만들어내는 다항식이 존재하기는 하지만, 1752년 크리스티안 골드바흐는 정수 계수를 가지며, 동시에 모든 정수 $x$에 대하여 소수를 만들어내는 다항식은 존재하지 않음을 증명했다.

비슷하게 소수 나선이라고 불리는 게 있다. 이것은 폴란드 수학자 스태니슬로 울람이 따분한 모임에서 뭔가를 끼적거리다 발견한 것이다. 먼저 격자 중앙에 1을 쓰고, 바깥쪽으로 나선을 그리면서 연속된

정수를 배치하자. 울람은 이런 나선에서 소수들이 흥미로운 패턴을 보인다는 것을 발견했다. 41이 나선 중앙에 있다면, 왼쪽 그림과 같이 나타난다. 이때 소수는 회색칸에 있다. 흥미롭게도 이런 식으로 나선을 늘려가면 전체 사각형이 40×40까지 커지는데, 이때 회색으로 표시한 대각선의 수들은 모두 소수가 된다. 이것은 오일러의 이차방정식에서 얻어지는 바로 그 소수들이다.

아래의 패턴은 25개의 흰색 사각형과 16개의 검정 사각형으로 되어 있다. 41처럼 연속한 두 제곱수의 합으로 된 수들은 모두 이런 패턴을 보인다. 그러나 41만 $41=4^2+5^2=1^2+2^2+6^2$으로 표현할 수 있는데, 이때 오른쪽 두 변에서 제곱차수를 제거해도 등식이 성립한다는 것이다.

## 42

2×3×7

한 벌의 카드에는 모두 42개의 눈이 있다. 눈이 2개인 킹 3장, 눈이

1개인 킹 1장, 눈이 2개인 킹 4장, 눈이 2개인 잭 2장, 눈이 1개인 잭 2장. 이를 더하면 21인데 반대편 카드에도 똑같은 이미지가 있으므로 여기에 2를 곱하면 된다. (비슷하게, 우리는 주사위에도 전부 21개의 점이 있음을 보았다. 따라서 주사위 한 쌍에는 모두 42개의 점이 있다.)

전부 42개 조항으로 된 크리켓 경기규정은 런던 메릴리본 크리켓 클럽에서 정한 것이다. 거기서 조항 42는 공정 및 불공정 경기에 대한 내용이다. 또 미국 야구선수 재키 로빈슨은 브루클린 다저스에서 등번호 42번을 사용했다. 1972년, 로빈슨이 53세의 나이로 죽기 몇 달 전 다저스에서 은퇴하자 다저스에서 그 번호도 은퇴했다. 또 1997년에는 선수번호 42번을 메이저리그 전체에서 사용하지 않기로 결정했다. 다만 현재 그 번호를 사용하고 있는 선수들은 예외로 두었다. 양키스의 유격수 마리아노 리베라는 10년 넘게 42번을 사용했다. 다른 오래된 구원투수—컵스, 카디널스, 브레이브스에서 활약한 브루스 수터—역시 42번을 썼다. 그는 이 번호를 사용했던 마지막 선수였다.

더글러스 아담스의 《은하수를 여행하는 히치하이커를 위한 안내서 Hitchhiker's Guide to the Galaxy》에는 '깊은 생각Deep Thought'이라는 컴퓨터가 나온다. 이 컴퓨터는 인생, 우주, 만물의 위대한 문제들에 대한 궁극적인 해답을 말해 달라는 요청을 받았을 때 "42"라고 대답한다. 거기에는 다음과 같은 문장이 붙어 있다.

"거기에 대해 깊이 생각해 보았지." 컴퓨터가 말했다. "42는 확실히 맞는 답이야. 그러나 솔직히 말하면, 문제는 자네가 자네 질문의 의미를 전혀 모르고 있다는 것이지."

〈옵저버〉지는 한때 아담스를 "20세기의 루이스 캐럴"이라고 불렀다. 그러나 사실 루이스 캐럴 역시 42에 대해 관심이 많았다.《이상한 나라의 앨리스》 원작에는 42개의 삽화가 들어 있다. 그 유명한 "키가 1마일보다 큰 사람은 모두 법정을 떠나줘"라는 문장은 법칙 42이고, "스나크 사냥"에서 베이커는 42개의 상자를 들고 있다.

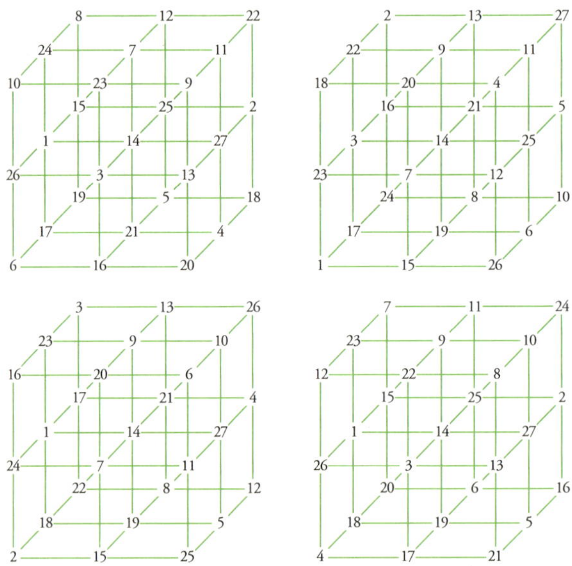


위의 그림은 가능한 4가지 종류의 3×3 매직큐브를 나타낸 것이다. (엄밀하게, 이들은 반-완전 매직 큐브, 또는 앤드류스 큐브라 불린다. 뒤의 것은 20세기 초의 큐브 선구자 W. S. 앤드류스의 이름을 딴 것이다. 다른 모든 3×3 큐브는 이 4가지의 회전/반사대칭이다.) 각 큐브에서 어떤 열이나 행의 세 수를 합해도 42가 나온다. 동시에 커다란 정사각형에서 서로 다른 작은 정사각형에 있는 3개의 수를 더해도 42가 나오며, 커다란 정육면체의 한 끝에서 반대쪽 끝으로 이어지는 대각선 방향의 수 3개를 더해도 42가 나온다. 매직 큐브의 매직 상수는 42인데, 42는 처음 27개의 자연수를 더한 값을 9로 나눈 값이기 때문이다. 일반적으로 $n \times n$ 매직 큐브의 매직 상수는 $\frac{n(n^3+1)}{2}$이다. 이때 42/3 = 14는 모든 정육면체의 중앙에 있는 수이다.

또 악명 높은 알카트라즈 감옥의 D 블록에 있는 감방의 수도 42개다. 이 42개의 감방은 36개의 격리실과 6개의 독방으로 되어 있다. D 블록은 가장 보안이 철저한 지역으로, 가장 흉악한 범죄자들이 수감되는 곳이다. 하나 나은 점이 있다면, 그곳 감방의 크기가 다른 감옥들의 감방보다 크다는 것이다. 블록 42는 오렛동인 로버드 스드로드가 수감된 곳이었다. 그는 '알카트라즈의 새 사나이'로 불린 사람으로 알카트라즈로 오기 전 레번워스에 있을 때 새에 관심을 가져 나중에 조류학자가 된 죄수다. 그는 1942년에 알카트라즈 감옥으로 왔다.

## 43 소수

전에는 치킨 맥너겟을 6개, 9개, 20개 묶음으로 팔았다. 그래서 "6개, 9개, 20개 묶음을 여러 조합으로 더했을 때 우리가 살 수 없는 최대 맥너겟 개수가 몇 개죠?"라는 질문의 답은 43이었다. 한때 이런 유형의 문제가 떠돌았고, 그 때문에 수학자들은 43을 집합 {6, 9, 20}의 프로베니우스 수라고 불렀다. 이는 독일 수학자 페르디난드 게오르크 프로베니우스(1849-1917)의 이름을 딴 것이다.

엄밀히 말해서 위 문제는 6, 9, 20의 선형결합이 아닌 최대의 수, 다시 말해 $a$, $b$, $c$가 모두 자연수일 때 $6a+9b+20c$의 형태로 표현할 수 없는 최대의 수를 찾아내는 것이다. 이 질문은 6, 9, 20의 경우처럼 $a$, $b$, $c$ 사이에 공통 인수가 없을 때만 성립 가능하다. 반대로 5센트, 10센트, 25센트 동전이 있으면, 항상 여러 개의 5센트 동전을 만들어낼 수 있다.

안타깝게도 4개의 치킨 맥너겟이 든 '해피 밀 상자'가 도입되고 모든 게 엉망이 되었다. 4가지 종류(4, 6, 9, 20)의 맥너겟을 살 수 있게 되면서부터, 우리가 살 수 없는 최대 맥너겟 개수는 11개가 되었다.

✵

**11**에 관한 부분을 보면 2개의 변수에 대한 프로베니우스 수가 나온다. 즉, $x$, $y$의 조합으로 만들어 낼 수 없는 가장 큰 수는 $xy-x-y$이다. 3개의 수일 때 이 문제는 훨씬 어려워진다. 이때는 단순한 공식보다 알고리즘을 사용해야 프로베니우스 수를 찾아낼 수 있다. 물론, 최초의 정수 집합이 적당하다면 공식을 사용할 수도 있다. 그러나 이 문제는 극히 어려워서, 컴퓨터에서 몇몇 알고리즘을 실행하는 것조차 어려울 때가 있다. 알고리즘 실행 시간이 너무 길기 때문이다.

일반적인 프로베니우스 문제는 치킨 맥너겟 외에도 널리 활용된다. 경제학에서 이 문제는 제품의 생산량 측정, 정수해를 갖는 비용함수

등에 사용된다. 또 질량분석법(분자화합물의 질량을 알아내는 기법)에서는 어떤 종류의 분자구성이 데이터에서 가장 높은 질량값을 보이는지를 알아낼 때 사용한다. 이 모든 것이 프로베니우스 수와 관련된 흥미로운 사례다.

43과 관련된 아주 신기한 예가 있다. 피보나치 수열이 1, 1, 2, 3, 5, …의 순서로 시작되며, 앞 두 항을 더한 값을 나열한 것이라는 사실을 떠올려 보자. 비슷하게 6번째 항이 앞선 다섯 항의 제곱수를 모두 더해 이를 (5-1)로 나눈 값을 갖는 수열을 생각해 보자. 즉, $\frac{(1^2+1^2+2^2+3^2+5^2)}{4}$은 10의 값이 나온다. (새로운 수열에서도 2, 3, 5 값은 피보나치 수열과 동일하게 나온다!) 새로운 수열의 7번째 항은 $\frac{(1^2+1^2+2^2+3^2+5^2+10^2)}{5}=28$이 되고, 그런 식으로 계산은 이어진다. 이 수열은 10번째 항부터 아주 빠르게 증가한다. 그러나 이 수열에서는 나눗셈이 포함되어 있기 때문에, 결과 값도 항상 정수가 되지는 않는다. 공교롭게도 이 새로운 수열의 처음 43개 항은 모두 정수이다. 정수가 아닌 첫 번째 결과 값을 보여주고 싶지만, 그 값이 너무 커서 이 페이지 전체를 채우고도 모자랄 정도다.

# 44

## $2^2 \times 11$

오일러 블록은 세 변 a, b, c가 모두 정수이며, 동시에 대각선 $d_{ab}$,

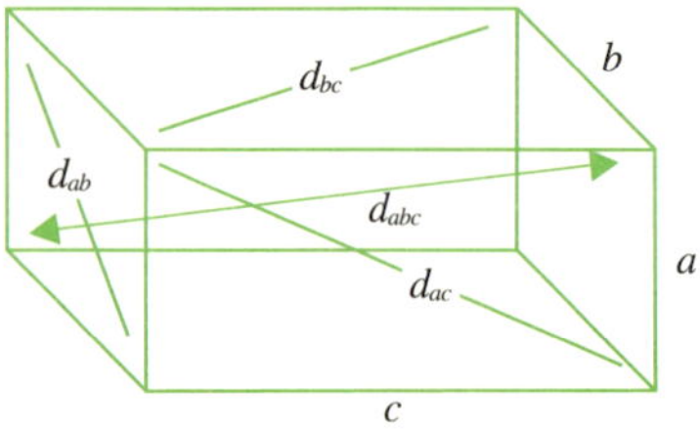


$d_{ac}$, $d_{bc}$가 모두 정수인 직사각형 블록을 말한다. 가장 작은 오일러 블록은 가로, 세로, 높이가 44, 117, 240이며 대각선 길이는 125, 244, 267이다. 이런 블록은 1719년 독일 수학자 폴 할케가 처음 발견했다. 그러나 어찌된 일인지 당시 오일러의 나이는 12세일 뿐이었는데도 이 개념에 오일러의 이름이 붙었다.

위 그림에는 길이가 표기된 선분이 6개가 아니라 7개로, 7번째 선분은 '공간 대각선'(화살표)인 $d_{abc}$이다. 그러나 이 공간 대각선의 길이는 73,225의 제곱근으로 정수로 나누어떨어지지 않는다. 오일러 블록 문제는 오래되었지만, 아직 공간 대각선 값이 정수인 오일러 블록이 존재하는지는 밝혀지지 않았다.

✷

1951년, 프랑스의 독립 기념일에 프랑스의 A. 페리에는 44자리 숫자인 $\frac{2^{148}+1}{17}$ = 20,988,936,657,440,586,486,151,264,256,610,222,593,863,921이 소수임을 공표했다. 이로써 페리에는 75년만에 $2^{127}-1$이 소수임을 직접 계산해 낸 에두아르드 루카스의 기록을 깨뜨렸다. 페리에는 오직 탁상용 계산기로 그 소수를 구했으며, 이것이 다른 전자장비나 컴퓨터의 도움 없이 찾아낸 최대의 소수가 될 거라고 말했다. 그의 공표가 있은 후 1개월 뒤에 과연 새로운 시대가 열렸다. 79자릿수의 소수를 컴퓨터가 발견한 것이다. 내가 이 책을 쓰기 시작했을 때까지 밝혀진 최대의 소수는 9,808,358자릿수를 갖는다. (이것은 우연히도 44번

째 메르센 소수다. **28**에 관한 부분 참조)

5장의 편지와 5장의 봉투가 있을 때, 원래 봉투에 원래 편지가 들어가지 않게 편지들을 봉투에 넣는 방법은 몇 가지가 있을까? 이 문제는 18세기 초, 피에르 드 몽모르가 제기하고 해결한 것이다. 드 몽모르는 니콜라스 베르누이의 동료로 베르누이 역시 이 문제를 '포함-제외 원리'라 불리는 집합 계산 공식을 통해 풀어냈다. 드 몽모르는 블레즈 파스칼을 알았고, 파스칼의 삼각형에 지금의 이름을 붙인 인물이기도 하다. 이런 종류의 순열을 교란 순열이라고 부른다. *n*개의 물체가 있을 때, 교란 순열의 개수를 계산하는 일반공식은 다음과 같다.

$$n!\sum_{k=0}^{n}\frac{(-1)^k}{k!}$$

특히 $n=5$이면 $n!=120$이므로, 이 공식은 $120\times\left(1-1+\frac{1}{2}-\frac{1}{6}+\frac{1}{24}-\frac{1}{120}\right)=44$로 계산된다.

## 45

$3^2\times 5$

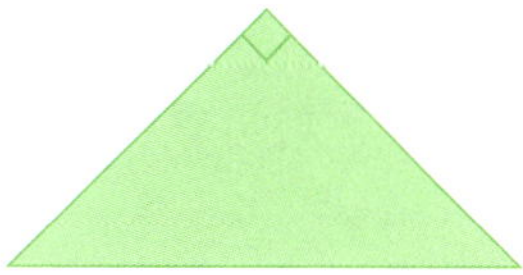

수 45는 삼각수이면서 동시에 1부터 9까지의 수를 모두 합한 값이다. 특히, 45는 완성된 스도쿠 게임에서 어떤 열, 행의

값을 모두 더한 값이기도 하다. 또 삼각형에서는 앞의 그림처럼 직각 이등변삼각형의 양쪽 예각이 모두 45도이다.

삼각수는 임의의 $n$에 대해 처음 $n$개의 정수값을 모두 더한 수이다. 수 45가 특별한 점은 6가지 종류의 연속된 자연수의 합으로 표현할 수 있다는 것이다. 22 + 23, 14 + 15 + 16, 7 + 8 + 9 + 10 + 11, 5 + 6 + 7 + 8 + 9 + 10, 그리고 1 + 2 + 3 + 4 + 5 + 6 + 7 + 8 + 9. 특히, 한 정수를 연속한 정수의 합으로 나타낼 수 있는 방법의 가짓수는, 그 수의 홀수 약수의 개수와 같다는 사실이 밝혀져 있다. 45에 대해서는 6개의 홀수의 약수가 있다. 1, 3, 5, 9, 15, 45.

| | | |
|---|---|---|
| **5** | **22** | **18** |
| **28** | **15** | **2** |
| **12** | **8** | **25** |

| | | |
|---|---|---|
| **4** | **9** | **8** |
| **11** | **7** | **3** |
| **6** | **5** | **10** |

마지막으로 전부 더해서 45가 되는 수들을 살펴보자. 왼쪽 정사각형은 마방진으로 어떤 행, 열, 대각선의 수를 모두 더해도 45가 나온다.

물론 여기에는 특별할 것이 없다. 마방수가 45가 되는 마방진을 만드는 것은 쉽다. 3×3 마방진에서 마방수는 (1부터 9까지 수를 사용할 때) 15가 되는데(**15** 참조), 따라서 전체 수에 3을 곱하면 되기 때문이다. 물론 위의 마방진은 그렇게 만든 것이 아니다. 사실 위 마방진은 수의 다양성 면에서 별로 특별해 보이지 않는다. 모든 수가 2, 5, 8로 끝나기 때문이다. 그러나 이런 식으로 생각해 보자. 가장 왼쪽 위에서부터 시작하면 5five의 철자 수는 4이다. 22twenty two의 철자수는 9이다. 이런 식으로 아래와 같은 새로운 정사각형을 만들 수 있다.

이렇게 만들어진 새 정사각형 역시 마방수가 21인 마방진이 된다. 정말 신기하지 않은가?

45도 각도는 투포환과 해머던지기에서 중요한 이론값이다. 이론적으로 물체의 착지각도가 45도면, 어떤 발사속도에서든 물체가 가장 멀리 나아간다는 뜻이다. 그러나 실제 투포환과 해머의 착지각도는 45도보다 조금 작다. 처음 던질 때 지면보다 조금 위쪽에 있기 때문이다. 공기역학이 상당히 중요한 역할을 하는 원반이나 창 던지기에서도 45도는 아주 중요하다.

사실 지구의 형태는 극지방으로 갈수록 납작하다. 그래서 약간 오차가 있지만 위도 45도는 대략 북극과 적도의 절반 지점이다.

수 45는 두 부분으로 나누어 자신의 제곱수를, 세 부분으로 나누어 자신의 세제곱 수를, 네 부분으로 나누어 자신의 네제곱 수를 만들 수 있다. 400,000 이하의 수 중 이런 성질을 가진 다른 수는 없다. (임의의 제곱차수 $n$에 대해 위 성질이 성립하는 수를 $n$차 카프리카 수라고 부른다.)

$$(20+25)^2=2025$$

$$(9+11+25)^3=91125$$

$$(4+10+06+25)^4=4100625$$

## 46

$2 \times 23$

뉴욕 주에서 '46er'란 애디론댁 산맥의 46개 산을 모두 오른 사람을 뜻한다. 애디론댁 산맥의 산 높이는 해발 3,820피트의 코치사츠라가 산에서부터, 해발 5,344피트의 마시 산에 이르기까지 다양하다.

1부터 9까지의 숫자를 모두 사용해 $\frac{1}{8}$과 같은 분수값을 만드는 방법은 전부 46가지다. $\frac{1}{8}$ 외에 어떤 분수 $\frac{1}{n}$도 그런 기록을 갖지 않는다. 사실, 모든 분수를 위와 같은 방식으로 표현할 수는 없다. 유한한 수 $n$에 대해서만 가능하다. (**68** 참조)

1. 하느님은 우리의 힘, 우리의 피난처, 어려운 고비마다 항상 구해 주셨으니
2. 땅이 흔들려도 산들이 깊은 바다로 빠져들어도, 우리는 무서워 아니하리라.
3. 바닷물이 우짖으며 소용돌이쳐 보아라, 밀려오는 그 힘에 산들이 떨어보아라, (만군의 주 야훼께서 우리와 함께 계시다. 야곱의 하느님이 우리의 피난

처시다.) (셀라)

4. 강물의 줄기들이 하느님의 도성을, 지존의 거룩한 처소를 즐겁게 한다.

5. 그 한가운데에 하느님이 계시므로 흔들림이 없으리라. 첫새벽에 주께서 도움을 주시리라.

6. 한 소리 크게 외치시니 땅이 흔들리고 민족들은 뒤설레며, 나라들이 무너진다.

7. 만군의 주 야훼께서 우리와 함께 계시다. 야곱의 하느님이 우리의 피난처시다. (셀라)

8. 너희는 와서 보아라. 세상을 놀라게 하시며 야훼께서 이루신 이 놀으신 일을!

9. 땅 끝까지 전쟁을 멎게 하시고, 창 꺾고 활 부러뜨리고 방패를 불살라 버리셨다.

10. "너희는 멈추고 내가 하느님인 줄 알아라. 세상 만민이 나를 높이 받들어 섬기리라."

11. 만군의 주 야훼께서 우리와 함께 계시다. 야곱의 하느님이 우리의 피난처시다. (셀라)

위는 킹 제임스판 성경의 시편 46장이다. 이 내용을 왜 소개했는지 궁금하다고? 여기에는 여러분이 읽어본 것과는 다른 종류의 바이블 코드가 있다. 영문으로 된 시편 46장의 앞에서 46번째 단어는 떨어보아라shake이다. 또 끝에서부터 46번째 단어는 창spear이다. 그리고 킹 제임스 성경이 처음 출간된 1610년은 윌리엄 셰익스피어의 46번째 생일이었다.

위 사실은 우연의 일치겠지만, 46과 관련된 오래된 실화가 있다. 바로 기원전 46년은 역사상 가장 긴 해였다. 율리우스 카이사르가 율리우스력을 도입한 해여서, 그 해의 1년은 445일이었기 때문이다.

다음 그림은 거미줄처럼 보이지만 사실은 투테 그래프다. 이것은 1946년, 당시 케임브리지 대학의 수학과 대학원생이던 윌리엄 토머스 투테가 만든 유명한 반례다. 당시 투테는 이미 중요한 독일 암호 시스템을 해독해서 유럽 연합군 측에 큰 도움을 주었던 적이 있다. 이 투테 그래프는 조금 더 간단한 업적이다. 이 그림은 46개의 꼭짓점이 있는 것으로, 한 꼭짓점은 다른 두 개의 꼭짓점과 연결되어 있다. 이때 어떤 꼭짓점 두 개를 제거해도 전체 그림은 모두 연결된 상태로 남아 있게 된다. 에든버러 대학의 피터 테이트는, 1880년에 이러한 두 가지 성질을 가진 모든 그래프는 해밀턴 경로가 될 것임을 예측했다. 해밀턴 경로는 한 점에서 출발하여 다른 모든 점을 한 번씩만 지나면서 출발점으로 되돌아오는 경로를 말한다. 투테 그래프는 해밀턴 경로가 아니며, 동시에 테이트의 추측이 틀렸음을 증명하는 반례다. 서로 아주 달라 보이는 문제들이 수학에서는 아주 긴밀히 연관되어 있는데 만약 테이트의 추측이 맞았다면, 그것은 '4색 지도 정리'와도 관련이 있을 것이다. (**4** 참조)

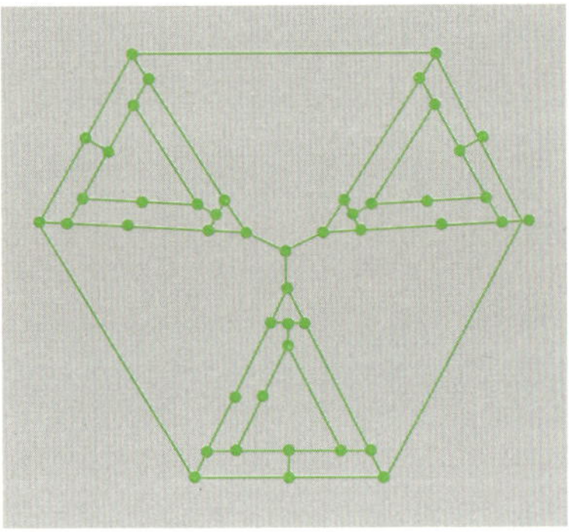

# 47 소수

정육면체는 47개의 더 작은 정육면체로 분할될 수 없다. 이때 47은 더 작은 정육면체로 분할되지 않는 수들 중 가장 큰 값이다. 그러나 결과는 1977년에 잘못된 것으로 증명되었다. 이 증명은 스위스 수학자 위고 하트비거(1908-1981)의 이름을 딴, 30년 동안 풀리지 않았던 하트비거 문제를 해결한 것이었다.

이 증명의 일부는 그리 어렵지 않다. 먼저, 한 개의 정육면체는 각각 1, 8, 20, 38, 49, 51 그리고 54개의 더 작은 정육면체로 분할 가능하다. 그 식은 아래와 같다.

| | |
|---|---|
| $1^3 = 1^3$ | $1 = 1$ |
| $2^3 = 8 \times 1^3$ | $8 = 8$ |
| $3^3 = 2^3 + 19 \times 1^3$ | $1 + 19 = 20$ |
| $4^3 = 3^3 + 37 \times 1^3$ | $1 + 37 = 38$ |
| $6^3 = 4 \times 3^3 + 9 \times 2^3 + 36 \times 1^3$ | $4 + 9 + 36 = 49$ |
| $6^3 = 5 \times 3^3 + 5 \times 2^3 + 41 \times 1^3$ | $5 + 5 + 41 = 51$ |
| $8^3 = 6 \times 4^3 + 2 \times 3^3 + 4 \times 2^3 + 42 \times 1^3$ | $6 + 2 + 4 + 42 = 54$ |

또다른 신기한 성질을 보자. 만약 하나의 정육면체가 $m$개와 $n$개의 작은 정육면체로 분할 가능할 때, 이는 또한 $m+n-1$개로도 분할이 가능하다. 먼저 원래 정육면체를 $m$개의 작은 정육면체로 분할하고, 그 다음 작은 정육면체 중 하나를 $n$개로 나누면 전체 정육면체 개수는

$m+n-1$개가 된다. (이상하게, 한 정육면체를 크기가 모두 다른 작은 정육면체로 나누는 것은 불가능하다. 아무리 많은 작은 정육면체로 분할해도, 최소한 그중 2개는 동일한 크기를 갖는다.)

처음 수들의 집합에서 특별한 것은 {1, 8, 20, 38, 49, 51, 54}에서 시작해 각각 $m+n-1$이라는 공식을 적용하면, 47보다 큰 모든 수를 만들어낼 수 있다는 것이다. 예를 들어 57 = 20 + 38 - 1이다. 이 문제의 증명은 독자들에게 맡기겠다. 그리고 정육면체를 왜 더 작은 47개의 정육면체로 나눌 수 없는지도 한번 생각해 보기 바란다. (우리가 위에서 설명한 것은 47보다 큰 모든 수들을 만들어낼 수 있다는 뜻이었다.)

이제 조금 쉬운 문제를 보자. 삼각형에는 전부 47개의 삼각형이 있다. 47개 삼각형을 찾아내는 건 조금 번거롭지만 그렇게 어렵지는 않다. 아마 페달 하프의 현 개수를 세는 것이 더 힘들 것이다. 살짝 공개하자면 페달 하프의 현 개수 역시 47개다.

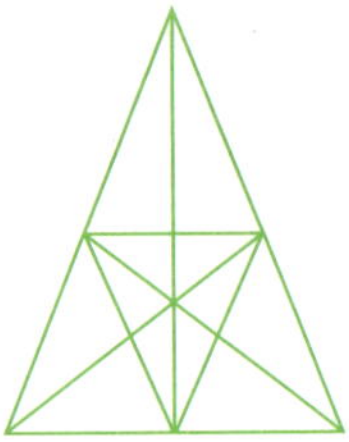

1964년, 포모나 대학 교수인 도널드 벤틀리는 모든 수들이 47과 같음을 '증명'했다. 이것은 포모나 대학과 47 사이의 오랜 관계를 보여주는 간단한 예일 뿐이다. 아래는 포모나 대학 웹사이트에 올려진 47에 대한 사실들이다.

- 포모나 대학은 산 버나디노 고속도로 근처에 있다. 고속도로변의 표지판

에는 이렇게 쓰여 있다. 클레어몬트 대학, 다음 오른쪽, 47번 출구

- 도널드 맥케나 '29의 이름을 딴 클레어몬트 맥케나 대학은 1947년에 세워졌다.
- 라이만 홀 오르간의 가장 꼭대기 열에는 47개의 파이프가 있다.
- 미국 독립선언문은 47개의 문장으로 되어 있다.
- 디즈니 코미디 영화 「얼빠진 교수」에는, 포모나 대학의 구 렌윅 체육관에서 촬영한 농구경기 장면이 있다. 이 경기의 스코어는 47-46이다.
- 하우드 기숙사에는 45번, 49번 방이 있지만 신기하게 47번 방은 없다.
- 피타고라스 정리는 유클리드 기하학 원론의 47번째 명제다.
- 머드-블레이스델 홀에 있는 기념명판에는 47개의 글자가 있다. 이 명판은 1947년에 만들어졌다.
- 포모나 대학의 첫 졸업반(1894년)에는 모두 47명의 학생들이 등록했다.
- 47에 대한 내용들이 당신의 속을 안 좋게 한다면, 제산제 롤레이드Rolaids가 있다. 롤레이드는 위산과다 상태에서 자기 부피의 47배 되는 위산을 흡수한다.

포모나 대학에 대한 환상을 많이 깨버린 것 같지만, 사실 어떤 수라도 위와 같은 우연의 일치를 많이 가지고 있다. 하지만 47이 단순한 우연이 아닌 경우도 있다. 「스타 트렉: 넥스트 제너레이션」을 떠올려 보자. 영화에서 승무원들은 '서브 스페이스 릴레이 스테이션 47'에 정지하고, 등장인물 데이터는 47초 동안 무의식 상태가 된다. 또 주인공은 47cm로 축소되고 47명의 생존자만 있는 행성이 나타난다. 그리고 승무원들은 원소 247을 발견한다. 이런 내용은 더 많다. 왠지 포모나 대학의 웹사이트 분위기가 나지 않는가? 이런 설정은 사실 「스타 트

렉」의 작가이자 공동 프로듀서였던 조 메노스키가 만든 것이다. 메노스키는 포모나 대학의 1979년 졸업생이었다.

## 48

$2^4 \times 3$

48은 10개의 약수—1, 2, 3, 4, 6, 8, 12, 16, 24, 48—를 가진 가장 작은 수다. (일반적으로 $2^{n-1}$은 $n$이 2보다 같거나 클 때, $2n$개의 약수를 갖는 가장 작은 수다.)

48은 서구 조성음악에서 전체 장조와 단조 수(24)의 두 배이다. 이때 이명동음(기보에서는 다르지만 건반에서는 동일한 음 또는 그 관계—옮긴이)의 경우는 제외한다. 요한 세바스찬 바흐의 평균율 클라비어 곡집은 비공식적으로 '48'이라 불린다. 평균율 곡집이 각각 장조 · 단조의 전주곡과 푸가로 되어 있기 때문이다. 이들은 전부 48곡이다.

1912년, 애리조나와 뉴멕시코가 편입되면서 미국은 전부 48개 주를 갖게 되었다. 당시 성조기의 별은 8개씩 6줄로 놓여 있었다. 이 구성은 1959년, 알래스카가 새로 편입되면서 바뀌었다. 그러나 지금도 미국 본토를 '아래쪽 48주'라 부르기도 한다.

다음의 직사각형은 48개의 정사각형으로 되어 있는데, 그중 절반은 녹색이고 절반은 흰색이다. 두 가지 색깔의 정사각형을 같은 개수로 사용해서, 그림과 동일한 패턴을 만들 수 있는 직사각형은 딱 하나가 더 있다. 한번 찾아보라. (해답 참조)

## 49

$7^2 = (11-4)^{(11-9)}$

49개의 삼각형을 배열하면(오른쪽의 거꾸로 된 흰 삼각형을 포함) 같은 형태의 큰 삼각형을 만들 수 있다. 이런 조립은 49뿐 아니라 제곱수라면 모두 가능하다. 여기에 숨은 원리는 **36**에 나오듯, 어떤 제곱수라도 2개의 연속된 삼각수의 합으로 표현할 수 있다는 것이다. 이 경우 49 = 28(검은 삼각형) + 21(흰 삼각형)이다.

또 각 열의 삼각형 개수(검은색, 흰색 모두 합쳐)를 세어보면 49 = 1 + 3 + 5 + 7 + 9 + 11 + 13 형태가 된다. 사실 어떤 제곱수라도 1부터 시작하

는 연속된 홀수의 합으로 표현이 가능하다.

그러나 49는 아주 특별한 제곱수다. 바로 2개의 제곱수인 4와 9로 쓰여 있기 때문이다. 이때 4와 9를 곱한 값도 제곱수(36)가 된다.

✵

제곱수 49의 중앙에 48을 넣으면 4489가 된다. 이것 역시 제곱수다. 이 과정을 반복하면 444889, 44448889가 되는데 이들 역시 제곱수다.

✵

일반적인 로또 게임에서는 1부터 49까지의 공 중 6개를 꺼낸다. 꺼낸 공들을 다시 넣지 않는다고 가정하면(확률용어로는 이를 '비복원 추출'이라 한다), 모든 선택의 경우의 수는 $\frac{49!}{6!43!}=13,983,816$이다. 이는 ${}_{49}C_6$, 또는 더 오래된 방식으로는 $\binom{49}{6}$으로 표기하기도 하는데, '49에서 6 선택'이라고 읽는다. 일반적으로 '$n$에서 $k$ 선택'은 $\frac{n!}{k!(n-k)!}$과 같으며 처음의 집합 $n$에서 $k$개의 물체를 선택하는 경우의 수를 말한다.

✵

19세기 미국에서는 두 차례의 골드러시가 있었다. 첫 번째는 1849년, 캘리포니아 골드러시로 이때 '49er'라는 말이 생겨났다. 광부를 지칭하는 이 낱말은 노래 "오, 나의 클레멘타인", 그리고 같은 이름의 샌프란시스코 축구팀 덕분에 아주 유명해졌다. 그 뒤 19세기가 끝나갈 무렵, 미국의 49번째 주가 된 알래스카 클론디케 강 유역에서 두 번째 골드러시가 터졌다.

# 50
## $2 \times 5^2$, (10-5)(10-0)

히트 TV 쇼 「하와이 파이브 오」의 제목은 미국의 50번째 주인 하와이에서 따온 것이다. (당연한 사실인데도 나는 시리즈가 끝날 때까지 그 사실을 생각해 본 적이 없다.) 미국 국기는 하와이가 추가되면서 현재의 형태로 바뀌었다. 성조기에 격자형으로 배치된 50개의 별들은 기본적으로 4×5 배열 안에 5×6 배열로 되어 있다.

✪

성조기는 전부 27번 수정되었는데 처음엔 별 개수가 13개였으나 지금은 50개다. **48**에서 다룬 48개 별 이후 성조기의 별은 49개로 늘었다. 알래스카와 하와이는 1959년, 동시에 미국 주로 편입되었다. 이들이 편입된 날짜는 7월 4일이 지난 후였다. 1818년, 대통령 제임스 먼로가 서명한 법 조항에 따라 성조기는 새로운 주가 편입된 후, 매해 7월 4일에 공식적으로 변경이 가능했다. 이 때문에 50개의 별이 있는 성조기는 1960년 7월 4일부터 공식적으로 사용되었다. 2007년 7월 4일 기준으로 이 성조기는 미국 역사에서 가장 오래 사용되고 있다.

✪

성경책의 맨 첫 부분인 창세기는 모두 50장으로 되어 있다.

✪

다트에서 황소의 눈(황소라 불리는 가장 안쪽에 있는 원)을 맞추면 50점을 얻는다.

체스에서 선수들은 어떤 말도 잡히지 않았고, 앞선 50회 동작에서 어떤 폰도 움직이지 않았다면 무승부를 주장할 수 있다. 이 룰은 1561년 루이 로페즈가 처음 제안한 것으로, 루이 로페즈는 현재 고전적인 체스 오프닝을 장식하는 이름이다. 430년 뒤에 아나톨리 카르포프와 개리 카스파로프는 50수 이상의 결전을 벌였다. 카르포프가 2개의 나이트와 비숍, 카스파로프가 루크 하나(장기의 차에 해당하는 말—옮긴이)를 가지고 있었다(왼쪽 그림). 이 게임의 결말에서 흥미로운 점은 50수 룰을 몰랐던 카스파로프가(체스에서 무승부는 자동적으로 주어지지 않는다. 선수 중 한 명이 이를 주장해야 한다.) 자신의 루크를 희생양으로 주었다. (오른쪽 그림은 2수 후의 상황이다.) 어차피 그 경기는 무승부가 될 수밖에 없었다. 만약 카르포프가 루크를 잡았다면 교착상태가 길어졌을 것이다. 또 루크를 잡지 않았다면 카르포프에게는 기사 둘밖에 남지 않았을 것이다. 그리고 킹 하나와 나이트 둘로 상대를 제압하는 것은 불가능한 일이다.

$50 = 1^2 + 7^2 = 5^2 + 5^2$ 이다. 또 50은 두 제곱수의 합으로 표현할 수 있는 방법이 2가지인 가장 작은 수이다. 여기서 사람들에게 그리 친숙하지 않은 기하학적 해석도 가능하다. 다음 그림을 보자.

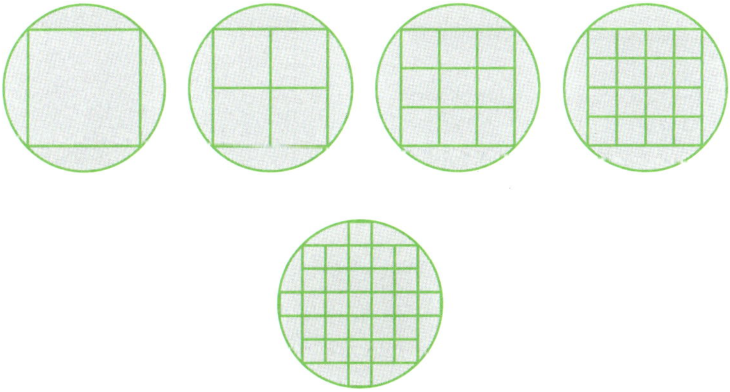

위 왼쪽 그림은 원 안에 있는 정사각형을 보여준다. 분명 이때는 원 안으로 같은 크기의 정사각형을 더 넣을 수 없다. 가장 오른쪽의 4×4 정사각형을 포함해, 윗줄에 소개된 모든 정사각형의 경우도 마찬가지다. 그러나 5×5 정사각형을 원으로 감싸면, 아래쪽 그림에서 보듯 여분의 정사각형 4개를 더 넣을 수 있다. 이 원리를 다르게 표현하면, 각 변의 길이가 1과 7인 직각삼각형과, 각 변의 길이가 5와 5인 직각삼각형의 빗변 길이는 동일하다는 것과 같다. $50 = 1^2 + 7^2 = 5^2 + 5^2$이기 때문이다.

# 51

3×17

수 1,979,339,339는 아주 희귀한 성질을 갖는 소수다. 오른쪽에 있는 어떤 자릿수의 수를 제외하더라도 그 값이 소수가 된다. 물론 여기서는 1까지 소수에 포함된다고 가정해야 한다. 이런 수들을 우측 제거 가능 소수, 또는 러시아 인형 소수라 부른다. 두 번째 이름은 큰 인형 안에 작은 인형들이 연속적으로 들어 있는 러시아 민속 인형(마트료시카—옮긴이)의 이름을 딴 것이다.

이것들이 51과 무슨 관계가 있을까? 그 답은 러시아 인형 소수가 전부 51개라는 것이다. 그중 가장 큰 수는 1,979,339,339다.

꽤 유명한 51 그룹은 다음 국가들이다. 아르헨티나, 호주, 벨기에, 볼리비아, 브라질, 벨라루스, 캐나다, 칠레, 중국, 콜롬비아, 코스타리카, 쿠바, 체코, 덴마크, 도미니카 공화국, 에콰도르, 이집트, 엘살바도르, 에티오피아, 프랑스, 그리스, 과테말라, 아이티, 온두라스, 인도, 이란, 이라크, 레바논, 라이베리아, 룩셈부르크, 멕시코, 네덜란드, 뉴질랜드, 니카라과, 노르웨이, 파나마, 파라과이, 페루, 필리핀, 폴란드, 사우디아라비아, 남아프리카, 시리아, 터키, 우크라이나, 소련, 영국, 미국, 우루과이, 베네수엘라, 유고슬라비아.

이 국가들 사이의 공통점은 무엇일까? 어쩌면 공통점이 있었다고 해야 할지도 모르겠다. 위 국가들 중 몇몇은 지금 사라졌거나 이름이

바뀌었으니까. 답을 한번 생각해보자. (해답 참조)

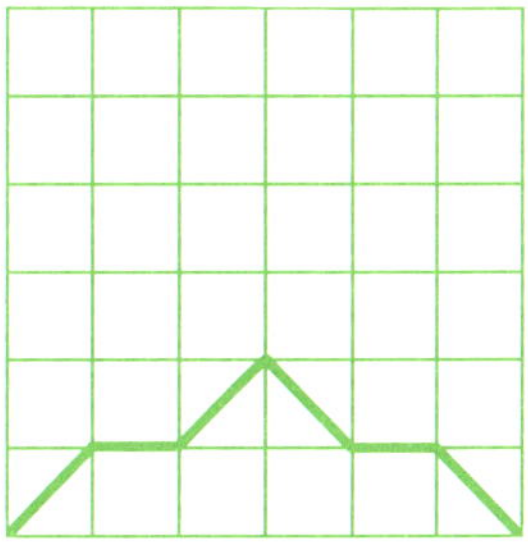

오른쪽 경로는 출발점에서 6칸 오른쪽으로 이동한 것이다. 이때 한 칸 오른쪽, 한 칸 대각선 위, 한 칸 대각선 아래로만 이동이 가능하다. 이런 경로는 모두 51개가 존재한다. 수학 용어로 51은 6번째 모츠킨 수인데, 이것은 베를린 태생의 미국 수학자 테오도르 사무엘 모츠킨(1908-1970)의 이름을 딴 것이다.

모츠킨 수는 조합론 분야에서 다양하게 사용된다. 조합론이란 쉽게 말해 무언가의 '개수를 세는' 것이다. 예를 들어, 모츠킨 수는 글자와 괄호를 합쳐 얼마나 많은 표현을 만들 수 있는가를 세는 데 쓰인다. 글자가 모두 6개라면 이를 괄호와 함께 표현하는 방법은 51가지다.

아래 문자를 위 그래프의 경로로 표현하면 ( = /, × = —, ) = ＼와 같다.

| | | | | | |
|---|---|---|---|---|---|
| xxxxxx | xxxx( ) | xxx()x | xxx(x) | xx()xx | xx() () |
| xx(x)x | xx(xx) | xx(()) | x()xxx | x()x() | x()()x |
| x()(x) | x(x)xx | x(x)() | x(xx)x | x(xxx) | x(x() ) |
| x(())x | x(()x) | x((x)) | ()xxxx | ()xx() | ()x()x |
| ()x(x) | ()()xx) | ()()() | ()(x)x | ()(xx) | () (()) |
| (x)xxx | (x)x() | (x)() x | (x)(x) | (xx)xx | (xx)() |

(xxx)x (xxxx) (xx()) (x())x (x()x) (x(x))

(())xx (())() (()x)x (()xx) (()()) ((x))x

((x)x) ((xx)) ((()))

# 52

$2^2 \times 13$

1년은 52주이고 피아노의 흰 건반 개수도 52개다. 이 밖에도 52는 모든 종류의 게임에 등장한다. 가장 유명하게 카드 1벌은 52장으로, 각각 13장의 카드로 된 4개의 슈트가 있다. 오늘날 이 슈트는 스페이드, 하트, 다이아몬드, 클로버 형태지만 과거에는 여러 문양들이 사용되었다. 가장 오래된 문양으로 알려진 것은 14세기의 폴로 스틱, 동전, 검, 컵 등이 있다.

조금 덜 알려졌지만, 파크 브라더스(미국의 유명한 장난감, 게임 제조업체—옮긴이)가 「모노폴리 게임」을 거절한 일화에도 52가 나온다. 전하는 이야기에 따르면, 게임 개발자 찰스 대로는 파크 브라더스 측으로부터 자신의 게임에 "52개의 근본적인 오류가 있다"는 이야기를 들었다. 룰의 복잡함, 지나치게 긴 게임시간 등이 그 이유였다. 그러다 필라델피아에 있는 워너메이커 백화점에서 대로의 게임이 성공적으로 팔리기 시작했다. 그제야 파크 브라더스는 대로의 게임을 사들였고

대로는 게임개발로 백만장자가 된 첫 번째 인물이 된다.

아즈텍인의 게임 「파톨리Patolli」에는 52개의 정사각형이 있다. 아즈텍인의 달력은 마야인의 달력처럼 순환주기가 52년이다. 이것은 우연의 일치로 보이는데 파톨리 게임이 아즈텍 문명보다 오래되었기 때문이다. 파톨리 게임에는 종교적인 의미도 있었던 것 같다. 아즈텍인의 악명높은 공 게임, 「울라말리즈틀리ullamaliztli」에서는 인신공양 의식이 뒤따랐다. 그러나 파톨리 게임 참가자들은 원칙적으로 하인들이 자신이 낼 수 있는 액수 이상을 베팅할 때만 그들을 처형시킬 수 있었다. (이것 역시 파커 브라더스 사가 보기에는 '근본적 오류'였을 것이다.)

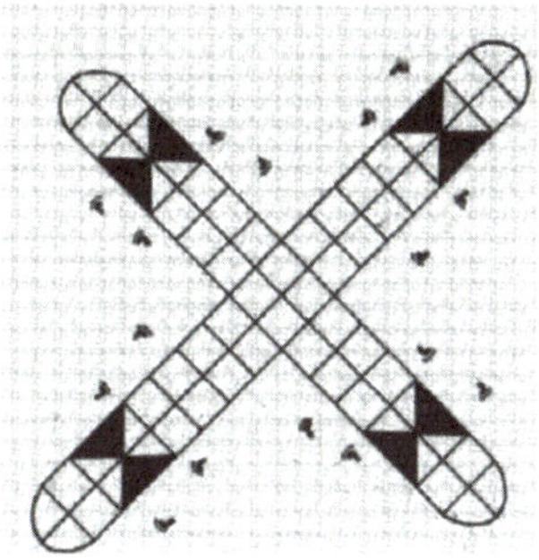

많은 사람들은 오행시 구조에 익숙하다. 리머릭limerick(5행 속요—옮긴이)이라는 오행시에서 첫 시행은 둘째 시행과 운이 맞고, 셋째, 넷째 시행은 다른 운을 가지며, 다섯 번째 시행은 첫 번째 시행과 운이 맞다. 이런 AABBA 패턴은 오행시에서 만들 수 있는 52개의 운율 중 하나다. 조합론의 세계에서 52는 벨 수Bell number라 불린다. 이것은 스코틀랜드 태생의 수학자이자 작가인 에릭 템플 벨의 이름을 딴 것이다.

**51**에서 소개한 모츠킨 수처럼, 벨 수 역시 다양한 방법으로 표현할 수 있다. 위 형상은 겐지코라고 부르는 일본의 문양으로, 5개의 수직선과 이를 다양한 방법으로 잇는 위쪽의 수평선으로 되어 있다. 이 그림은 가능한 겐지코 배열 52가지를 모두 나타낸 것이다. 여기서 수직선을 시행으로, 수평선을 운율로 생각한다면 위 그림은 오행시에서 가능한 52개의 운율을 표현한 것과 같다.

1 1

2

벨 수 목록을 만드는 방법은 파스칼의 삼각형, 그리고 피보나치 수와 관련이 있다. 먼저 1을 벨 수라고 하고, 아래와 같은 삼각형을 만들자. 이때 아래 수는 위 수 2개를 더한 값이다. 예를 들어 1 + 1 = 2이므로 둘째 줄 처음에는 2가 온다.

1 1 2

2 3

5

2 역시 벨 수에 포함되었다. 그러면 2를 첫째 줄에 두고, 다시 위에서부터 계산해 다음 벨 수인 5를 만든다.

| 1 | | 1 | | 2 | | 5 | | 15 |
|---|---|---|---|---|---|---|---|---|
| | 2 | | 3 | | 7 | | 20 | |
| | | 5 | | 10 | | 27 | | |
| | | | 15 | | 37 | | | |
| | | | | 52 | | | | |

이런 과정을 두 번 더 하면 위 삼각형이 나온다. 이때 52는 다섯 번째 벨 수가 된다.

수학적으로 $n$번째 벨 수는 원소가 $n$개인 집합을 나누는 방법의 개수이다. 다르게 표현하면, $n$개의 구별 가능한 공을 $n$개의 구별 불가능한 항아리에 넣는 방법의 개수이기도 하다. $n$번째 벨 수는 또한 서로 다른 $n$개의 소인수를 갖는 어떤 수의 곱셈 분할 개수이기도 하다. 특히 수 $2310 = 2\times3\times5\times7\times11$은 52개의 곱셈법으로 나타낼 수 있다.

1917년, 영국의 퍼즐왕 헨리 듀드니는 '한 줄에 3개 놓지 않기' 문제를 선보였다. 이것은 같은 줄에 3개의 점을 놓지 않으면서, 얼마나 많은 점을 $n\times n$ 모눈종이에 기입할 수 있는가를 알아보는 문제다. 답을 말하자면, 이론적으로 $n\times n$ 모눈종이에서 놓을 수 있는 점들의 최대 개수는 $2n$이다. 점이 그보다 많다면 특정한 행이나 열에 3개의 점이 놓인다. 그렇다면 정확히 $n$의 크기가 얼마일 때, 점의 개수가 최대값인 $2n$이 될까? 이 문제는 $n$이 충분히 클 때, 해결이 불가능할 거라

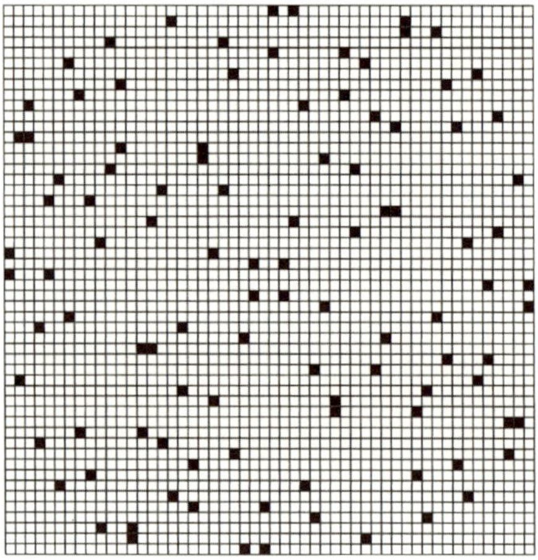

는 추측이 오랫동안 떠돌았다. 52×52 모눈종이에서, 2009년 현재까지 알려진 것 중 가장 큰 정답은 1992년, 독특한 이름의 독일 수학자 아츠힘 플라멘캄프가 발견한 것이다.

## 53 소수

16진법에서는 53 = (3×16) + 5, 그래서 53 = 35라는 결과가 나온다. 두 자리 수 중 이런 16진법 전환이 가능한 것은 53뿐이다. 그러나 자릿수를 늘리면 371, 5141, 99481 같은 예가 더 있다. 이 세 수는 모두 53의 배수들이다.

'베니스 53'은 2004년 이탈리아를 강타했던 도박 열병에 붙여진 이름이다. 당시 베니스에서 2주에 1번 발간되는 로또에, 수 53이 아주 오랫동안 등장하지 않았다. (정확히는 2004년 5월부터 2005년 2월까지 180회이다.) 도박꾼들은 53이 다시 나타난다는 데, 20억 달러가 넘는 돈을 걸었고 또 잃었다. 53이 오랫동안 나오지 않았어도, 53이 등장할 확률이 다른 수가 등장할 확률보다 높지 않았는데 말이다.

48 49 50 51 52 53 54 55 56 57 58

53은 앞뒤 5개의 수들이 모두 합성수인 가장 작은 소수다. (이런 성격을 갖는 다음 소수는 89와 157이다.)

자연수에서 소수의 빈도는 수백 년간 학자들이 연구한 주제였다. 1800년대 초, 칼 프리드리히 가우스와 프랑스 수학자 아드리앙-마리 르장드르($n = 5$일 경우, 페르마의 마지막 정리를 증명한 인물)는 임의의 수 $n$보다 작은 소수의 개수는 $\frac{n}{\ln(n)}$일 것으로 추측했다. 여기서 $\ln(n)$은 $n$의 자연로그를 말한다. 오늘날 소수 정리로 알려진 위 식은 1896년, 자크 아다마르와 발레 푸생이 각기 독립적으로 증명했다.

오랜 야구팬이라면 1960년대, 돈 드리스데일이 LA다저스에서 53번 유니폼을 입었다는 사실을 기억할 것이다. 그러나 영화 「러브 버그」에 나온 폭스바겐 비틀, 허비 자동차의 번호도 53이었다는 사실을 아는 사람은 적다. 이 번호는 다저스의 팬이자 「러브 버그」의 프로듀서였던 빌 월시가 붙인 것이다.

# 54

$2 \times 3^3$

정오각형의 넓이는 $(\frac{5}{4})a^2\tan(54)$인데 여기서 a는 변의 길이를 말한다. 여기서 수 54가 나오는 이유는 오각형의 넓이를 5개의 합동인 이등변삼각형으로 나누어 계산할 때, 각 삼각형의 내각이 54도, 54도, 72도이기 때문이다.

✲

'루빅스큐브'에는 모두 54개의 면(6×9)이 있다.

✲

"54-40 아니면 전쟁"이라는 표현은 1844년 제임스 K. 폴크(미국의 11대 대통령—옮긴이)의 캠페인 슬로건이었다. 이 슬로건에 담긴 암묵적 의미는 오리건 주의 북방 한계선이 위도 54도 40분에 맞춰지지 않으면, 미국이 캐나다와 전쟁도 불사할 수 있다는 뜻이었다. 그러나 전쟁은 터지지 않았고 두 나라의 경계는 1846년, 위도 49도로 정해졌다. 지금은 위도 54도 40분은 다른 곳에서 발견된다. 그것은 현재 알래스카 주의 최남단 한계선의 위도다. 54도 40분은 또 미국의 유명한 퀼트패턴 중 하나에 붙여진, 놀랍도록 애국적인 이름이기도 하다.

✲

경찰관 권터 토디와 프란시스 멀둔은 TV 시리즈 「Car 54, 어디 있나?」(1961-1963년까지 방영된 미국 드라마—옮긴이)에서 빨간 차를 몰았다. 그러나 당시 실제 경찰차는 녹색이었다. 눈에 잘 띄는 색깔 때문에 당시 경찰차들은 수월하게 뉴욕 시를 지나다닐 수 있었다. 재미있는 사실은, TV 시청자들은 이 차 색깔을 알아볼 수 없었다는 것이다. 당시 이 시리즈는 흑백으로만 방영되었다.

2009년 현재, 아프리카에는 알제리부터 짐바브웨까지 모두 54개의 국가가 있다. **15**의 이차방정식에 대한 이야기에서, 우리는 위대한 인도 수학자 스리니바사 라마누잔이 모든 자연수를 나타낼 수 있는 $aw^2+bx^2+cy^2+dz^2$ 형태의 54가지 다항식을 찾아냈다는 것을 언급했다. 이때 상수들의 목록은 다음과 같다.

| | | | | | |
|---|---|---|---|---|---|
| (1, 1, 1, 1) | (1, 1, 1, 2) | (1, 1, 1, 3) | (1, 1, 1, 4) | (1, 1, 1, 5) | (1, 1, 1, 6) |
| (1, 1, 1, 7) | (1, 1, 2, 2) | (1, 1, 2, 3) | (1, 1, 2, 4) | (1, 1, 2, 5) | (1, 1, 2, 6) |
| (1, 1, 2, 7) | (1, 1, 2, 8) | (1, 1, 2, 9) | (1, 1, 2, 10) | (1, 1, 2, 11) | (1, 1, 2, 12) |
| (1, 1, 2, 13) | (1, 1, 2, 14) | (1, 1, 3, 3) | (1, 1, 3, 4) | (1, 1, 3, 5) | (1, 1, 3, 6) |
| (1, 2, 2, 2) | (1, 2, 2, 3) | (1, 2, 2, 4) | (1, 2, 2, 5) | (1, 2, 2, 6) | (1, 2, 2, 7) |
| (1, 2, 3, 3) | (1, 2, 3, 4) | (1, 2, 3, 5) | (1, 2, 3, 6) | (1, 2, 3, 7) | (1, 2, 3, 8) |
| (1, 2, 3, 9) | (1, 2, 3, 10) | (1, 2, 4, 4) | (1, 2, 4, 5) | (1, 2, 4, 6) | (1, 2, 4, 7) |
| (1, 2, 4, 8) | (1, 2, 4, 9) | (1, 2, 4, 10) | (1, 2, 4, 11) | (1, 2, 4, 12) | (1, 2, 4, 13) |
| (1, 2, 4, 14) | (1, 2, 5, 6) | (1, 2, 5, 7) | (1, 2, 5, 8) | (1, 2, 5, 9) | (1, 2, 5, 10) |

위 목록에 대해 잠깐 설명해 보자. (1, 2, 3, 8)이 보편적인 이차방정

식 형태라고 말할 때, 이는 모든 자연수를 임의의 수 $w, x, y, z$에 대해, $w^2+2x^2+3y^2+8z^2$의 형태로 표현할 수 있다는 것이다. 개인적으로는 (1, 2, 3, 4)(처음 4개의 자연수), (1, 2, 3, 6)(앞의 세 수를 더하거나 곱해도 넷째 수가 나오는 배열), (1, 2, 3, 5)(피보나치 수열), (1, 1, 2, 6)(첫째, 셋째 콤마를 없앴을 때 나의 생일) 배열이 가장 마음에 든다.

라마누잔의 목록은 그가 정식 수학교육을 받지 못했고, 또 지금 같은 현대적 계산도구도 없이 찾아냈다는 사실 때문에 더욱 놀랍다. 그는 1920년 32세의 나이로 사망했다.

## 55
### 5×11

55는 10번째 피보나치 수이면서 동시에 10번째 삼각수다. 또 피보나치 수이면서 동시에 삼각수인 수 중에서 가장 큰 수다.

A B B A C A C B B A
C B C B B B A B C
A A A B B C C A
A A C B A C B
A B A C B A
C C B A C
C A C B
B B A
B C
A

A C A B C A C C A B
B B C A B B C B C
B A B C B A A A
C C A A C A A
C B A B B A
A C C B C
B C A A
A B A
C C
C

위 2개의 역삼각형은 55개의 글자로 되어 있다. 여기에는 꽤 놀라운 사실이 숨겨져 있다. 먼저, 글자 A, B, C는 가장 윗줄에 임의적으로 배열되어 있다. 2번째 줄의 룰은 다음과 같다. 만약 1번째 줄의 연속된 두 글자가 다르면, 2번째 줄 가운데에 3번째 글자를 표기한다. 그러나 만약 연속된 두 글자가 같으면 그 글자를 2번째 줄에 표기한다. 이런 식의 과정을 10번째 줄에 한 글자만 남을 때까지 반복한다.

왼쪽 삼각형에서 가장 위쪽 줄의 1번째 글자와 마지막 글자는 A로 같다. 또 가장 아래에 있는 글자도 A다. 반면 오른쪽 삼각형에서 가장 위쪽 줄의 1번째 글자와 마지막 글자는 A, B로 다르다. 그리고 가장 아래에 있는 글자는 C다. 감이 잡히는가? 즉, 맨 위쪽 줄에 글자들을 어떻게 배치하든 그 결과는 항상 같다는 것이다. 이것은 삼각형의 높이와 관련된 함수임이 밝혀졌다. 이 성질은 임의의 삼각형이 4로 나누어지지 않는 짝수의 높이를 가질 때면 항상 성립한다.

55는 농구에서 조금 이상한 논리적 중요성을 갖는다. 역사적으로 55는 선수들이 특별한 허가 없이 사용할 수 있는 가장 높은 유니폼 숫자였다. 그 이유는? 농구 경기에서 심판이 파울을 주는 장면을 자세히 보기 바란다. 파울을 줄 때, 심판은 누가 파울을 저질렀는지 알려야 한다. 이때 심판은 양손의 손가락을 사용해 그 선수의 유니폼 번호를 나타낸다. 심판의 손가락은 한정되어 있으므로, 6, 7, 8, 9 같은 숫자들은 한 손으로 나타낼 수 없다. 그래서 손으로 편하게 나타낼 수 있는 55가 가장 큰 유니폼 수가 된 것이다.

55는 삼각수이면서 동시에 제곱-피라미드 수다. 그 뜻은 다음과 같다. 먼저 5×5로 배열된 볼링공을 생각하자. 공 사이의 공간을 활용해서 그 위에 4×4 사이즈의 볼링공을 얹고, 그 위에 비슷한 과정을 반복한다. 피라미드의 제일 꼭대기에 1개의 볼링공이 놓이면 전부 25+16+9+4+1=55개의 볼링공이 쌓인다. (다르게 표현하면, 5×5 크기의 격자 위에는 격자선을 따라 모두 55개의 정사각형을 쌓을 수 있다.)

이 형상들은 무엇일까?

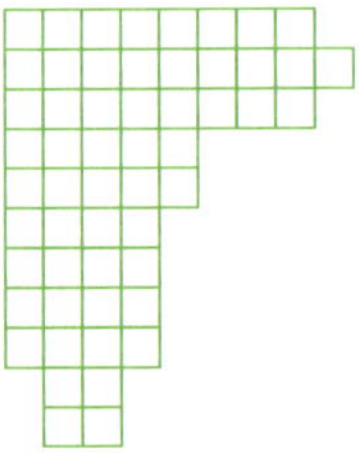

답은 이렇다. 이 형상들은 1×1에서 1×10까지의 직사각형, 또는 1×1에서 5×5까지의 정사각형을 붙여 만들 수 있는 55개 블록으로 된 형상이다. 이 타일 맞추기는 55가 삼각수이고, 동시에 제곱-피라미드 수임을 2차원적으로 나타낸 것이다. 이런 수는 아주 희귀하다. 여기에 대해서는 **91**에서 조금 더 살펴볼 것이다.

# 56

$2^3 \times 7$

미국에서 56이 대중 무의식의 일부가 된 가장 큰 이유는 조 디마지오의 56게임 연속 안타일 것이다. 1941년에 나온 이 기록은 현재는 난공불락의 것으로 인정되고 있다. 이런 기록으로는 사이 영의 511승, 샘 크로포드의 312개 3루타, 사이 영의 316패 등이 있다. 1941년 이후로 누구도 조 디마지오의 기록에 맞서지 못했다. 1978년 피트 로즈가 44게임 연속 안타를 기록해 여기에 근접했을 뿐이다. 존 알렌 파올로스는 3할 2푼 5리의 타율을 가진 타자(조 디마지오)가 56게임에서 연속 안타를 칠 확률은 이론적으로 극도로 낮다고 말한다. 수치로는 10만 분의 1 정도다.

스톤헨지의 56개 구멍은 디마지오의 기록보다 훨씬 오래된 것처럼 보인다. 그러나 어떤 의미에서는 그렇지도 않다. 스톤헨지의 연대는 기원전 3000년경으로 거슬러 올라가는데, 골동품 수집가 존 오브리가 1666년 이 돌들을 발견할 때까지 이 구멍들에 대한 공식적 기록은 없었다. 또 스톤헨지는 20세기가 지나서야 대부분 출토되었다. 오늘날 과학계는 오브리 구멍이 천문학적 역할을 했으리라는 주장을 인정하지 않고 있다.

미국 대통령들 중 몇 명의 이름이, 미국 독립선언서에 서명한 56명의 이름과 같았을까?

일단 독립 선언서의 서명자 이름을 훑어보자. 그러면 답은 4명이라는 것을 알 수 있다. 그중 두 명(존 아담스와 토머스 제퍼슨)은 실제로 대통령이 되었다. 다른 사람(벤자민 해리슨)은 9대 대통령인 윌리엄 헨리 해리슨의 아버지였고, 동시에 벤자민의 이름을 물려받은 헨리 해리슨의 손자 역시 미국의 23대 대통령이 되었다. 마지막 4번째 인물의 이름은 조금 길다. 바로 '뉴햄프셔의 조사이어 바틀렛'이다. 이 이름은 TV 시리즈「웨스트 윙」에서 마틴 신이 연기한 가상의 대통령 이름이다.

| 1 | 2 | 3 | 4 | 5 |
|---|---|---|---|---|
| 2 | 3 | 4 | 5 | 1 |
| 3 | 4 | 5 | 1 | 2 |
| 4 | 5 | 1 | 2 | 3 |
| 5 | 1 | 2 | 3 | 4 |

위의 그림은 가장 간단한 5×5 라틴 방진이다. **36**에서 본 것처럼 $n$차 라틴 방진은 1부터 $n$까지의 숫자를, 어떤 행이나 열의 숫자도 겹치지 않게 $n \times n$ 격자에 배열한 것이다. 라틴 방진을 하나 만들었다면 언제든 여러 행의 숫자를 재배열해서, 1번째 열의 숫자가 1부터 $n$까지 차례대로 오게 할 수 있다. 그 과정이 끝나면 이번에는 열의 숫자를 재배열해서, 1번째 행의 숫자가 1부터 $n$까지 차례대로 오게 한다. 그러면 축소된(혹은 정규화된) 라틴 방진이 만들어진다. 위 그림은 일종의 완성된 축소 방진이다. 이런 방진은 전부 56개가 있는데 아래에 14

개씩 4개 그룹으로 표시했다. 5×5 라틴 방진의 전체 가짓수는 56×5!×4! = 161, 280개다. 일반적으로 $R_n$을 $n$차 축소 라틴 방진의 개수라고 할 때, $n$차 라틴 방진의 전체 개수는 $R_n \times n! \times (n-1)!$이다.

| **12345** | 12345 | 12345 | 12345 | 12345 | 12345 | 12345 | 12345 | 12345 | 12345 | 12345 | 12345 | 12345 | 12345 |
|---|---|---|---|---|---|---|---|---|---|---|---|---|---|
| **23451** | 21453 | 21534 | 21534 | 21453 | 21453 | 21534 | 21534 | 23451 | 23451 | 23514 | 23514 | 23154 | 23154 |
| **34512** | 34512 | 34152 | 34251 | 35214 | 35214 | 35421 | 35412 | 31524 | 31524 | 31452 | 31452 | 34512 | 34521 |
| **45123** | 45231 | 45213 | 45123 | 43521 | 43521 | 43152 | 43251 | 45132 | 45213 | 45123 | 45231 | 45231 | 45213 |
| **51234** | 53124 | 53421 | 53412 | 54231 | 54132 | 54213 | 54123 | 54213 | 54132 | 54231 | 54123 | 51423 | 51432 |

| 12345 | 12345 | 12345 | 12345 | 12345 | 12345 | 12345 | 12345 | 12345 | 12345 | 12345 | 12345 | 12345 | 12345 |
|---|---|---|---|---|---|---|---|---|---|---|---|---|---|
| 21453 | 23514 | 23514 | 23514 | 23154 | 23154 | 23451 | 23451 | 23451 | 23514 | 24153 | 24513 | 24531 | 24531 |
| 34521 | 34152 | 34251 | 34251 | 35412 | 35421 | 35124 | 35214 | 35214 | 35421 | 31524 | 31254 | 31254 | 31452 |
| 45132 | 45231 | 45123 | 45132 | 41523 | 41532 | 41532 | 41523 | 41532 | 41253 | 45231 | 45132 | 45123 | 45123 |
| 53214 | 51423 | 51432 | 51423 | 54231 | 54213 | 54213 | 54132 | 54123 | 54132 | 53412 | 53421 | 53412 | 53214 |

| 12345 | 12345 | 12345 | 12345 | 12345 | 12345 | 12345 | 12345 | 12345 | 12345 | 12345 | 12345 | 12345 | 12345 |
|---|---|---|---|---|---|---|---|---|---|---|---|---|---|
| 24513 | 24531 | 24153 | 24153 | 24531 | 24531 | 24153 | 24153 | 24153 | 24513 | 24531 | 24513 | 25134 | 25413 |
| 31452 | 31452 | 35214 | 35421 | 35124 | 35412 | 35214 | 35412 | 35421 | 35124 | 35214 | 35421 | 31452 | 31254 |
| 45231 | 45213 | 41532 | 41532 | 41253 | 41253 | 43521 | 43521 | 43512 | 43251 | 43152 | 43152 | 43521 | 43521 |
| 53124 | 53124 | 53421 | 53214 | 53412 | 53124 | 51432 | 51234 | 51234 | 51432 | 51423 | 51234 | 54213 | 54132 |

| 12345 | 12345 | 12345 | 12345 | 12345 | 12345 | 12345 | 12345 | 12345 | 12345 | 12345 | 12345 | 12345 | 12345 |
|---|---|---|---|---|---|---|---|---|---|---|---|---|---|
| 25431 | 25413 | 25431 | 25413 | 25134 | 25134 | 25134 | 25431 | 25413 | 25431 | 25134 | 25134 | 25413 | 25413 |
| 31254 | 31524 | 31524 | 31524 | 34251 | 34512 | 34521 | 34152 | 34251 | 34512 | 34251 | 34512 | 34152 | 34512 |
| 43512 | 43152 | 43152 | 43251 | 41523 | 41253 | 41253 | 41523 | 41532 | 41253 | 43512 | 43251 | 43521 | 43152 |
| 54123 | 54231 | 54213 | 54132 | 53412 | 53421 | 53412 | 53214 | 53124 | 53124 | 51423 | 51423 | 51234 | 51234 |

## 57

### $3 \times 19$, $2^5+5^2$

다음은 지금도 쓰이는 가장 복잡한 한자다. 이 글자는 57개의 획으로 이루어져 있다(내가 세어본 적은 없다). 중국 산시성의 토종국수 '비앙비앙면'을

가리키는 한자인데 국수집 주인이 만든 글자라는 설이 있다.

미국에서 57은 H. J. 하인즈의 '57가지 음식' 광고에 나온 영양 그래프로 잘 알려져 있다. 1896년, 이 슬로건이 도입되었을 때, 사실 하인즈는 57가지 이상의 상품을 보유하고 있었다. 그러나 57은 지금도 하인즈의 조직 문화에 남아 있다. 펜실베이니아, 피츠버그의 하인즈 본사 주소는 P.O box 57이다.

그럼에도 하인즈는 본사 건물을 57층으로 지은 적이 없다. 대신 1913년, 미국의 다국적 소매 잡화점의 창시자인 F. W. 울워스가 57층의 본사를 지었다. 1930년 40 월스트리트 빌딩과 크라이슬러 빌딩에 동시 추월당하기 전까지 울워스 빌딩은 세계에서 가장 높은 건물이었다.

여기 3가지 색상이 있다. 정육면체의 한 면을 이 중 하나로 칠할 때, 전부 57가지 구별 가능한 정육면체를 만들 수 있다. 여기서 구별 가능하다는 말은 정육면체를 회전 대칭시켜도 다른 정육면체와 같지 않다는 뜻이다. 일반적으로, $k$개의 색상을 이용해 얻을 수 있는 모든 색칠의 가짓수($k$ = 1부터 6까지)는 $\frac{(k^6+3k^4+12k^3+8k^2)}{24}$이고, 이때 정육면체를 회전 대칭시킬 수 있는 방법은 24가지다. (6개의 면은 각각 4가지 방식으로 회전 가능하다.) 따라서 위 식에서 $k = 3$을 대입하면 전부 57가지 경우의 수가 나온다.

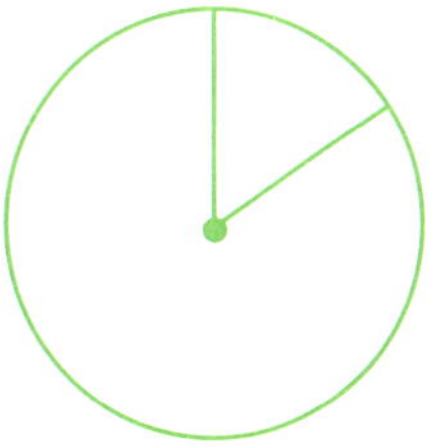

고등 삼각법 또는 미적분학에서는 일반적으로 각을 '도degree'가 아니라 '라디안'으로 표현한다. 라디안은 왼쪽 그림처럼 원의 호 길이가 반지름 길이와 같을 때의 각도를 말한다. 1 라디안은 57도보다 조금 더 크다. 정확한 수치는 $\frac{360}{2\pi}$인데 3번째 소수 자리까지 표기하면 57.296도가 된다.

## 58

2×29

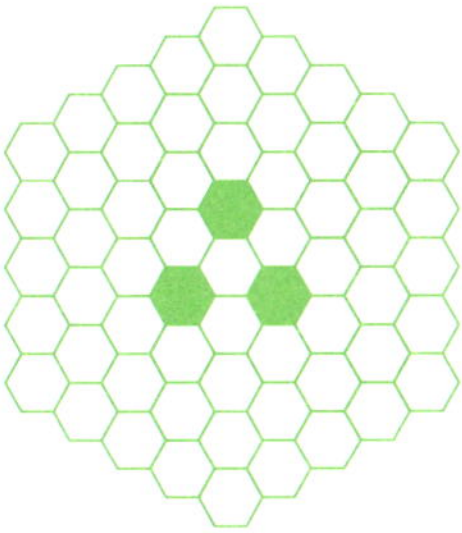

헥사곤 게임은 오델로 게임(8×8 격자판에서 하는 전략보드게임. 원판을 최대한 많이 따는 쪽이 이긴다—옮긴이)의 온라인/아케이드 버전으로, 육각형 격자모양의 판에서 가운데 세 자리를 지우고 전부 58개의 공간을 사용한다. (게임에서 빈 공간은 보통 스퀘어(정사각형)라고 부르지만 여기서는 그 용어가 조금 부적절하다.)

정육각형과 같은 정다각형은 늘여서 다른 형태들을 만들 수 있다.

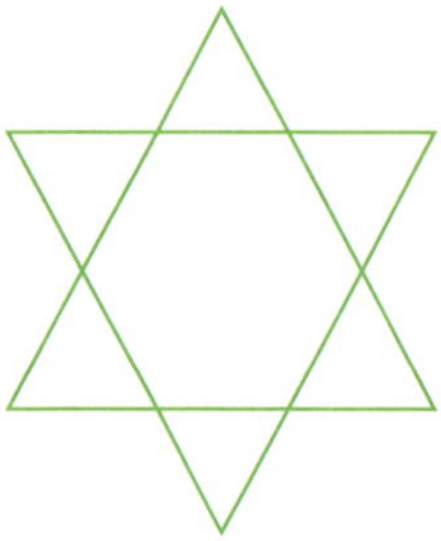

이때 새로 만들어진 형태들을 원래 도형의 '스텔레이션'이라 부른다. 이 스텔레이션의 개수에도 58이 등장한다. 먼저 2개의 정삼각형을 겹쳐놓은 듯한 육각별을 보자. 이것은 사실 정육각형의 모서리를 늘여 서로 만나게 한 것이다.

아래에 보이는 정팔각형은 하나가 아니라 2개의 스텔레이션을 가지고 있다. 원래 도형의 모서리를 늘인 그림(가운데)에서, 다시 모서리를 늘이면 오른쪽 형태가 생겨난다.

3차원에서는 4면체 또는 정육면체를 늘일 수 없다. 2차원에서 정삼각형, 정사각형을 늘일 수 없는 것과 마찬가지다. 그러나 5개의 플라톤 입체(**5** 참조) 각각은 최소한 1개의 스텔레이션을 갖는다. 정팔면체는 '스텔라 옥탄굴라'라는 스텔레이션을 갖는다. 정십이면체는 3개의 구별되는 스텔레이션이 있고, 마지막으로 정이십면체는 놀랍게도 58개의 스텔레이션을 갖는다.

# 59 소수

처음 2개의 소수를 곱하고 1을 더하면 소수인 7이 얻어진다. 처음 3개의 소수를 곱해서 1을 더해도 소수인 31이 얻어진다. 이런 과정을 아래처럼 반복할 수 있다.

$2 \times 3 + 1 = 7$ 소수

$2 \times 3 \times 5 + 1 = 31$ 소수

$2 \times 3 \times 5 \times 7 + 1 = 211$ 소수

$2 \times 3 \times 5 \times 7 \times 11 + 1 = 2311$ 소수

그러나 이런 과정을 한 번 더 반복하면 위 패턴이 멈추고 59가 등장한다.

$$2 \times 3 \times 5 \times 7 \times 11 \times 13 + 1 = 30{,}031 = 59 \times 509$$

처음 $n$개의 소수를 곱해 1을 더하면 왜 소수가 나타나는지, 그 이유는 알 수 없다. 그러나 이 계산은 수학사에서 중요하다. 기원전 300년경, 유클리드는 소수의 개수가 무한하다는 것을 증명하려고 위 식에서 조금 변형된 형태의 계산을 사용했다. 먼저 소수의 개수가 유한하다고 가정해 보자. 그리고 이 소수들을 곱한 다음 1을 더한다. 새로 나타난 수는 소수일 수도 있고 아닐 수도 있다. 그러나 확실한 사실은 그 새로운 수의 소인수가 처음 우리가 가정한 유한한 소수의 집합에 속하지 않는다는 것이다. 거기 곱해진 2개의 연속된 소수들은 오직 1

로만 나누어지기 때문이다. 따라서 유한한 개수의 소수 집합을 가정하는 것은 불가능하다.

59는 더 작은 수들로 나누었을 때 독특한 결과를 낳는다. 가장 작은 수에서 시작해 보자.

| 59를 아래 수로 나누었을 때 | 나머지는 아래와 같다 |
|---|---|
| 2 | 1 |
| 3 | 2 |
| 4 | 3 |
| 5 | 4 |
| 6 | 5 |

위 표는 59가 60보다 작기 때문에 생겨난다. 60은 2, 3, 4, 5, 6으로 나누어떨어지는 가장 작은 수다. (2, 3으로 나누어떨어지면, 자연스럽게 6으로도 나누어떨어진다.) 이것을 염두에 두고 59를 7로 나누었을 때 위 표가 어떻게 확장될지 생각해 보자. (해답 참조)

## 60

$2^2 \times 3 \times 5$

58, 59에 대해서는 할 이야기가 많지 않았다. 그러나 60은 다르다.

60의 가분성(나누어떨어지는 성질) 때문이다. 58은 소인수가 2개이고 59는 소수다. 그러나 60은 처음 3개의 소수뿐 아니라, 처음 6개의 자연수로 나누어떨어지고, 동시에 12개의 인수를 갖는 가장 작은 수다. 1, 2, 3, 4, 5, 6, 10, 12, 15, 20, 30, 60.

정삼각형의 세 내각은 정확히 60도다.

1분은 60초이고 1시간은 60분이다. 오늘날에는 너무 당연한 사실이지만 이러한 시간 단위는 60진법을 사용한 메소포타미아 문명에서 유래했다. 바빌로니아인들에게는 0이라는 표기법이 없었다. 그러나 그들은 처음 59개 정수를 오직 두 개의 기호로 표현할 수 있었다.

이제 60과 관련된 조금 더 어려운 성질을 보자. 5개 원소로 가능한 순열은 모두 120개가 있다(120=5!=5×4×3×2). 모든 순열은 '자리바꿈'으로 이루어진다. 이것은 특정한 두 원소를 뒤바꾼다는 뜻이다. 위 순열에서는 짝수번, 또는 홀수번 자리바꿈이 필요하다. (조금 이상하게 들리지만, 이 말은 자리바꿈으로 특정한 순열을 만드는 하나 이상의 방법이 있다는 뜻이다. 그러나 한 번은 짝수번, 다음은 홀수번 자리바꿈을 통해 순열을 만드는 것은 불가능하다.) 5개 원소로 만들 수 있는 120개 순열 중에서, 60개는 짝수번 자리바꿈한 것이다. 다음 순열은 짝수번(2번) 자리바꿈을 나타낸 것이다. B와 E가 바뀌고, C와 D가 바뀐다.

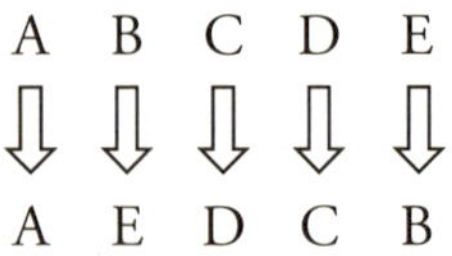


짝순열의 조합은 그 자체로 짝순열이 된다. 이를 수학적으로 표현하면, 짝순열은 5개 원소로 만들 수 있는 순열의 전체 '대칭군'(S5로 표현)의 하위군이다. 이 하위군은 A5라고 부르며, 가능한 비-아벨 단순군 중에서 가장 작은 것이다. 비-아벨군의 경우, 서로 다른 순열을 곱했을 때 가환적(순서에 상관없이 결과가 동일한)이지 않다. 반면 단순군이란, 항등순열 외에 정규부분군을 갖지 않는 군을 말한다.

위 내용이 어렵다 해도 주눅들 필요는 없다. 사람들 겁주려고 수학자들끼리 하는 얘기니까. 어쨌든 여기서 핵심은 수학에서 60이 중요한 수라는 것이다.

마지막으로 조금 쉬운 내용을 살펴보자. 위 그림은 1960년 미국의 수학자이자 경제학자인 데이비드 게일이 만든 「브리지-잇」 게임의 보드판이다. 이 보드판의 60개 점에는 두 가지 색깔을 입힐 수 있다. (실제 게임에서는 검정, 빨강이다.) 게임 요령은 자기가 고른 색깔로 보드판의 한쪽 끝에서 다른 쪽 끝까지 끊어지지 않는 경로를 만드는 것이다. 이 게임에 무승부는 없다. 한쪽이 항상 그런 경로를 만들 수 있기 때문이다. (대조적으로, 1960년 미국 대통령 선거에서 존. J. 케네디는 남북, 동서 방향 주들을 모두 들르지 못했음에도 대선에서 승리했다. 만약 그가 경선활동 당시, 미시건 호수를 건넜다면 미국을 남북 방향으로 가로질렀을 것이다. 그러나 만약 케네디가 그랬다면, 리처드 닉슨은 그에게 승리를 안겨줄 표밭인 남북 방향의 주 대신, 동서 방향의 주를 방문했을 것이다. 그러나 브리지-잇에서는 어떤 경우든 '점프'가 허용되지 않는다.)

어릴 때 우리 집에는 오래된 브리지-잇 게임이 있었다. 나는 그 게임을 하면서 자랐다. (그 게임이 개발되었을 때 나는 6세였다.) 나는 그 게임에 수학적 원리가 숨어 있는 것을 몰랐는데, 게임을 먼저 시작한 사람이 항상 이긴다는 사실이었다. 다음은 1960년대, 올리버 그로스가 증명하고 마틴 가드너가 널리 알린 내용이다. 즉, 검정 팀이 처음 동작을 그림에 나온 대로 하면, 상대방이 어떤 동작을 하든 보드판 반대쪽까지 무사히 갈 수 있다.

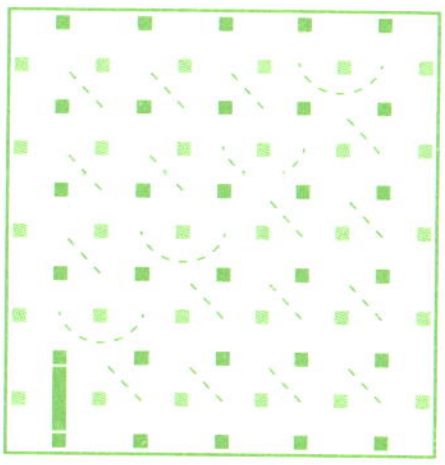

이런 브리지-잇의 결함은 개발자나 제작사에게 큰 실망을 주었다.(당시 제작사는 로드 아일랜드의 헤센필드 브라더스라는 작은 회사였다. 현재는 '해스브로Hasbro'라는 그리 작지 않은 회사가 되었다.) 사실 몇몇 게임들에서 이처럼 승패가 확실히 정해져 버리는 일이 그리 드물지는 않았다. 이 분야에서 큰 활약을 한 수학자는 어네스트 제르멜로(1871-1953)로, 그는 집합 이론의 대가이기도 하다. 제르멜로는 '1913 정리'를 발표했는데, 이는 체스에서 가능한 승패는 흑팀이 이기거나 백팀이 이기거나, 두 팀이 비기는 경우라는 간단한 정리이다. 그 뒤 게임 이론이 발전하면서 용어도 같이 발전했고, '1913 정리'를 지금은 "완전한 정보가 주어지는 2인용 유한 제로섬 게임"이라고 표현한다. 다행히도 체스의 경우 트리로 알려진 영역은 너무 방대해서 이를 계산하는 것은 인간의 능력을 벗어난다.(트리란 체스말의 이동에 따라 전개될 수 있는 모든 경우의 수를 각 단계별로 분지도처럼 표기한 것을 말한다—옮긴이) 그러나 브리지-잇의 예에서 보듯이 승리 전략이 분명하게 밝혀져 있는 경우도 있다.

## 61 소수

TV 게임쇼 「제퍼디!」에서, '제퍼디!'와 '더블 제퍼디!' 라운드에는 각각 6개의 질문 카테고리가 있다. 또 각각의 카테고리에는 5개의 질문(해답)이 있다. 그리고 마지막 라운드에서는 $6 \times 5 + 6 \times 5 + 1 = 61$개의 질문과 해답이 있다. 물론 대부분의 참가자들은 시간이 부족해 이 문제들을 전부 고를 수가 없다.

「제퍼디!」와 61 사이에는 다음 관계도 있다. 1961년(20세기 연도 중에서, 바로 읽으나 돌려 읽으나 같은 수가 나오는 유일한 해), 알렉스 트레벡이라는 젊은 아나운서는 캐나다 방송사 CBC에서 처음 출연했다. 트레벡은 1973년 미국으로 이주하여 게임쇼 진행자가 되었다가, 1984년 재능을 인정받아 「제퍼디!」의 MC가 되었다.

✵

캐나다의 하키 경기장은 길이가 61m다. 그러나 잠깐, 61m 길이는 오직 북아메리카 내셔널 하키 리그에서만 표준으로 통용된다. 이때 61m는 정확한 측정값인 200피트에 가까운 근삿값이다. 세계의 다른 지역에서 하키 링크는 미터로 표시된다. 또 61이라는 수로서는 안타깝지만 국제 하키 링크의 공식 길이는 60m다. 그러나 61은 하키 세계에서 여전히 중요한 수다. 1999년 은퇴한 위대한 하키선수 웨인 그레츠키의 북미 아이스하키 리그(NHL) 득점수이기 때문이다.

✵

캐나다에서 남쪽으로 내려오면 61번 고속도로가 캐나다 국경에서 뉴올리언즈까지 뻗어 있다. 이 고속도로 초반부에는 미네소타, 히빙이 있는데, 뮤지션 밥 딜런이 태어난 곳이다. 밥 딜런은 1965년 앨범 「다시 찾은 61번 고속도로」를 발표해 그곳을 불멸의 도로로 만들었다.

✵

61은 미국 대통령 선거에서 일종의 상한선을 이룬다. 어떤 후보자도 61% 이상의 득표율을 획득한 적이 없기 때문이다. 이 글을 쓰는 현재까지 미국 대선에서 가장 높은 득표율을 기록한 인물은 1920년의 워렌 하딩, 1936년의 프랭클린 루스벨트, 1964년의 린든 존슨, 1972년의 리처드 닉슨으로, 각각 60.5%, 60.6%, 60.6%, 60.3%의 득표율을 보였다. 미국의 영문명 America는 A에서 시작하고 A로 끝나는데, 한편 A는 미국의 개별 주 이름에서 가장 흔히 발견되는 이름이기도 하다. 미국의 50개 주 이름에는 모두 61개의 A가 포함되어 있다.

표준 시력 검사표에는 11줄에 걸쳐 61개의 글자가 있다. 이 검사표를 스넬렌 검사표라 부르는데 1862년에 이 시력 검사표를 고안한 네덜란드 안과의사 헤르만 스넬렌의 이름을 딴 것이다.

## 62

2 × 31

수 62는 잘 알려진 수수께끼에 등장하는 수다. 먼저 62개의 정사각형으로 된 그림을 보자.

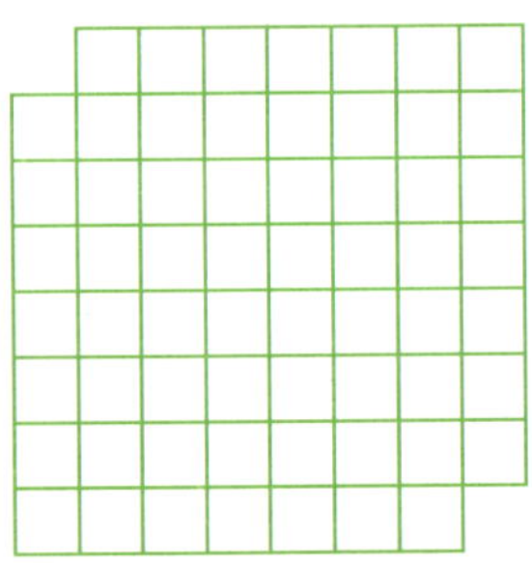

이제 각각 1×2 사이즈의 정사각형으로 된 31개의 도미노를 상상하자. 아래와 같다.

$62 = 2 \times 31$이다. 따라서 앞 그림의 정사각형 수는 31개 도미노의 정사각형 수와 같을 것이다. 그러면 자연적으로 따라오는 질문이 있다. 한번 생각해 보기 바란다. 31개의 도미노 형태로 위 62개 정사각형 공간을 모두 덮을 수 있을까? (해답 참조)

62는 $1^2+5^2+6^2$ 그리고 $2^2+3^2+7^2$ 형태로 표현할 수 있다. 62는 서로 다른 제곱수의 합으로 표현할 수 있는 방법이 2가지인 가장 작은 수다. 또 틱택토 보드판에서 5개의 X와 4개의 O를, 오직 X가 승리하도록 배열하는 방법은 62가지가 있다.

## 63

$3^2 \times 7$

수브라마냠 카루투리 박사의 이름은 길다. 사실 그는 세계에서 가장 긴 이름을 가지고 있다. 그의 홈페이지 도메인 이름을 보자.

Iamtheproudownerofthelongestlongestlongestdomainnameinthisworld.com

위 URL은 모두 63개의 글자로 되어 있다. 카루투리 박사의 이 기록은 깨트릴 수 없는데(물론 서브도메인 등은 제외한다), .com으로 끝나는 도메인의 최대 글자수는 62자이기 때문이다.

「거위 게임」의 보드판에는 63개의 원판으로 둘러싸인 거위가 있다. 이 게임은 다양한 주사위/추적 게임의 선구자 격인 게임으로, 1597년 존 울프가 처음 고안했지만 클래식 버전은 1831년에 로리가 만들었다. 같은 해에 미국에서는 수렵법이 통과되었다. 꿩, 자고새, 뇌조가 수렵 가능한 조류로 분류되었고, 각 조류에 대한 수렵 시즌도 명시되었다. 그러나 거위에 대한 언급은 없었다. 그래서 거위는 더 오래 살았을까?

아래는 모든 열, 행, 대각선 수들의 합이 모두 같은(315), 5×5×5 매직큐브의 5개 단면도다. 재미있게도 항의 개수가 5개인 매직큐브의 존재는 2003년 11월까지 증명되지 않았다. 그러다 크리스티안 보이어와 월트 트럼프가 아래 그림을 세상에 발표했다. 한때 2, 3, 4항으로 된 매직큐브는 불가능하고, 그래서 5항 매직큐브가 자명하지 않은 최소의 경우라고 알려졌다. 또 5항 매직큐브가 존재한다면, 큐브 중앙의 수는 1, 2, …, 124, 125까지의 수 중 가운데 있는 63일 것이라고 알려졌다. 그 추측은 옳았음이 밝혀졌다. 트럼프와 보이어가 만든 5항 매직큐브의 중앙 수는 63이다.

| 25 | 16 | 80 | 104 | 90 |
|---|---|---|---|---|
| 115 | 98 | 4 | 1 | 97 |
| 42 | 111 | 85 | 2 | 75 |
| 66 | 72 | 27 | 102 | 48 |
| 67 | 18 | 119 | 106 | 5 |

| 91 | 77 | 71 | 6 | 70 |
|---|---|---|---|---|
| 52 | 64 | 117 | 69 | 13 |
| 30 | 118 | 21 | 123 | 23 |
| 26 | 39 | 92 | 44 | 114 |
| 116 | 17 | 14 | 73 | 95 |

| 47 | 61 | 45 | 76 | 86 |
|---|---|---|---|---|
| 107 | 43 | 38 | 33 | 94 |
| 89 | 68 | 63 | 58 | 37 |
| 32 | 93 | 88 | 83 | 19 |
| 40 | 50 | 81 | 65 | 79 |

| 31 | 53 | 112 | 109 | 10 |
|---|---|---|---|---|
| 12 | 82 | 34 | 87 | 100 |
| 103 | 3 | 105 | 8 | 96 |
| 113 | 57 | 9 | 62 | 74 |
| 56 | 120 | 55 | 49 | 35 |

| 121 | 108 | 7 | 20 | 59 |
|---|---|---|---|---|
| 29 | 28 | 122 | 125 | 11 |
| 51 | 15 | 41 | 124 | 84 |
| 78 | 54 | 99 | 24 | 60 |
| 36 | 110 | 46 | 22 | 101 |

# 64 $2^6$

64의 여러 특별한 성질은 그것이 2의 제곱수라는 것과 관련이 있다. 2진법 체계의 컴퓨터 시스템에서 64비트는 다양한 데이터 유형에 통용되는 사이즈다. (비트라는 용어는 '2진수'를 뜻하는 binary digit의 줄임말이다.) 또 '$64,000 문제'에서 64가 등장하는 것도 우연이 아니다. 1000달러 상금을 반복해서 2배 하면 64,000이 나오기 때문이다. 1000 역시 1달러를 계속 2배 해서 얻은 값이다. 계산을 반복하면 1부터 512가 나오는데, 이를 2배 한 수의 근삿값이 1000이다. (2×512=1024의 근삿값. 1024와 1000은 오랫동안 컴퓨터 시스템에서 혼란을 초래했다. 두 수 모두 K라는 단위가 뒤에 붙기 때문이다. 여기서 1024는 2진법의 킬로바이트, 1000은 십진법의 킬로바이트이다.)

✷

정육면체에는 6개의 면이 있다. 백개먼의 더블링 큐브 위의 수는 2부터 64까지다.

✷

중국 고전인 《주역》에는 '육효'라는 구조가 있다. 이것은 6개의 막대기 모양의 기호로, 각각의 막대기는 끊어져 있거나 이어져 있어서 각각 음과 양을 나타낸다. 이때 위의 조합으로 전부 64개의 괘를 만들어낼 수 있다.

《주역》보다는 잘 알려져 있지만, 64와의 관련성은 잘 알려져 있지 않은 도구 중에 점자가 있다. 점자에는 모두 64개의 기호가 있는데, 6개의 점자 위치에 돌출된(혹은 돌출되지 않은) 점을 다양하게 배열해 기호를 만든다. 주역과 마찬가지로 점자에서도 가능한 경우의 수는 64개다. 물론 다른 버전의 점자법도 있다. 64개의 점자 기호 중 26개는 글자에 사용된다. 그중 처음 10개 글자는 2번 표기하면 수의 자릿수를 나타내며, 또 다음에 수가 나온다는 것을 표시하는 기능도 한다. 아래 그림은 컴퓨터 그래픽 분야의 선구자인 켄 놀턴의 여러 모자이크화 중 하나다. 이 유명한 모자이크는 각각의 64개 점자기호를 16번씩 사용하여, 헬렌 켈러의 얼굴을 나타낸 것이다.

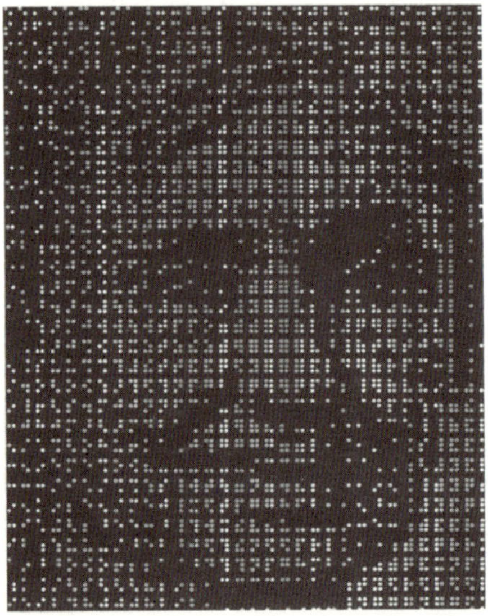

그룹 비틀즈는 멤버들 중 아무도 서른이 되지 않았던 1967년, '내가 예순여섯 살이 되었을 때'라는 노래를 불렀다. 그 뒤 2004년 7월 링고 스타는 64세가 되었고, 폴 매카트니는 2005년 6월에 64세가 되었다.

체스 챔피언 바비 피셔(1943-2008)는 64세를 조금 지나 사망했다. 체스판에는 64개의 정사각형이 있기 때문에, 그가 살았던 햇수는 조금 시적이다. 체스판의 교차되는 흰색, 검은색 패턴은 **62**에서 언급한 고전적 퍼즐의 주제가 되기도 한다.

## 65

5 × 13

어떤 의미에서 65는 20세기의 유산이다. 65세는 오랫동안 의무적인 정년퇴직 나이였다. 또 시속 65마일(약 시속 104km—옮긴이)은 미국의 운전자들에게 익숙한 제한속도다. 그러나 앞으로는 상황이 달라질 것 같은데, 현재 몇몇 주에서 제한속도를 더 낮추려고 하기 때문이다. 또 2001년에는 미국 대학스포츠 협회(NCAA)의 농구 토너먼트 형식이 64강에서 65강으로 늘어났다. 그러나 이는 공식 토너먼트 시작 1주 전에 있는 시연 경기를 포함한 것으로, 실제 경기 토너먼트는 64강이다.

65는 8의 제곱수 64보다 1 크다. 그래서 이상하게도 가장 잘 알려진 65의 몇몇 성질은 제곱수와 관련이 있다. 먼저 65에서 56(65를 뒤집은 수)을 빼면 제곱수 9($3^2$)가 된다. 또 $65 + 56 = 121$로 11의 제곱수다.

65에 대해 더 잘 알려진 사실은, 65가 두 제곱수의 합으로 표현할 수 있는 방법이 2가지인 가장 작은 수라는 것이다. $65 = 8^2 + 1^2 = 4^2 + 7^2$. 기하학적으로 이 등식을 다음의 그림으로 나타낼 수 있다. 이때 선분 하나는 가로세로 1×8인 직사각형의 빗변이고, 다른 선분은 가로세로가 7×4인 직사각형의 빗변이다. 두 빗변의 길이는 모두 같은데, 피타고라스 정리에 따라 빗변의 길이가 $\sqrt{65}$가 되기 때문이다.

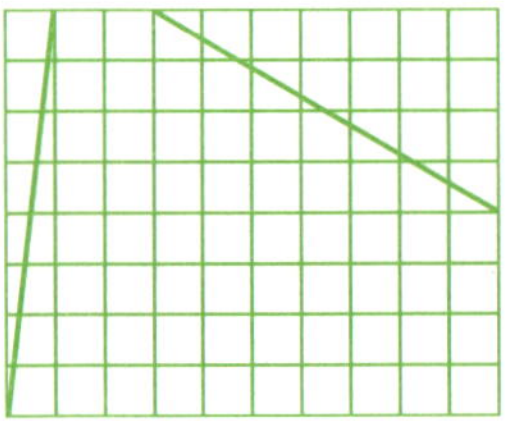

65는 4가지 다른 방식으로 빗변이 될 수 있는 가장 작은 수다. $65^2 = 25^2 + 60^2 = 16^2+63^2 = 33^2 + 56^2 = 39^2 + 52^2$. 마지막 쌍은 각 변의 길이가 39, 52, 65를 갖는 직각삼각형을 나타낸다. 이것은 변의 길이가 3, 4, 5인 유명한 직각삼각형의 각 변에 전부 13배 한 것이다.

마방진에서 모든 행, 열, 대각선의 합은 65가 된다. 15와 34에서 보았듯이, $n \times n$ 마방진의 마방수는 1부터 $n^2$까지의 수를 모두 더해, 그것을 $n$으로 나눈 값이다. 그림에서 1부터 25까지의 숫자의 합은 325이고, 이를 5로 나누면 65가 된다.

| 1 | 15 | 24 | 8 | 17 |
|---|---|---|---|---|
| 23 | 7 | 16 | 5 | 14 |
| 20 | 4 | 13 | 22 | 6 |
| 12 | 21 | 10 | 19 | 3 |
| 9 | 18 | 2 | 11 | 25 |

사실 이 마방진은 특이한 변종이다. 마방진의 네 모서리의 값과, 마방진 중앙의 값을 합하면 1+17+9+25+13=65가 된다. 재미있는 사실은 또 있다. 3×3 크기의 임의의 정사각형을 택해서, 그 모서리 값을 중앙값에 더하면 역시 65가 나오기 때문이다. 아래 오른쪽에 있는 3×3 정사각형을 선택해 보자. 결과는 13+6+2+25+19=65가 된다. 멋지지 않은가?

마지막으로 65=64라고 주장하는 고전적 퍼즐을 소개하겠다. 다음의 직사각형에는 5×13=65개의 정사각형이 있다.

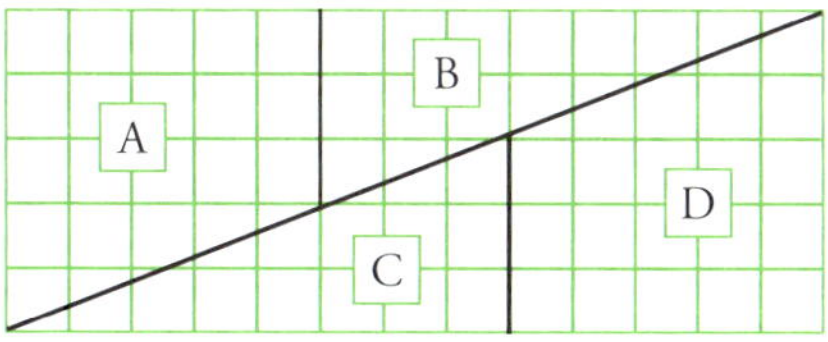


이제 8×8 정사각형을 만들기 위해, 위 A, B, C, D 네 조각을 조립해 보자. 그러면 64개의 정사각형이 생긴다.

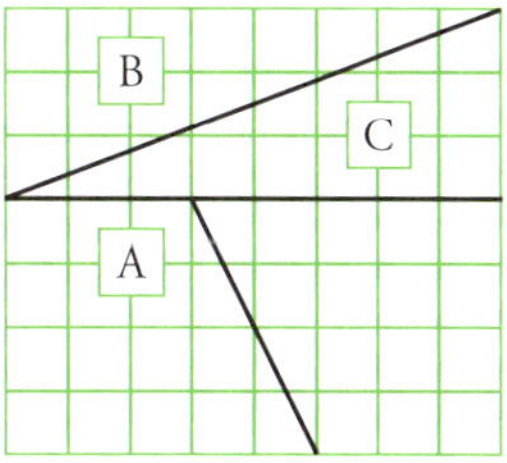

당연히 65는 64가 아니니 뭔가 트릭이 있는 것 같다. 트릭은 바로 '착시'이다. 처음에 본 직사각형의 대각선이, 사실은 각도가 다른 2개의 선분이기 때문이다. 조립해서 만든 정사각형 조각들을 떼어 다시 직사각형으로 만들면, 면적이 1인 아주 길고 폭이 좁은 구멍이 하나 생길 것이다.

✲

구멍, 8×8 보드판, 그리고 65에 관한 이야기는 또 있다. 먼저 8×8 체스판에서 중간의 정사각형 4개를 제거하자. 그러면 60개의 정사각형이 남는데 이것은 정확히 12 펜토미노 집합(**12** 참조)으로 채울 수 있는 수이다. 1958년, 프린스턴 대학의 다나 스코트는, 12 펜토미노가 60개 정사각형을 가진 체스판을 정확히 65가지 방식으로 채울 수 있음을 밝혀냈다.

## 66

2×3×11

6에서 우리는 종이 위에 6개의 점을 그리고 가능한 모든 점들의 쌍을 두 색깔 중 하나로 연결하면, 모든 변이 같은 색이고 꼭짓점이 처음 6개의 점 중 3개를 차지하는 삼각형이 항상 생겨난다는 것을 살펴보았다. **17**에서는 이 개념을 3가지 색깔로 확장했다. 4가지 색깔로의 확장은 조금 더 어렵다. 그러나 **17**에서의 결과를 활용하면 다음 사실을 증명할 수 있다. 즉, 66개의 점에서 가능한 모든 점들의 쌍을 4가지 색 중 하나로 연결하면, 최소한 하나의 단색 삼각형을 얻을 수 있다는 것이다. 이 증명에 숨은 아이디어는 66과 3가지 색상에서의 핵심 숫자인 **17**을 연관시키는 것이다. 일단 66개의 점이 있고 모든 점들의 쌍이 4가지 색—빨강, 노랑, 파랑, 초록—중 하나로 연결되었다고 하자. 임의의 점 하나를 선택한다. 그 점과 이어진 선분은 65개가 있고, 65 > 16 + 16 + 16 + 16이므로, 최소한 4가지 색상 중 하나는 17번에 쓰여야 한다. 여기서는 빨간색 선분이 17개라고 하자. 이제 이 17개 빨간색 선분의 반대편에 있는 17개의 점을 생각하자. 그 점들 중 임의의 두 점이 빨간 선분으로 연결된다면 처음 점을 3번째 꼭짓점으로 갖는, 세 변이 전부 빨간색인 삼각형이 만들어진다. 그러나 17개의 점들 중 빨간 선분으로 이어지는 점이 없다면, 그 17개 점들 사이의 선분은 모두 파랑, 노랑, 초록색일 것이다. 그러나 **17**에서, 우리는 17개의 점을 3가지 색상으로 연결하면 최소한 모든 변의 색상이 같은 삼각형이 하나가 생긴다는 것을 증명했다.

위 증명은 66이 이러한 성질을 갖는 최소의 수라는 정보는 알려주지 않는다. 현재까지도 그러한 수는 알려지지 않았다. 수학자들이 램지수Ramsey number라 부르는 이 수가, 더 높은 수의 영역에서 얼마나 많이 분포하는지는 아직 밝혀진 바가 없다.

성경은 모두 66권으로 되어 있다. 여기에 6을 붙이면 모든 것이 달라진다. 666은 짐승의 수로 알려져 있으며, 동시에 사탄의 수로도 여겨진다.

# 67 소수

67은 미국의 첫 번째 보드게임인 「행복 저택」에서 중요한 역할을 했다. 이 게임은 1843년, 매사추세츠, 살렘의 문구점에서 출발한 W. & S. B. 이베스 사에서 만든 것이다. 당시의 청교도 문화는 어린이들이 게임에 시간을 허비하는 것을 곱게 보지 않았다. 그러나 「행복 저택」은 그 자체의 도덕적 교훈 때문에 무난히 허용되었다. 목사의 딸이었던 안네 아보트가 개발한 이 게임은 참가자들에게 선행을 장려하는 내용을 담고 있었다. 사람들은 게임 말을 나선형 길을 따라 안쪽으로 옮겨야 했다. 이때 자선, 근면, 인류애 같은 라벨이 붙은 칸에서는 점수를 땄다. 반면 술 마시기, 배은망덕 같은 라벨이 있는 칸에서는 벌점을 받았다. 이 게임의 목표는 보드판 중앙에 있는 행복 저택에 도달하는 것이었다. 그 칸의 번호는 67이었다.

피자는 11번의 직선 자르기를 통해 67조각으로 나눌 수 있다. 일반적으로 피자를 $n$번 자르면 $1+\frac{n(n+1)}{2}$의 값이 나오는데 이는 $n$번째 삼각수에서 1을 더한 값이다. 여기서 삼각수가 개입되는 이유는 최초의 조각(자르지 않은 전체 피자) 이후, 1번씩 자를 때마다 피자 개수가 최대 1조각, 2조각, 3조각 순으로 더해지기 때문이다.

미국 상원에서 헌법 개정을 하려면 전체 의원수의 $\frac{2}{3}$ 이상이 동의를 해야 한다. 즉, 100명 중 67명 이상이 출석해 동의를 해야 한다. 상원 법률의 개정도 마찬가지다. 1975년, 법률이나 헌법 개정 시 동의해야 하는 상원의원 수를 67명에서 60명으로 낮추자는 안건이 제기되었다. 여기에도 역시 67명의 동의가 필요했다.

「질문 67 그리고 68」은 록 밴드 시카고의 첫 앨범(당시의 밴드 이름은 Chicago Transit Authority였다.)에 있는 곡이다. 앨범 명이 독특하여 그 유래에 대한 많은 궁금증을 불러일으켰다. 그러나 로버트 램(시카고의 키보드 및 보컬)의 설명은 실망스러울 만큼 평범하다. 그 노래는 한 남자에 대한 것인데(아마 램 자신일 것이다.), 그 남자의 여자친구가 지난 2년 간 수많은 질문을 했다는 내용이다. 앨범이 발표된 해가 1969년이고, 「질문 67 그리고 68」은 첫 번째 면의 4번째 트랙이다. 이 곡은 빌보드 차트 71위에 올랐다.

## 68

$2^2 \times 17$

얼마나 많은 원판을 8×8 체스판 위에 배치할 수 있을까? 체스판에는 64개의 정사각형이 있고 각 원판의 지름은 정사각형의 변 길이와 같다. 여기서 배열 가능한 최대 원판개수는 64개가 아니다. 그림처럼

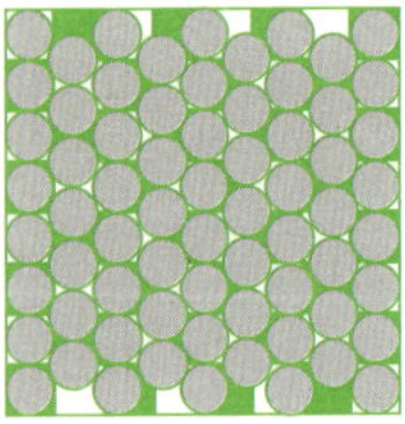

원판을 배치하면 8개씩 5줄, 7개씩 4줄을 배치할 수 있다. 그 총합은 68개이다.

이런 식으로 원판을 채우는 것을 '육각 채우기'라 하는데, **6**에서 본 벌집 모양과 비슷하다. 이론상 이 패턴의 채우기 밀도는 90%로, 평면에 원을 채우는 가장 효율적인 방법이다. 그러나 이 그림의 실제 채우기 밀도는 $\frac{68\pi}{(4\times64)}\approx 83\%$로, 보드판의 위, 아래에 낭비한 공간 때문에 조금 낮아진다.

그런데 이 체스판에서 총 9개의 원판도 한 열에 세울 수 있다. 이를 증명하기는 어렵지 않다. 각 원판의 중심은 보드판 전체에서 정삼각형의 꼭짓점을 이룬다. 원판들의 전체 폭은 이 정삼각형 8개의 높이에 1을 더한 값과 같다. (정삼각형 좌우로 0.5씩의 공간이 있다.) 그리고 한 변이 1인 정삼각형의 높이는 $\frac{\sqrt{3}}{2}$이다($\sqrt{3}\doteqdot 1.732$). 따라서 전체 원판들의 폭은 $1+4(1.732)$, 또는 대략 7.93의 값이며, 이것은 8보다 조금 작은 수다. 이때 크기가 8×8보다 작은 체스판에는 여분의 원판 열이 들어가지 않는다.

✵

분수 $\frac{631,254}{314,526}$는 8진법에서 2와 같다. 이때 분자와 분모가 1부터 6까지의 순열로 구성되고, 그 몫이 정수로 나누어떨어지는 8진법 분수는 모두 68개가 있다. 더 재미있는 사실은 1부터 5까지, 혹은 그 이하의 자연수 순열을 사용하면 이것이 성립하지 않는다는 것이다. 10진법도 마찬가지다. 만약 1부터 7까지의(혹은 그 이하) 순열을 사용해 분수를 만들면 그 몫이 정수가 되지 않는다. 그러니 8진법을 사용하면

$\frac{86,314,572}{21,578,643} = 4$처럼, 총 2,338가지가 가능하다. 1부터 9까지의 자연수를 사용하면, 전부 24,603개의 구별 가능한 답이 나온다.

위대한 하키선수 야르오미르 야그르는 1968년에 있었던 프라하의 봄 혁명을 기려 자신의 유니폼 번호를 68번으로 했다. 그는 프라하 혁명에서 두 할아버지를 모두 잃었다. 야그르는 국적을 바꾸지 않고 북미 아이스하키리그(NHL)에 드래프트된 최초의 체코인 아이스하키 선수다.

## 69

3×23

초기 계산기에서 69는 조금 이상한 상한선이었다. 예를 들어 1977년 도입된 텍사스 인스트러먼트 사의 TI-59 계산기는 2부터 69까지의 차례곱을 계산할 수 있었다. 그런데 왜 굳이 69였을까? 69 차례곱—1부터 69까지의 정수를 모두 곱한 값—은 대략 $1.71 \times 10^{98}$에 가깝다. 여기에 70을 다시 곱하면 이 수는 $10^{100}$을 넘어선다. 이것은 당시 TI-59와 이후에 나온 휴대용 계산기들의 성능을 넘어서는 것이다. 어쨌건 어디서든 멈춰야 되지 않겠는가? 그래서 69는 간단한 휴대용 계산기로 차례곱을 계산할 수 있는 가장 큰 수로 알려지게 되었다.

69에는 이런 재미있는 성질도 있다. 69의 제곱과 세제곱 수에는 0부터 9까지의 숫자가 단 한 번씩만 등장한다.

$$69^2 = 4,761$$

$$69^3 = 328,509$$

69에 대한 더 놀라운 성질은 A=1, B=2, C=3 … 등으로 알파벳 순서대로 수를 대입하여 표기하는 '표준 영문 숫자 코드'에서 찾아볼 수 있다. 이 코드를 사용하면 수비학이라는 사이비과학에서 종종 그렇듯, 특정한 단어나 글자들의 숫자값을 알아볼 수 있다. 특히 이 코드는 로마숫자에도 적용할 수 있다. 69의 로마숫자 표기는 LXIX이다. 이 4개의 철자를 영문 숫자 코드로 바꾸면 12 + 24 + 9 + 24 = 69가 된다 (L = 12, X = 24, I = 9). 69는 로마식 표기법의 영문 숫자 코드값이 원래 수와 일치하는 유일한 2개의 수 중 하나이다. 더 작은 다른 수는 무엇일까? (해답 참조)

69는 8진법에서 105와 같고 105는 16진법에서 69와 같다. 이런 역전이 흔하지는 않지만, 64부터 69까지의 수들에서는 발견된다.

다음의 '고르디아스 매듭 퍼즐'은 기원전 333년경, 알렉산더 대왕이 마주친 수수께끼의 이름을 딴 것이다. 알렉산더 대왕은 손쉽게 아시아의 대부분을 정복한 다음 이 매듭을 '풀었다'. 아마 그냥 잘랐거나 고리에서 떼어냈을 것이다. 그러나 고르디아스 매듭 퍼즐에서 자르기는 허용되지 않는다. 대신 이 매듭을 풀기 위해서는 최소 69번의 동작이 필요하다.

## 70

2×5×7

70의 진약수는 1, 2, 5, 7, 10, 14, 35다. 이 7개의 수를 모두 더한 값은 70이 넘는다(74이다). 그러나 이 수들의 어떤 부분집합도 합계가 정확히 70이 되지 않는다. 믿거나 말거나, 70은 이런 성질을 가진 가장 작은 수다. 즉, 자신의 약수의 합보다 작고, 이 약수들의 부분집합의 합으로 나타낼 수 없는 가장 작은 수다. 이런 수에 이름까지 있다는 사실은 조금 믿기 힘들다. 바로 '괴짜수'. 70은 가장 작은 괴짜수인 셈이다.

아래처럼 정사각형 하나를 8개의 직각이등변삼각형으로 나누어 보자.

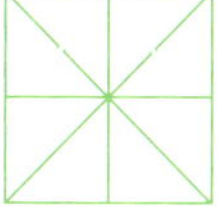

각 삼각형을 흰색 또는 검은색으로 칠하면(가장자리 선은 신경 쓸 필요 없다), 아래와 같은 문양이 만들어진다.

프랑크 니콜스가 고안하고 버지니아 주의 퍼즐 회사 '바이너리 아츠Binary Arts'(지금은 싱크펀ThinkFun이 된)가 1992년에 출시한 이지 퍼즐Izzi Puzzle은 정확히 이런 형태의 문양들로 되어 있다. 그렇다면 이런 문양들은 전부 몇 개가 있을까? 8개의 삼각형 각각은 둘 중 하나의 색깔을 가지므로, 2진법 논리를 적용하면 전부 $2^8 = 256$개의 문양이 가능하다. 그런데 이 계산에서는 위와 같은 두 문양을 구별해서 헤아렸다. 두 문양은 90도 회전대칭을 하면 같아진다. 따라서 어떤 형태라도 4번 회전시키면 원래대로 돌아오니까, 전체 256가지를 4로 나눈 64가지가 진짜 답이라고 생각하기 쉽다. 그러나 사실은 그렇지 않다. 바로 대칭 때문이다. 예를 들어, 초록색 정사각형은 아무리 회전시켜도 변하지 않는다.

실제 문양의 개수를 세려면 번사이드 예비정리라는 원리를 이용하면 쉽다. (이것은 왕성하게 활동한 19세기 군론 학자 윌리엄 번사이드의 이름을 딴 것이다. 그러나 사실 그는 이 예비정리와 별 관련이 없다. 차라리 19세기 초에 활동한 코시나 프로베니우스 같은 수학자들이 여기에 기여했다.) 번사이드 예비정리는 주로 '군들'의 '궤도'와 관련해 언급되지만, 기본적인 원리는 다음과 같다. 먼저 총 문양의 개수(256)에서 180도 회전대칭에서 대칭적인 문양의 개수(16)를 더한다. 그 다음 시계 방향과 시계 반대방향으로 90도 회전을 했을 때 대칭적인 문양의 개수(4+4)를 더한다. 그러면 280이 나온다. 이제 이것을 4(가능한 회전대칭의 수)로 나누면 서로 구별되는 실제 문양 개수인 70이 나온다.

이지 게임의 기본 원리는 8×8 정사각형 판에 배치된 여러 조각들을 배열하여, 아래 그림처럼 인접한 두 조각들의 색깔이 서로 매치되게 하는 것이다.

그런데 잠깐만! 이지 게임의 8×8 격자에는 64개의 문양이 들어 있다. 그런데 우리가 방금 힘들게 증명한 문양들의 개수는 모두 70개였다. 왜 이런 차이가 생겼을까? 사실 바이너리 아츠 사에서는 퍼즐에 사용되지 않는 6개의 문양을 제외시켰다. 처음에 소개된 문양들이 바로 그것이다.

# 71 소수

방정식 $7!+1=71^2$은 이런 성질을 갖는다고 알려진 3개의 유일한 방정식 중 하나다. 나머지 2개는 $4!+1=5^2$, $5!+1=11^2$이다.

이해를 돕기 위해서 이 방정식을 풀어 써 보자.

$$4\times3\times2+1=25=5^2$$

$$5\times4\times3\times2+1=121=11^2$$

$$7\times6\times5\times4\times3\times2+1=5041=71^2$$

다시 말해, 71은 그 자신의 제곱수가 차례곱보다 1 많은 가장 큰 수로 알려져 있다. 여기서 재미있는 것은 양변에 7과 1이 모두 등장한다는 사실이다.

연구에 따르면 $n$의 값이 10억이 될 때까지, $n!+1$이 제곱수가 되는 일은 없다. 따라서 이런 성질을 갖는 $n$은 4, 5, 7이 유일하다고 알려져 있다. 그러나 엄밀히 말하면, 이 문제(브로카 문제Brocard's Problem로 잘 알려진)는 증명될 필요가 있다.

최근 홍콩을 방문하는 사람은 '클럽 71'이라는 작은 클럽을 볼 수 있다. 71이라는 수는 홍콩에서 특별히 중요하다. 1997년 7월 1일에 당시까지 영국령이었던 홍콩이 중국으로 반환되었기 때문이다. 7월 1일은 광둥어로 '챗 얏'이라는 재미있는 발음을 갖는다.

71과 73이 모두 소수이기 때문에 71은 쌍둥이 소수이다. 또 71과 17이 모두 소수이기 때문에 71은 에미프 수(원래 수를 뒤집어도 소수가 되는 소수)이다. 재미있는 성질은 더 있다. 71보다 더 작은 소수를 모두 더하면 $2+3+5+7+11+13+17+19+23+29+31+37+41+43+47+53+59+61+67=568=8\times71$이 된다. 그 자신보다 더 작은 소수를 모두 더한 값의 인수가 되는 것은, 엄밀히 말해서, 중요한 성질은 아니지만 희귀한 것이다. 이런 성질을 갖는 다음 수는 3,691,119이다. 71과 관련된 마지막 소수 성질은 $71^3=357,911$에 나온다. 이 값은 3부터 시작하는 연속된 소수 5개를 늘어놓은 수와 같다.

71은 '해피엔드 문제'라는 문제에도 짤막하게 등장한다. 먼저 4개의 점을 종이 위에 배치할 때, 이 점들을 연결해 아래와 같은 볼록 사각형을 만드는 것이 항상 가능하지는 않다.

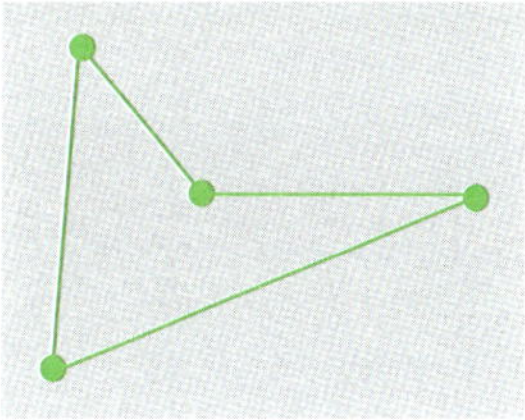

(여기서 볼록이란 사각형 내의 임의의 점 2개를 연결한 어떤 임의의 선분도, 완전히 그 사각형 내에 있어야 한다는 의미다. 따라서 위 그림은 볼록이 아니다.)

그러나 세 점이 일직선에 위치하지 않는다는 조건하에 5번째 점을 추가하면 이야기는 달라진다. 그중 4개의 점을 연결해 언제나 볼록 사각형을 만들 수 있다.

이 문제는 네 변 이상을 갖는 다각형과도 관계가 있다. 이 문제를 연구하던 유명한 수학자 폴 에르되시는 71개의 점으로는 항상 볼록 육각형을 만들 수 있다고 말했다. 그는 어떤 임의의 수 $n$에 대해서도

g($n$)이라는 수가 존재한다고 했다. 여기서 g($n$)은 $n$개의 변을 갖는 볼록 다각형을 만들 수 있는 점의 개수를 말한다. 그는 한 공식에서 g($n$)의 상한값까지 지정했는데, 그 공식에서 $n = 6$이면 71이 나온다.

에르되시의 연구는 아주 일반적이어서 다른 수학자들이 쉽게 그의 연구를 발전시킬 수 있었다. 지금은 $17 \leq g(6) \leq 37$이라는 것이 알려져 있다. 그러나 진짜 해피엔드는 따로 있다. 이 문제가 '해피엔드'라는 이름을 갖게 된 것은 에르되시와 이 문제를 같이 풀던 두 동료 — 에스터 클라인과 조지 세케레스 — 가 그 과정에서 결혼을 했기 때문이다.

## 72

$2^3 \times 3^2$

'72 규칙'을 사용하면 "내 돈이 2배가 되는 데 얼마나 걸릴까?"라는 질문의 답을 쉽게 알 수 있다. 예를 들어, 당신의 투자액이 연 8%의 이율로 성장한다고 하자. 72를 8로 나누면 9가 된다. 따라서 당신은 9년 뒤에 지금의 돈을 2배로 불릴 수 있다.

나는 여기서 재산이 2배 되는 데 걸리는 추정시간이 실제 경우와 거의 일치하는 예를 선택했다. 이율이 너무 낮거나, 높아도 추정의 정확도는 떨어진다. 그러나 대부분의 이율에서 위 계산은 꽤 정확한 추정치를 제공한다. 다른 수도 사용할 수 있지만(이율 계산 방식에 따라 70 규칙, 71 규칙, 심지어 69.3 규칙 등도 사용한다.) 72는 여러 수로 나누어떨어진다는 장점이 있다. 그런 수들로는 2, 3, 4, 6, 8, 9, 12, 18 등이 있다. 여기서 우리가 정확한 답이 아니라 추정치를 구한다는 것이 중요하다. 그래서 계산에 적당한 수라면 어떤 것이라도 사용할 수 있다.

위의 수들에 대해 이 규칙이 성립하는 이유는, 위 계산이 0.69와 아주 가까운 2의 자연로그값과 관계되어 있기 때문이다. 재산을 2배가 아니라 4배 늘리는 데 걸리는 시간을 알고 싶다면 72 규칙에서 얻은 값에 2를 곱하면 된다(아주 단순하지만 종종 간과되는 사실이다).

'72 규칙'에서 가장 인상적인 것은 그 규칙의 역사일 것이다. 이 규칙은 종종 레오나르도 다 빈치와 공동연구를 했던 프라 루카 파치올리가 《산술집성Summa de Arithmetica》에서 처음 언급했다. 파치올리가 자신의 재산을 연이율이 $\frac{1}{7}$%가 되는 투자기관에 맡겼다면, 72 법칙에 따라 그의 자산은 21세기 초에 2배가 되었을 것이다.

레오나르도 다 빈치와 파치올리는 공동으로 72개 면을 갖는 구체를 제작했다. 이구체는 당시 인기 있는 기하학적 형태였다. 레오나르도 다 빈치의 그림에 자극을 받아 파치올리가 그린 이 그림은, 파치올리의 1509년 책 《신적인 비율The Divine Proportion》에 등장한다. 구체의 부피를 다면체의 부피를 통해 추정하면—다면체의 부피는 구할 수 있었으니까—구체의 부피는 그 반지름의 세제곱에 비례한다는 사실이 유클리드 시대부터 알려져 있었다. 적분학이 충분히 발달한 오늘날은 고등학생들도 공식 $V = \left(\frac{4}{3}\right)\pi r^3$을 유도해 낼 수 있다.

〈뉴욕 월드〉 리포터였던 넬리 블라이는 1889년 11월 14일, 세계 일주를 시작했다. 당시 그녀의 목표는 필리아스 포그의 《80일간의 세계 일주Around The World in go Days》(**80** 참조)에 맞서는 것이었다. 그녀는 포그보다 조금 더 빨랐다. 1890년 1월 21일, 즉 72일 몇 시간 만에 다시 뉴욕으로 돌아왔기 때문이다.

72의 곱셈 성질은 아래의 유명한 문제에서도 중요한 역할을 한다.

바에서 한 남자가 바텐더와 대화를 하고 있다. 바텐더는 그에게 아이가 있는지 묻는다. 남자는 3명 있다고 대답한다.

바텐더는 다시 그들의 나이를 묻는다. 남자는 아이들의 나이를 모두 곱하면 72가 된다고 말한다.

바텐더는 말한다. "정보가 부족한데요."

남자는 그들 나이를 더한 값이 바의 정문에 있다고 말한다.

바텐더는 말한다. "그래도 정보가 부족해요."

남자는 말한다. "막내 녀석은 아이스크림을 좋아하죠."

바텐더는 말한다. "아, 그러면 나이를 맞출 수 있겠군요."

남자의 아이들의 나이는 몇 살일까? (해답 참조)

이 문제에서는 때로 72 대신 36이 사용된다. 그러나 위 문제를 성립시키는 72보다 큰 다음 수는 사용된 적이 없다. 이 수는 무엇일까? (해답 참조)

# 73 소수

73은 고대의 시계 제작에 사용되었다. 1년 365일을 5로 나누면 73이었기 때문이다. 왼쪽 물시계는 기원전 3세기의 것으로, 물이 담긴 5개의 공간과 73개의 톱니가 365일 주기를 만들어낸다.

아래 그림은 73이 별 수star number라는 것을 보여준다. 이 별에는 모두 73개의 점이 있고 내부의 육각형에는 37개의 점이 있다. 이 수를 거꾸로 하면 73이 된다.

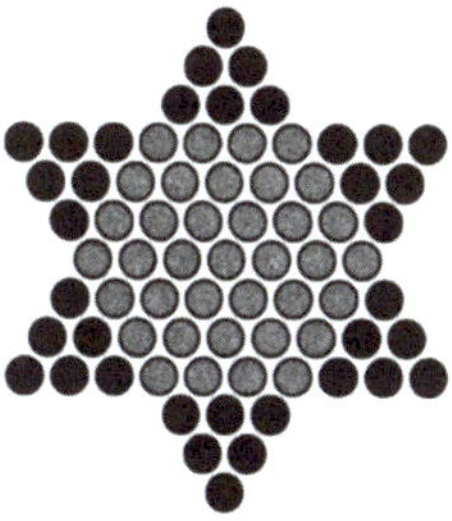

오래된 퍼즐 중에 4개의 4를 이용해 여러 자연수를 만드는 것이 있다. 이때 소수점, 제곱근, 차례곱 같은 기본적인 산술 연산을 사용할

수 있다. 예를 들어, $1 = \frac{(4+4)}{(4+4)}$, $2 = \frac{4 \times 4}{(4+4)}$이다. 조금 더 수가 커지면 계산은 복잡해진다. 예를 들어, $70 = 44 + 4! + \sqrt{4}$, $71 = \frac{(4!+4.4)}{0.4}$(영어권에서는 소수점을 .4로 표기한다), $72 = 44 + 4! + 4$이다. 그러나 73은 불가능하다. 어떤 단순한 산술계산으로도 73을 만들어낼 수 없다. 73은 그런 산술계산이 불가능한 가장 작은 수다.

✪

웨어링 정리Waring's Theorem에 따르면, 모든 자연수는 73개 이하의 6개의 제곱수의 합으로 표현할 수 있다. (이때 수들은 중복 가능하다.)

✪

73은 정수를 다른 방식으로 표현하는 최근의 정리에도 등장한다. **4**에서 우리는 모든 자연수는 4개의 제곱수의 합으로 표현할 수 있음을 보았다. 더 일반적으로, 프린스턴 대학의 존 콘웨이가 발표한 '15 정리'에 따르면, 1부터 15까지의 수를 나타낼 수 있는 이차 형식은 모든 자연수를 표현할 수 있다. (이차 형식이란 변수의 차수가 2인 항을 말한다. $a^2 + b^2 + c^2 + d^2$, 즉 $a^2 + 2b^2 + 3c^2 + 4d^2$이 그런 이차형식이다.)

만쥴 바르가바는 프린스턴 대학원 시절 이 미묘한 문제에 발을 들였고, 조금 더 나은 해답을 내놓았다. 그의 비범한 업적 중 하나는 임의의 이차 형식이(엄밀히 말해 양의 정부호, 행렬로 정의된 형식) 73까지의 모든 소수를 표현할 수 있다면, 모든 소수를 표현할 수 있음을 밝힌 것이다.

# 74

## 2 × 37

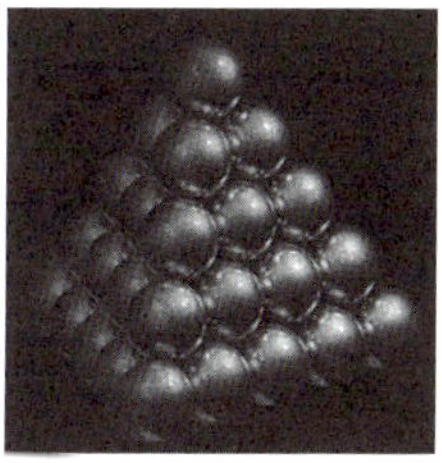

거의 400년 동안 74는 3차원 구 쌓기 문제의 비공식적인 한계치로 여겨졌다. 1611년, 요하네스 케플러는 유명한 논문인 〈육각형 눈송이에 대하여〉(**6** 참조)에서 가장 효율적인 쌓기 방법은 표준 피라미드 쌓기(또는 육각 쌓기)일 것으로 추측했다. 이런 쌓기법의 밀도는 $\frac{\pi}{3}\sqrt{2}$로 74%를 조금 웃돈다. 그 뒤, 오랫동안 관건이 된 것은 쌓기 밀도가 74% 이상인 다른 쌓기 방법이 존재하는가 하는 것이었다.

1831년, 칼 프리드리히 가우스는 케플러의 추측이 정규격자 형태에 대해서는 성립함을 밝혔다. 그러나 비정규 격자에서는 결정적으로 2가지 문제가 있었다. 먼저 비정형 쌓기는 정형 쌓기보다 훨씬 분류하기 어렵다. 다음으로 유한한 부피 공간에서 육각 쌓기보다 더 조밀하게 공간을 채울 수 있는 비대칭 배열이 실제로 존재한다. (이는 3차원 전체에 적용되는 추측이다.)

4색 정리 문제처럼 케플러의 추측은 컴퓨터 시대의 분석 도구가 개발될 때까지 풀리지 않은 채로 남아 있었다. 그러다 1998년, 미시간 대학의 토머스 헤일스가 컴퓨터 분석을 통한 증명을 발표했다. 답은, 케플러의 추측이 옳았다.

헤일스가 문제를 푼 기념으로 호주 북동해안, 대보초The Great Barrier Reef 한가운데에 있는 휘트선데이Whitsunday 군도로 휴가를 떠났다면 어울렸을 것이다. 사람이 사는 섬은 7개뿐이지만, 휘트선데이 군도는 모두 74개의 섬으로 되어 있다.

다시 서반구로 돌아오자. 1970년대 초, 도시공학자인 허버트 사피르와 기상학자 로버트 심프슨이 만든 사피르-심프슨 허리케인 등급에 따르면, 시속 74마일에 도달한 폭풍을 허리케인이라 부른다. 이 등급은(눈치 챈 독자도 있겠지만) 1974년부터 널리 쓰였고, 그해 심프슨은 미국립허리케인센터의 소장이 되었다.

## 75

$3 \times 5^2$

사물 4개의 순위를 매기는 방법은 4! = 24개가 있다. 그러나 랭킹 시스템에서 같은 순위가 허용되면 경우의 수는 75개로 늘어난다. 이 75가지를 전부 늘어놓는 방법은 다음과 같다. 먼저 4개의 물체를 늘어놓는 일반적인 24가지 방법을 표기한 다음, 2개의 물체가 동급인 경우를 괄호로 묶고, 3개의 물체가 동급인 경우를 괄호로 묶어, 중복된 것들을 지우면 된다. 그리고 괄호로 묶은 글자들 중에서 알파벳 순으로 배치되지 않은 것들은 모두 지운다. 물론 75번째 경우도 잊으면 안 된다. 바로 4개의 모든 물체가 동급인 경우이다. 그런데 뭔가가 잘못되었다. 아래에서 각 열의 수를 모두 더하면 75가 되지 않는다. 무엇이

빠진 것일까? (해답 참조)

24

ABCD ABDC ACBD ACDB ADBC ADCB
BACD BADC BCAD BCDA BDAC BDCA
CABD CADB CBAD CBDA CDAB CDBA
DABC DACB DBAC DBCA DCAB DCBA

12

[AB]CD [AB]DC [AC]BD [AC]DB [AD]BC [AD]CB
~~[BA]CD~~ ~~[BA]DC~~ [BC]AD [BC]DA [BD]AC [BD]CA
~~[CA]BD~~ ~~[CA]DB~~ ~~[CB]AD~~ ~~[CB]DA~~ [CD]AB [CD]BA
~~[DA]BC~~ ~~[DA]CB~~ ~~[DB]AC~~ ~~[DB]CA~~ ~~[DC]AB~~ ~~[DC]BA~~

12

A[BC]D A[BD]C ~~A[CB]D~~ A[CD]B ~~A[DB]C~~ ~~A[DC]B~~
B[AC]D B[AD]C ~~B[CA]D~~ B[CD]A ~~B[DA]C~~ ~~B[DC]A~~
C[AB]D C[AD]B ~~C[BA]D~~ C[BD]A ~~C[DA]B~~ ~~C[DB]A~~
D[AB]C D[AC]B ~~D[BA]C~~ D[BC]A ~~D[CA]B~~ ~~D[CB]A~~

12

AB[CD] ~~AB[DC]~~ AC[BD] ~~AC[DB]~~ AD[BC] ~~AD[CB]~~
BA[CD] ~~BA[DC]~~ BC[AD] ~~BC[DA]~~ BD[AC] ~~BD[CA]~~
CA[BD] ~~CA[DB]~~ CB[AD] ~~CB[DA]~~ CD[AB] ~~CD[BA]~~
DA[BC] ~~DA[CB]~~ DB[AC] ~~DB[CA]~~ DC[AB] ~~DC[BA]~~

4

[ABC]D [ABD]C ~~[ACB]D~~ [ACD]B ~~[ADB]C~~ ~~[ADC]B~~
~~[BAC]D~~ ~~[BAD]C~~ ~~[BCA]D~~ [BCD]A ~~[BDA]C~~ ~~[BDC]A~~

~~[CAB]D~~ ~~[CAD]B~~ ~~[CBA]D~~ ~~[CBD]A~~ ~~[CDA]B~~ ~~[CDB]A~~

[DAB]C ~~[DAC]B~~ ~~[DBA]C~~ ~~[DBC]A~~ ~~[DCA]B~~ ~~[DCB]A~~

4

A[BCD] ~~A[BDC]~~ ~~A[CBD]~~ ~~A[CDB]~~ ~~A[DBC]~~ ~~A[DCB]~~

B[ACD] ~~B[ADC]~~ ~~B[CAD]~~ ~~B[CDA]~~ ~~B[DAC]~~ ~~B[DCA]~~

C[ABD] ~~C[ADB]~~ ~~C[BAD]~~ ~~C[BDA]~~ ~~C[DAB]~~ ~~C[DBA]~~

D[ABC] ~~D[ACB]~~ ~~D[BAC]~~ ~~D[BCA]~~ ~~D[CAB]~~ ~~D[CBA]~~

1

[ABCD]

총 75?

## 76

$2^2 \times 19$

76에 76을 곱하면 5776이 되는데 그 수의 마지막 두 자리도 76이다. 이 수에 76을 계속 곱해나가면 그 결과의 끝 두 자리는 항상 76이 된다. 그 자신의 제곱수 끝에서 항상 발견되는 수를 자기동형수라고 한다. 사실 모든 자기동형수는 25나 76으로 끝난다.

22에서 우리는 자연수를 더 작은 정수로 분할하는 것을 살펴보았다. 이 분야에서 수론학자들은 정수를 소수로 분할하는 법, 특히, 서로 다른 소수로 분할하는 법을 연구한다. 이때 작은 수들은 상대적으로 분할 개수도 작다. 예를 들어, 수 15를 소수들로 분할하는 법은 2가지다. 15 = 13 + 2 = 7 + 5 + 3. 결과적으로, 임의의 한 수를 서로 다른 소수로 분할하는 방법의 개수는 그 자신보다 훨씬 크다.

31+17+11+7+5+3+2　37+13+11+7+5+3　41+17+11+5+2　43+23+7+3　71+3+2　73+3
29+19+11+7+5+3+2　31+19+11+7+5+3　37+29+5+3+2　43+19+11+3　67+7+2　71+5
29+17+13+7+5+3+2　31+17+13+7+5+3　37+23+11+3+2　43+17+13+3　61+13+2　59+17
23+19+17+7+5+3+2　29+19+13+7+5+3　37+19+13+5+2　43+17+11+5　43+31+2　53+23
23+19+13+11+5+3+2　23+19+13+11+7+3　37+19+11+7+2　41+23+7+5　47+29
23+17+13+11+7+3+2　23+17+13+11+7+5　37+17+13+7+2
59+7+5+3+2　31+29+11+3+2
53+13+5+3+2　31+23+17+3+2
53+11+7+3+2　31+23+13+7+2
47+19+5+3+2　31+19+17+7+2　41+19+13+3　37+19+17+3
47+17+7+3+2　31+19+13+11+2　41+19+11+5　37+19+13+7
47+13+11+3+2　29+23+19+3+2　41+17+13+5　31+29+13+3
43+23+5+3+2　29+23+17+5+2　41+17+11+7　31+29+11+5
43+19+7+5+2　61+7+5+3　31+23+19+3
43+17+11+3+2　53+13+7+3　31+23+17+5
43+13+11+7+2　53+11+7+5　37+31+5+3　29+23+19+5
41+23+7+3+2　47+19+7+3　37+29+7+3　29+23+17+7
41+19+11+3+2　47+17+7+5　37+23+13+3　29+23+13+11
41+17+13+3+2　47+13+11+5　37+23+11+5　29+29+17+11

76에서는 이야기가 조금 달라진다. 76을 소수들의 합으로 분할하는 방법은 모두 76가지가 있다. 그림은 이를 나타낸 것이다.

## 77 7×11, 4×4+5×5+6×6

77그룹은 1964년, 알제리에서 77개의 개발도상국이 만든 연합체다. 이 그룹은 현재 상당히 커졌지만 기본 목적은 연합체 구성국의 경제적 번영을 이끌어 내는 것으로 지금까지도 여전히 77개국이다.

2차 대전 중에 스웨덴과 노르웨이 국경에서는 77이 암호로 쓰였다. 스웨덴어로 77을 발음하는 것이 어려워서 말하는 사람의 국적(스웨덴, 노르웨이, 독일 등)을 쉽게 알아챌 수 있었기 때문이다.

## 77의 분할수

조합해서 1달러를 만들 수 없는 동전들(미국 동전은 1센트, 5센트, 10센트, 25센트, 50센트가 있다.)의 개수 중 가장 작은 수는 77이다. 동전이 76개만 있어도 1달러를 만들 수 있다. 1센트 75개와 25센트 1개. 75개 동전의 경우도 1센트 70개, 5센트 4개, 10센트 1개를 합치면 1달러가 된다.

$$77 = 3+4+5+5+60 \quad \frac{1}{3}+\frac{1}{4}+\frac{1}{5}+\frac{1}{5}+\frac{1}{60}=1$$

위 계산에서 5가 중복되는 것에 주목하자. 77은 역수를 더하면 1이 되는 서로 다른 수들의 합으로 표현할 수 없다. 또 77은 이런 성질을 가진 가장 큰 수다. (**22**, **96** 참조) 예를 들어보자.

$$100 = 2+6+7+8+21+56 \quad \frac{1}{2}+\frac{1}{6}+\frac{1}{7}+\frac{1}{8}+\frac{1}{21}+\frac{1}{56}=1$$

캘리포니아 주, 패서디나의 로즈 볼 스타디움은 UCLA 브루인UCLA Bruins 팀의 정규시즌 홈그라운드이며, 1923년부터 대학 미식축구가 열렸던 곳이다. 볼bowl이란 이름이 붙은 것은 경기장 좌석열이 가로열로 나뉘지 않고, 세로열로 쭉 이어져서 대접 같은 모양이어서이다. 그래서 어떤 자리에서도 다른 자리를 볼 수 있다. 로즈 볼에는 77개의 세로로 된 좌석열이 있다.

# 78

2×3×13

전형적인 15×15 십자말풀이에는 (미국의 일간 신문에서 사용되는 크기) 모두 78개의 낱말이 있다. 낱말의 수는 더 적어도 되지만, 78개를 넘어가면 보통 퍼즐 편집자들이 퇴짜를 놓는다.

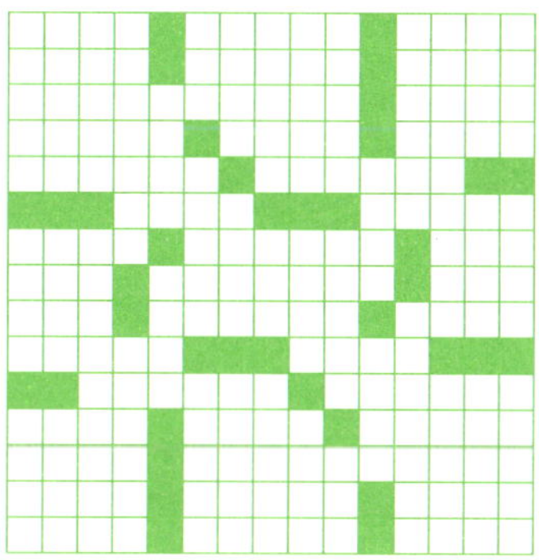

다음은 가능한 35가지 헵토미노(7개 정사각형의 각 변을 붙여 만든 형상) 중 하나다. 수학자들은 이런 모양들의 타일 맞추기 성질에 아주 관심이 많다. 1989년, 카를 달케는 아래의 형상이 최소한 78개 있어야 직사각형을 모두 채울 수 있음을 증명했다.

직사각형 테니스 코트에서 베이스 라인(테니스 코트의 가장 바깥쪽 선—옮긴이)과 반대편 베이스 라인 사이 거리, 즉 테니스 코트의 길이는 78피트(23.8m)이다.

✻

타로 카드 한 벌은 78장이다. 22장은 메이저 아르카나(대비밀) 카드이고, 56장은 마이너 아르카나(소비밀) 카드이다.

✻

78은 12번째 삼각수로 1부터 12까지의 수를 모두 더한 값과 같다. 또 노래 「12일의 크리스마스」에는 전부 78개의 선물(중복되는 것은 제외하고)이 들어 있다.

✻

다음 그림은 메타트론 큐브인데, '생명의 꽃' 패턴으로 배열된 13개 원의 중심을 연결해서 만든다. 이때 원의 중심을 잇는 선들을 각각 개별적인 선으로 간주하면, 그림에 있는 전체 선의 개수는 13(시작점의 개수)×12(끝점의 개수)/2(중복계산을 피하기 위해) = 78이 나온다. 메타트론은 유대교에서 천사를 의미하며, 메타트론 큐브는 연금술 및 종

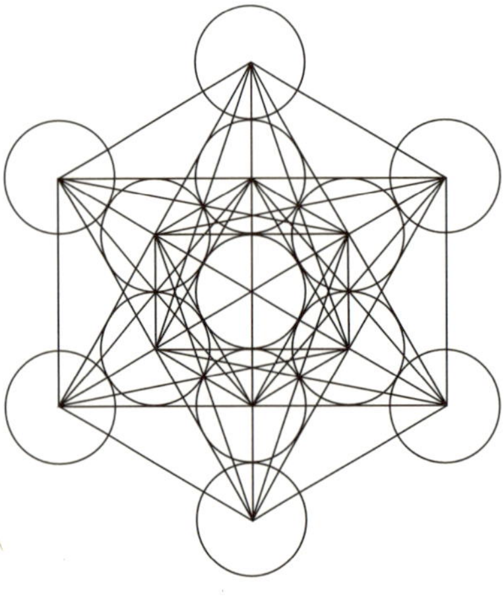

교에서 폭넓게 활용되어 왔다. 한때 이 형상은 사탄의 힘을 물리치는 데 사용되기도 했다.

## 79

### $7 \times 9+7+9$, $2^7-7^2$

79와 이를 뒤집은 수 97은 모두 소수이다. 이 수들은 아래처럼 분할되는데, 우변의 모든 수들은 뒤집어도 소수가 된다.

$$79 = 11 + 31 + 37$$

$$97 = 11 + 13 + 79$$

$$79 = 4 \times 16 + 15 \times 1 = 4 \times 2^4 + 15 \times 1^4$$

위는 조금 이상한 방정식이지만, 핵심은 79가 19개의 네제곱 수의 합으로 표현된다는 것이다. 즉, $2^4$를 4번, $1^4$를 15번 더하면 된다. 이 식은 그 자체로는 큰 의미가 없다. 웨어링 정리에 의하면 모든 수가 19개의 네제곱 수의 합으로 표현될 수 있기 때문이다. 79가 특별한 점은 그것이 정확히 19개의 네제곱 수를 필요로 하며, 동시에 그런 성질을 갖는 가장 작은 수라는 데 있다.

여기 잘 알려진 수수께끼가 있다.

3명의 도둑이 코코넛 한 묶음을 훔쳤다. 그들은 다음날 아침 코코넛 묶음을 정확히 삼등분하기로 하고 잠자리에 들었다. 그런데 1시간 후에 한 도둑이, 자신의 몫인 $\frac{1}{3}$을 챙기기로 결심했다. 그는 코코넛을 정확히 삼등분 한 다음, 남은 코코넛 중 하나를 원숭이에게 주었다. 1시간 후에 2번째 도둑도 똑같이 했고, 그 뒤에 3번째 도둑도 똑같이 행동했다. 즉, 도둑들은 자신들이 발견한 코코넛의 $\frac{1}{3}$을 가진 다음, 남은 코코넛 하나를 원숭이에게 주었다. 아침에 도둑들은 남은 코코넛을 정확히 $\frac{1}{3}$로 나누었다. 그러자 코코넛이 하나 남아 그것을 원숭이에게 주었다. 코코넛을 쪼개는 일은 없다고 할 때, 처음 이들이 훔친 코코넛의 개수 중 가능한 최소의 개수는 몇 개일까?

여러분은 답이 79라는 것을 증명할 수 있겠는가? (해답 참조)

## 80

$2^4 \times 5$

프랑스에서 80은 'quatre-vingts'라고 쓴다. 이는 말 그대로 4개의 20이라는 뜻이다. 가장 잘 알려진 80은 아마 1873년, 쥘 베른이 출간한 책《80일간의 세계 일주》일 것이다.

엄밀히 말해, 필리아스 포그와 그의 동료인 파스파르투(《80일간의 세계 일주》의 주인공—옮긴이)는 세계를 '한 바퀴' 돌지는 않았다. 쥘 베른 이후에 만들어진 표준에 따르면, 지구를 일주했다고 말하려면 지구의 대척점을 통과해야 한다. 즉, 서로 완벽히 반대편에 있는 지구의 두 지점을 통과해야 하는 것이다. 아래는 포그의 여행 경로이다.

| 경로 | 이동방법 | 소요시간 |
|---|---|---|
| 런던에서 수에즈 | 기차와 증기선 | 7일 |
| 수에즈에서 봄베이 | 증기선 | 13일 |
| 봄베이에서 캘커타 | 기차 | 3일 |
| 캘커타에서 홍콩 | 증기선 | 13일 |
| 홍콩에서 요코하마 | 증기선 | 6일 |
| 요코하마에서 샌프란시스코 | 증기선 | 22일 |
| 샌프란시스코에서 뉴욕 | 기차 | 7일 |
| 뉴욕에서 런던 | 증기선 | 9일 |
| 합계 | | 80일 |

몇몇 예상치 못한 일들이 두 사람의 일정을 혼란에 빠뜨리지만, 포그와 파스파투르는 약속한 날짜보다 하루 일찍 런던으로 돌아온다. 물론 그들은 자신들이 늦었다고 생각했다. 서쪽으로 여행할 때는 날짜변경선을 통과하기 때문에 하루의 여유가 더 생긴다는 사실을 깜빡했던 것이다.

이탈리아 경제학자 윌프레도 파레토(1848-1923)는 놀랄 만큼 예리한 관찰을 했다. 바로 자신의 나라에서 80%의 부가 20%의 사람들에게 집중되어 있다는 것이었다. 전설적인 경영 철학자 조셉 쥬란은 이 현상을 '파레토 법칙'이라 불렀다. 그는 동시에 여기에 '80 대 20 법칙'이라는 이름을 붙였다. 쥬란은 이 법칙을 제조업에서의 품질 경영에까지 확대시켰는데, 80%의 문제는 20%의 원인 때문에 생겨난다는

80/20 법칙, 빈 칸 채우기 스타일

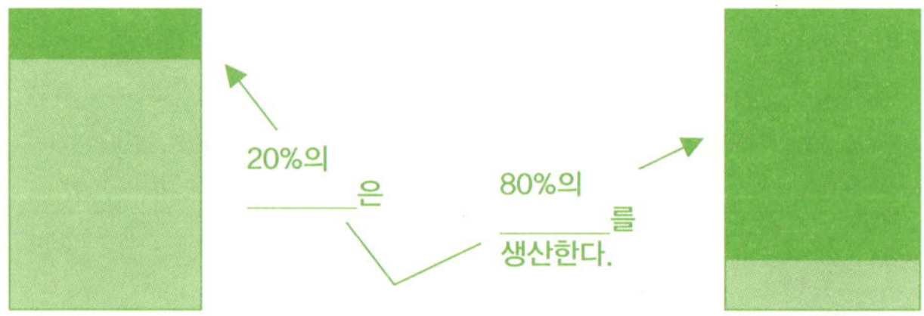


| | | |
|---|---|---|
| 제조부품 | · · · | 오류 |
| 고객 | · · · | 수익 |
| 완두꼬투리 | · · · | 완두 |
| 실수 | · · · | 충돌사고 |
| 홍보용 비디오 | · · · | 다운로드 |

것이었다. 물론, 80 대 20 법칙이 신성한 것은 아니지만, 상당히 여러 분야에 적용될 수 있다. 위의 표는 이 오래된 법칙을 현대화시킨 것이다. 그리고 파레토 법칙의 첨단 버전은 우디 앨런의 유명한 말 속에 들어 있다. "성공의 80%는 일단 눈에 띄는 것이다."

## 81

$3^4$

지금은 다양한 크기와 형태의 스도쿠 퍼즐이 있지만, 표준 스도쿠 퍼즐은 81개의 정사각형으로 되어 있다. 이 크기는 81이 완전제곱수이면서 동시에 완전네제곱수라는 사실을 이용한 것이다.

19세기에, 스도쿠와 비슷해 보이는 퍼즐(carre magique diabolique)이 프랑스의 일간지 〈라 프랑스〉에 등장했다. 그러나 현대적인 형태의 스도쿠는 1979년, 인디애나 주의 퇴직한 건축가 하워드 간스가 발명한 것으로 알려져 있다. 당시 간스의 작품은 〈델〉 매거진에 ('넘버 플레이스'라는 이름으로) 실렸지만, 본격적인 스도쿠 열풍이 불기 시작한 것은 2005년부터였다.

⁂

1보다 큰 모든 홀수 완전제곱수는 피타고라스 삼중쌍을 만든다. 이때 한 수의 제곱은 나머지 두 연속된 정수의 합으로 표현된다—이 경우, 81 = 40 + 41이다. 피타고라스 삼중쌍은 (9, 40, 41)로 9는 81의 제곱근이다. 이는 우리에게 친근한 $a^2 + b^2 = c^2$ 식을 만족한다. 물론 81을 40과 41로 나누는 더 유명한 방법도 있다. 그 방법은 이런 것이다.

리지 보덴*은 도끼를 들었네
그리고 새어머니를 40번 내리쳤다네
그녀는 새 어머니가 쓰러지는 것을 보았네
그리고 다시 아버지를 41번 내리쳤네

(* 리지 보덴: 1892년, 미국 매사추세츠 주에서 아버지와 새어머니를 도끼로 살해한 인물—옮긴이)

⁂

알파벳에서 8번째 문자는 H다. 물론 맨 처음 문자는 A다. 이 둘을 섞어보면 왜 '지옥의 천사들Hell's Angels' 오토바이 클럽의 휘장에 81이 쓰이는지 알 수 있을 것이다.

임의의 양수 p, q, r, s에 대해, 다음 관계식이 성립한다.

$$(p^2+p+1)(q^2+q+1)(r^2+r+1)(s^2+s+1)/pqrs \geq 81$$

좌변을 다시 정리해서 이 부등식을 증명해 보자. (여기서 p, q, r, s가 모두 1일 때 결과는 $3^4 \geq 81$가 되어 등식이 성립된다.) (해답 참조)

## 82

2 × 41

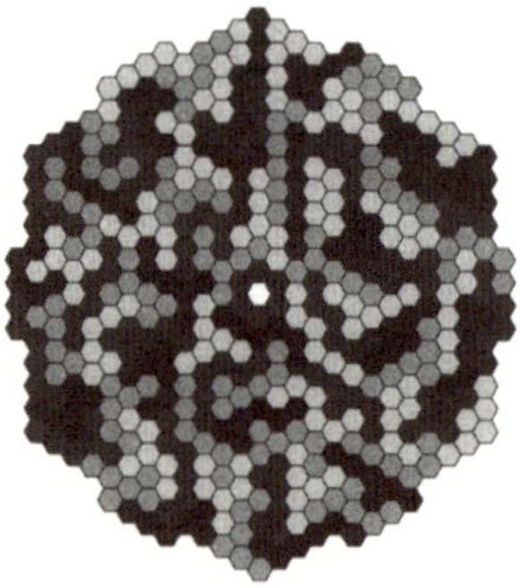

6개의 정육각형의 각 변을 이어붙여 만들 수 있는 형상을 헥사헥스hexahexes라고 한다. 헥사헥스에는 82가지가 있다. 오른쪽 그림은 그 82가지 형상을 연결해 약간의 돌출부가 있는 커다란 정육각형을 만든 것이다. 이때 구멍이 있는 독특한 형태의 헥사헥스를 떼어내, 그림의 중앙에 멋지게 배치한 것에 주목하라.

표준 다트판은 모두 82개의 구역으로 나뉜다(각각 4개의 영역으로 된 20개의 쐐기 부분과, 안쪽 원 그리고 바깥쪽 테두리). 다트판 둘레에는 각 쐐기 구역의 점수가 적혀 있는데, 이 독특한 디자인은 19세기 영국의 목수 브라이언 갬린이 만든 것으로 알려져 있다. 갬린의 다트판에서는 높은 수 주위에 낮은 수가 있어, 실수를 하면 손해를 보게 된다. 즉, 무턱대고 모험을 하면 불리하다. 또 다트판의 왼쪽은 때로 '기혼남의 영역'으로 불린다. 조금 더 안정적으로 게임을 즐기고 싶은 사람에게 더 나은 구역이기 때문이다.

북아메리카의 겨울스포츠를 잠깐 살펴보자. 미국프로농구협회(NBA)와 북미아이스하키리그(NHL)에서 정규시즌은 모두 82경기로 되어 있다.

## 83 소수

다음에 나오는 83개의 다섯자리 수들의 공통점은 무엇일까? (개별 수들 사이의 콤마는 표기하지 않았다.) (해답 참조)

| | |
|---|---|
| 0 | 11826, 12363, 12543, 14676, 15681, 15963, 18072, 19023, 19377, 19569, 19629, 20316, 22887, 23019, 23178, 23439, 24237, 24276, 24441, 24807, 25059, 25572, 25941, 26409, 26733, 27129, 27273, 29034, 29106, 30384, |
| 2 | 12586, 13343, 14098, 17816, 21397, 21901, 23728, 28256, 28346 |
| 5 | 10136, 13147, 13268, 16549, 20513, 21877, 25279, 26152, 27209, 28582 |
| 8 | 10124, 10214, 14743, 15353, 17252, 20089, 21439, 22175, 22456, 23113, 26351, 28171 |
| 9 | 10128, 10278, 12582, 13278, 13434, 13545, 13698, 14442, 14766, 16854, 17529, 17778, 20754, 21744, 21801, 23682, 23889, 24009, 27105, 27984, 28731, 29208 |

이 문제에 대한 엄청난 힌트가 이 책 어딘가에 숨어 있다. 그러나 지금 주어지는 유일한 힌트는—왼쪽의 한 자리 수를 제외하고 역시 여러분이 그 의미를 찾아내야 하는—위 성질을 갖는 수는 오직 10000과 31622 사이에 위치한다는 것이다. 위 수들은 이 문제의 성질을 나타내는 유일한 83개 수들이다.

## 84

$2^2 \times 3 \times 7$

역사적으로 가장 오래되고 잘 알려진 대수학 문제 중의 하나는, 디오판토스 수수께끼로 불린다. 그 문제는 다음과 같다.

> 여기 디오판토스가 누워 있다. 그는 일생의 $\frac{1}{6}$을 소년기로 보냈다. 또 일생의 $\frac{1}{12}$는 수염이 자라는 청년으로 보냈고, 독신으로 일생의 $\frac{1}{7}$을 더 살았다. 결혼 후 5년 뒤 그는 아들을 얻었다. 그러나 슬프게도 아들은 아버지 일생의 절반밖에 살지 못했다. 그는 이 슬픔을 수에 대한 연구로 달래다가 4년 뒤 일생을 마쳤다.

디오판토스는 몇 살에 죽었을까? 답은 위 글을 변수가 1개인 방정식으로 바꾸어 보면 쉽게 찾을 수 있다. 디오판토스가 죽은 나이를 $x$로 두면, $\frac{x}{6}+\frac{x}{12}+\frac{x}{7}+5+\frac{x}{2}+4=x$가 된다.

여기서 6, 12, 7의 최소 공분모는 84다. 위 방정식을 다시 정리하면 $14x+7x+12x+42x+(84\times9)=84x$, 그래서 $75x+(84\times9)=84x$, 그러므로 $84\times9=9x$가 되어 $x=84$가 된다.

역사적 기록에 따르면 디오판토스는 42세에 죽은 아들이 있었다고 한다.

오래된 수학 문제를 더 살펴보자. 이집트 중기 왕조(기원전 1650년경)의 한 파피루스에는 다양한 주제에 관한 84개의 문제가 실려 있다. 1858년, 이집트 룩소르에서 그 파피루스가 발견되자 린드란 이름의 스코틀랜드 사람이 이를 사들였는데, 그 사람의 이름을 따 린드 파피루스로 불린다. 그 파피루스는 폭이 1피트(약 30cm), 길이가 18피트(약 5m 48cm)였고, 그 파피루스를 작성한 고대 이집트 서기관의 이름을 따 아메스 파피루스라고도 불린다. 거기 나오는 문제 중 하나는 다음과 같다.

필경사 아메스는 지름이 9인 원과, 한 변이 8인 정사각형의 넓이가 같다고 적고 있다. 여기서 원의 지름 대 원주의 비율—오늘날 우리가 $\pi$라고 부르는—은 $3\frac{1}{6}$로, 기원전 1650년경의 수치로는 나쁘지 않다.

## 85

5×17

"잘 맨 넥타이는 인생의 진지한 첫걸음이다."

-오스카 와일드, 《보잘것 없는 여인A Woman of No Importance》

오스카 와일드의 시대에 포인핸드 매듭법(위 그림)은 유일한 넥타이 매기 방법이었다. 풀 윈저 매듭, 또는 절반 윈저 매듭법은 1930년대까지 개발되지 않았다. 또 제리 프랫이 개발하고 앵커 돈 셸비가 유명하게 만든 프랫 매듭법은 50년 뒤에야 등장했다. 그러다 1999년, 넥타이가 수학사의 전면에 등장했다. 케임브리지 대학의 토머스 핑크와 용 마오가 힘든 연구 끝에, 정확히 85가지의 넥타이 매는 법을 밝혀낸 것이다. 이 85가지 방법은 대부분 지독하게 어려워 보인다. 그러나 사람들에게 잘 알려진 4가지 방법 외에도, 두 사람은 실제 활용이 가능한 괜찮은 방법을 6가지 더 밝혀냈다.

핑크와 마오의 연구는 기본적으로 여섯 동작을 사용한다. $R_I$, $R_O$, $C_I$, $C_O$, $L_I$, $L_O$ 이 글자들은 '왼쪽에서 오른쪽', '가운데', '오른쪽에서 왼쪽'을 의미하며, 아래 작게 표기된 글자들은 '셔츠 바깥으로' '셔츠 안쪽으로'를 나타낸다. 마지막 동작, 또는 T는 '통과하여'라는 의미로 이전에 만든 고리 형태 사이로 넥타이를 넣으라는 뜻이다. 절반 윈저 매듭법 횟수는 $h$로 표현하는데, 핑크와 마오는 컴퓨터 계산을 통해 3번 또는 그 이상의 절반 윈저 매듭법 횟수 $k(h)$는 $\left(\frac{1}{3}\right)(2^{h-2} - (-1)^{h-2})$과 같음을 밝혀냈다. 넥타이의 길이가 유한하고 또 넥타이가 보기 좋아야 한다는 사실을 고려해, 핑크와 마오는 '절반 윈저 매듭법'의 횟수를 9회로 제한했다. 넥타이 묶는 방법의 전체 개수는 다음과 같다.

$$K = \Sigma K(i) = 1 + 1 + 3 + 5 + 11 + 21 + 43 = 85$$

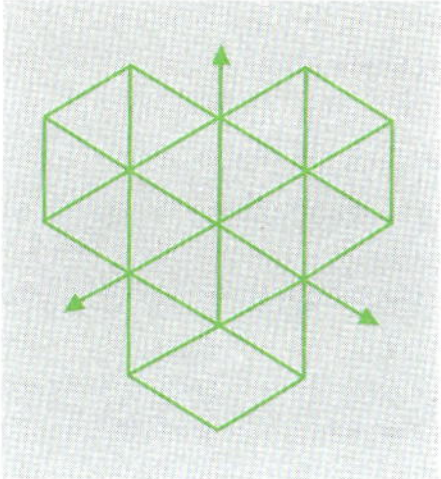

여기서 절반 윈저 매듭법의 개수(9개)는 임의적으로 정해졌지만, 이는 결과값에 아무 영향을 미치지 않는다.

매듭 묶는 순서는 옆 그림처럼 삼각형/육각형 격자 위에 무작위로 표현했다. 이때 방향 L, R, C는 화살표로 표시한다.

몇몇 오래된 미국 자동차는 시속 85마일(약 136km)까지 달릴 수 있다. 오늘날의 자동차는 그보다 훨씬 높은 시속을 낼 수 있지만 제한속도는 옛날과 다르지 않다.

일반적으로 더 천천히 운전하면 연료를 절약할 수 있다. 그러나 제한속도가 왜 굳이 시속 85마일인지는 알 수 없다. 그러나 미국의 몇몇 지역에서 수 85는 실제 연료 절감과 관련이 있다. E-85는 85%의 에탄올과 15%의 무연휘발유로 되어 있다. (여기서 휘발유 함량은 추운 날씨에 시동이 잘 걸리게 도와준다.) E-85 바이오 연료는 1992년 개발되었지만, 현재 대부분의 자동차들은 이 연료를 사용하지 않는다.

에탄올은 옥수수에서 추출한다. 85는 옥수수와 다른 생필품을 재배하는 농부들을 위한 직접 지불제와 관련이 있다. 아래는 농부들이 옥수수 재배에 토지의 85%를 이용한다고 가정했을 때의 계산 공식이다.

직접 지불액 옥수수 = 지불 비율 옥수수 × 지불 수익 옥수수
× 재배면적 옥수수 × 0.85

## 86
2×43

무언가를 'eighty-six'한다는 것은 그것을 없앤다는 뜻이다. 이런 표현이 어떻게 생겼을까? 여기에 대한 추측들은 무수히 많다. 그 목록을 보면 마치 「직업 맞추기」(1950-1967년까지 방영된 미국의 게임쇼. 패널들이 여러 질문을 던져 출연자의 직업을 맞추는 게임쇼—옮긴이)나 다른 TV게임쇼에서 나온 설명 같다. 다음의 내용들을 보면 이 표현은 뉴욕에서 유

래했던 것 같다.

A. 뉴욕의 유명한 델모니코 레스토랑에서 메뉴 86번은 하우스 스테이크였다. 레스토랑에서 이 메뉴가 자주 떨어졌다. 그래서 '86'은 더 이상 가능하지 않은 뭔가를 의미하게 되었다.

B. 뉴욕주의 주류법 조항 86은, 고객에게 알코올이 든 음료를 판매해서는 안 되는 경우를 명시하고 있다.

C. 유명한 뉴욕의 주류 밀매점인 첨레이 상점은 베드포드가 86번지에 있었다.

D. 엠파이어 스테이트 빌딩의 엘리베이터는 86층에서 멈춘다.

그 외에 실종된 군인들을 '86된 사람들'이라 불렀다는 설명도 있다. 그 이유는 부난이탈한 병사들은 미국 통합군사재판법의 X장, 86번 조항을 위반했기 때문이다. 또, 86은 딥 식스deep six(바다에 버리기, 수장 등의 뜻—옮긴이)라는 표현의 단순한 변주라는 설명도 있다. 안타깝게도 대부분의 어원학자들은 가장 단조로운 이 설명을 지지하고 있다. 마지막으로 TV 시리즈 「겟 스마트」에서 요원 86은(맥스웰 스마트), 86이 단순히 소모용 번호처럼 느껴져서 그 번호를 선택했다고 말한다. 하나만 더 소개하겠다. 패트릭 맥고한이 출연했고, 랄프 스마트가 제작한 「위험한 사나이」(1960년대 방영된 영국의 TV 드라마 시리즈—옮긴이)는 정확히 86부로 되어 있다.

$2^{86}$제곱은 77,371,252,455,336,267,181,195,264로 그 안에 0은 단 하나도 없다. 그러나 $2^{86}$보다 더 큰 2의 제곱수 중에 0이 없는 수는 존재하지 않는다.

# 87

3×29

수 87은 프랑스어로 'quatre-vingts sept'이다. 이는 말 그대로 '4개의 20, 그리고 7'이라는 뜻이다. 이 표현은 에이브러햄 링컨의 게티스버그 연설 때문에 유명해졌다. 그 연설은 "80년 하고도 7년 전에"로 시작하는데, 그 내용은 1776년의 미국 독립선언과 1863년의 게티스버그 전투 사이에 87년의 시간차가 있다는 뜻이다.

단어 'decimoctoseptology'는 어떤 사전에서도 발견되지 않는다. 그 의미는 '87에 대한 학문'이라는 뜻으로, 87이 가장 무작위한 수라고 믿는 몇몇 괴짜 같은 수학자들은 알고 있는 단어다.

호주의 크리켓 경기에서 87점은 불길한 수로 여겨진다. 이 미신은 1929년부터 시작되었다. 나중에 크리켓 슈퍼스타가 될 케이티 밀러가 뉴사우스 웨일즈 팀의 전설적인 타자 돈 브래드먼을 보기 위해 멜번 크리켓 구장에 갔을 때였다. 당시 브래드먼의 상대는 빅토리아의 '황소', 해리 불 알렉산더였다. 당시 10세이던 밀러는 알렉산더가 공을 던졌을 때 브래더먼의 점수가 87점이었다고 회상했다. 밀러가 크리켓을 할 나이가 되었을 때, 그와 사우스 멜번의 동료 이안 존슨은 자신의 팀, 또는 상대팀의 타자가 87점을 따게 되면 옆구리를 쿡 찔렀다고 한다. 그 점수를 따고 은퇴한 타자들이 많았기 때문이다.

그러나 87점 외에 다른 점수를 따고 은퇴한 타자들도 많다. 게다가 밀러의 기억이 부정확했을 수도 있다. 실제 알렉산더가 공을 던졌을 때 브래드먼은 89점을 기록했기 때문이다. 그러나 87이 '악마의 수'라는 평판은 여전히 이어지고 있다. 그 마지막 증거는 1993년에 발견되었다. 그 해, 불 알렉산더는 87세의 나이로 사망했다.

그러나 하키에서 87은 불길한 수가 아니다. 전설적인 캐나다의 하키선수 시드니 크로스비는 87을 자신의 유니폼 번호로 택했다. 그것이 그의 생년월일(1987년 8월 7일)이었기 때문이다. 그는 2005년 북미아이스하키리그(NHL)에 들어갈 때까지 그 번호를 사용했다.

그 자신의 제곱수를 10개의 수, 0, 1, 2, 3, 4, 5, 6, 7, 8, 9를 재배열해 표현할 수 있는 수는 모두 87개이다(예를 들어 $32043^2=1026753849$ 등).

32043, 32286, 33144, 35172, 39147, 45624, 55446, 68763, 83919, 99066
35337, 35757, 35853, 37176, 37905, 38772, 39336, 40545, 42744, 43902,
44016, 45567, 46587, 48852, 49314, 49353, 50706, 53976, 54918, 55524,
55581, 55626, 56532, 57321, 58413, 58455, 58554, 59403, 60984, 61575,
61866, 62679, 62961, 63051, 63129, 65634, 65637, 66105, 66276, 67677,
68781, 69513, 71433, 72621, 75759, 76047, 76182, 77346, 78072, 78453,

80361, 80445, 81222, 81945, 84648, 85353, 85743, 85803, 86073, 87639, 88623, 89079, 89145, 89355, 89523, 90144, 90153, 90198, 91248, 91605, 92214, 94695, 95154, 96702, 97779, 98055, 98802

## 88

$2^3 \times 11$

피아노에는 88개의 건반이 있는데 하나의 옥타브는 7개의 흰 건반, 5개의 검은 건반으로 되어 있다. 피아노의 전체 건반은 7옥타브보다 조금 높은 음역을 갖는다.

✷

어떤 $n$자리 수의 각 자릿수를 $n$제곱해서 더한 값이 그 자신과 같아지는 수를 '나르시스트 수'라고 한다. 정의에 의하면 모든 1자리 수는 나르시스트 수다. 그러나 자릿수가 높아질수록 이런 수는 아주 드물어진다. 나르시스트 수는 전부 88개가 있는데, 가장 큰 나르시스트 수는 39자리의 괴물 같은 $1^{39}+1^{39}+5^{39}+1^{39}+3^{39}+2^{39}+2^{39}+1^{39}+9^{39}+0^{39}+1^{39}+8^{39}+7^{39}+6^{39}+3^{39}+9^{39}+9^{39}+2^{39}+5^{39}+6^{39}+5^{39}+0^{39}+9^{39}+5^{39}+5^{39}+9^{39}+7^{39}+9^{39}+7^{39}+3^{39}+9^{39}+7^{39}+1^{39}+5^{39}+2^{39}+2^{39}+4^{39}+0^{39}+1^{39}=115,132,219,018,763,992,565,095,597,973,971,522,401$이다.(**153** 참조)

✷

88은 중국어로 'ba ba'라고 발음한다. 이 말은 중국 인터넷에서 "안녕!"을 뜻하는 약자가 되었다.

빙고에서 88번 빙고콜의 애칭은 '2명의 뚱뚱한 숙녀'다. 이것은 1990년대 후반, 클라리사 딕슨 라이트와 제니퍼 패터슨이 출연한 영국 TV쇼의 제목이기도 하다. 두 스타들은 사이드카가 달린 트라이엄프 선더버드(영국 선더버드 사의 오토바이 기종—옮긴이)를 타고 영국의 시골 지역을 돌아다녔다. 그들이 탄 오토바이의 번호는 N88TFL였다.

이 뚱뚱한 두 숙녀가 시속 60마일로 달린다면, 단위 변환 공식에 따라 초속 88피드가 된다.

60마일/시 × 5280피트/마일 ÷ 3600초/시 = 88피트/초

시속 88마일이라는 속도는 다른 데서도 중요하다. 이것은 「백투더퓨처」 3부작에서, 미카엘 J. 폭스의 자동차 '들로리언'이 시간여행 모드로 들어가는 속도이기도 하다.

88은 4번째 '접촉 불가능 수Untouchable number'다. 이것은 어떤 다른 수의 진약수의 합과도 같지 않은 수를 말한다. (처음 3개의 접촉 불가능 수는 2, 5, 52이다.) 폴 에르되시는 무한히 많은 접촉 불가능 수의 존재를 증명했지만, 지금까지 알려진 홀수 접촉 불가능 수는 5 하나뿐이다. 다

른 홀수도 있을까? 조금 이상하지만, 이 질문은 수론 분야에서 가장 유명한 미해결 문제 중 하나인 골드바흐의 추측과도 관련이 있다. 프러시아 수학자 크리스티앙 골드바흐가 1742년 처음 제안한 골드바흐의 추측은 지금까지도 풀리지 않았다. 내용 자체는 간단하다. 어떤 짝수라도 두 소수의 합으로 표현할 수 있다는 것이다. 여기서는 이 추측이 참이라고 가정하고, 홀수 $2n+1$을 생각해 보자. 골드바흐의 추측에 따르면 임의의 소수 $p$와 $q$에 대해 우리는 $2n=p+q$라고 쓸 수 있다. 그러나 수 $pq$의 약수의 합은 $1+p+q=2n+1$이 되며, 따라서 처음 홀수인 $2n+1$은 접촉 불가능 수가 아니다.

## 89

### 소수, $8^1+9^2$

89는 각 자릿수를 서로 연속된 제곱차수(1, 2)로 곱해 더하면 자기 자신이 나오는 유일한 두 자리 수다. 여기서 자릿수는 왼쪽에서 오른쪽 방향으로 계산한다. (**135**, **175** 참조)

89는 11번째 피보나치 수로 89의 역수는 피보나치 수열과 신기한 관계를 가지고 있다. 먼저 수들로 된 삼각형을 만들어, $n$번째 피보나치 수열의 가장 오른쪽 수를 $n+1$번째 소수 자리에 오도록 배치해 보자.

0.01

0.001

0.0002

0.00003

0.000005

0.0000008

0.00000013

0.000000021

0.0000000034

⋮

이 수들의 합은 $0.011235955 05618\cdots = \frac{1}{89}$이다.

결과는 놀랍지만 증명은 상대적으로 간단하다. 먼저 피보나치 수열의 기본 원리($F_{n+1} = F_n + F_{n-1}$)를 사용해서, $100x - 10x - x = 1$이라는 등식을 만들자. 여기서 $x$값을 구하면 된다. 좌변은 $89x$이기 때문에 답은 $x = \frac{1}{89}$이 나온다. 이 방정식에서 89가 특별한 것은 그것이 피보나치 수라는 점이 아니라 $89 = 100 - 10 - 1$라는 것이다.

자연 속에서 항상 완벽하게는 아니라도 피보나치 수가 발견된다는 사실은 잘 알려져 있다. 해바라기 중심은 종종 55개($F_{10}$)의 시계방향 나신과, 89개($F_{11}$)의 반시계 방향 나선으로 이루어져 있다.

89는 소피 제르맹 소수인데, 이는 2×89+1도 소수라는 뜻이다. 89부터 같은 공식을 적용하면, 아래와 같은 6개의 소수가 생긴다. (가장 긴 연쇄는 전부 16개의 소수를 갖는데, 810,433,818,265,726,529,159로 시작하는 경우이다.)

| 89 | 2A+1 | 2B+1 | 2C+1 | 2D+1 | 2E+1 |
|---|---|---|---|---|---|
| 89 | 179 | 359 | 719 | 1439 | 2879 |
| A | B | C | D | E | F |

1825년, 소피 제르맹은 방정식 $x^p+y^p=z^p$에서, $p$가 소피 제르맹 소수이면 이 방정식의 해는 없다는 것을 증명했다. 이는 페르마의 마지막 정리를 증명하는 데 작은 기여를 한 증명이다.

영화 「프루프」에는 소피 제르맹 소수의 정의와 그런 소수 중 당시까지 알려진 가장 큰 수가 등장한다. 영화에서는 주인공인 할과 캐서린이 이 수를 언급한다. 영화가 개봉한 지 얼마 지나지 않아(2006년 5월), 더 큰 소피 제르맹 소수가 발견되었다. 이는 51,780 자릿수로 이 페이지 전체에 다 표기할 수 없는 수다. 그러나 간단히 표기하면 $p=137211941292195\times2^{171960}-1$과 같다.

# 90

## $2 \times 3^2 \times 5$, $9^1+9^2$, $(15-9) \times (15-0)$

90도 각도를 직각이라 부른다. 라디안 표기법에서 90도는 $\frac{\pi}{2}$ 라디안이다.

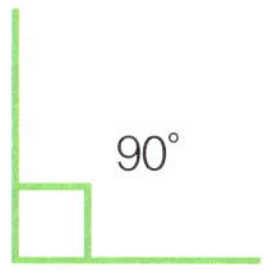


다이아몬드 형태의 야구장은 네 각이 모두 90도다. 또 각 베이스 사이의 거리도 90피트다. 칼럼니스트 레드 스미스(1905-1982)는 "홈과 1루 사이의 90피트는, 인간과 신 사이의 거리만큼 멀다." 라고 말했다.

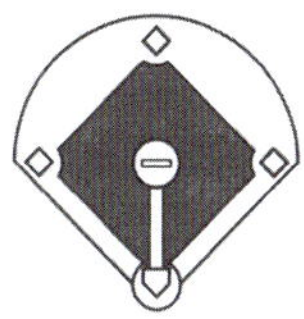

오른쪽의 패턴은 마른 진흙표면에서 나타난다. 이 패턴은 상당히 굽어 있지만 선들이 교차하는 지점은 평형 압력 덕분에 거의 90도를 보인다.

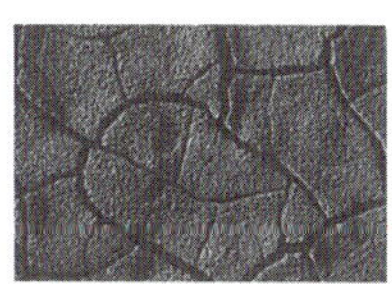

《걸리버 여행기Gulliver's Travels》에 나오는 라퓨타 부족은 90도를 그리는 데 필요한 T자 같은 도구가 없었던 게 틀림없다. 스위프트는 이렇게 썼다. "그들은 집을 형편없이 지었다. 벽이 모두 기울어 직각으로 서 있는 집이 하나도 없다."

90 이하의 소수의 개수는, 90과 서로소인 90 이하 정수들의 수와 같다. 이런 성질을 가진 수들은 7개가 있는데, 90은 그 중에서 가장 큰 수다. (다른 6개의 수는 2, 3, 4, 8, 14, 20이다.) 예를 들면, 14보다 작은 소수는 모두 6개이고(2, 3, 5, 7, 11, 13), 14와 서로소인 14 이하의 수도 6개다(1, 3, 5, 9, 11, 13).

## 91

7×13

「다이아몬드 포인츠」라는 카드 게임에서는 다이아몬드 그룹을 나머지 카드에서 따로 떼어 뒤집어 놓는다. 참가자(적당한 수는 2, 3명이다)들은 각각 다이아몬드를 제외한 다른 그룹을 받는다. 그 다음 다이아몬드 패를 하나씩 뒤집는데, 이때 참가자들은 자신의 패에서 다이아몬드 패를 이기기 위한 카드를 선택한다(에이스 = 1, …, 킹 = 13). 만약 다이아몬드 패보다 높은 카드를 꺼내면 다이아몬드 패의 점수를 가져갈 수 있다. 2명이 게임을 할 때 46점을 먼저 얻으면 이길 수 있는데, 다이아몬드 패의 점수를 모두 더하면 $1+2+\cdots+13=91$이기 때문이다. 이 식을 보면 91이 13번째 삼각수라는 것도 알 수 있다.

✲

등식 $91=1^2+2^2+3^2+4^2+5^2+6^2$은 91이 처음 여섯 제곱수의 합이라는 것을 보여준다. 따라서 91은 제곱 피라미드 수이며, 55 다음으로 삼각수이면서 동시에 첫 번째 제곱피라미드 수다. 이 수의 희귀한 수학적 성질을 감안하면 그 정도 차이는 놀랄 만큼 적은 것이다. 삼각수이면서 제곱피라미드 수인 다음 수는 208,335로 이는 두 성질을 모두 가진 마지막 수다.

✲

91을 음수를 포함해 두 세제곱 수의 합으로 표현하는 방법은 2가지다. $91=4^3+3^3=6^3+(-5)^3$.

또 $91=1+5+10+25+50$이므로, 1달러를 제외한 미국 동전을 전부 모으면 그 합은 91센트가 된다. 또 미국 금융권에는 '91일짜리 T-bill(만기가 1년 이하인 미국 국채—옮긴이)'이라는 상품이 있다. 91일이 1년의 1/4이기 때문이다. 이 증권은 미국 재무부에서 발행하는 증권 중 만기가 91일로 가장 짧다.

✲

표에 있는 91의 배수들은 상당히 재미있는 결과를 보여준다. 각각의 세 자릿수 수를 세로로 읽으면 흥미 있는 패턴이 드러난다.

| 91 | × | 1 | = | 91 |
|---|---|---|---|---|
| | | 2 | = | 182 |
| | | 3 | = | 273 |
| | | 4 | = | 364 |
| | | 5 | = | 455 |
| | | 6 | = | 546 |
| | | 7 | = | 637 |
| | | 8 | = | 728 |
| | | 9 | = | 819 |

고전적인 주판은 13개의 세로줄이 있고 각 줄마다 7개의 주판알이 있다. 그래서 주판알은 전부 91개다. 주판을 가장 처음 사용했던 사람들은 바빌로니아인들로 알려져 있다. 또 주판을 이용한 계산은 헤로도토스나 데모스테네스 같은 그리스 학자들의 기록에서 발견된다. 주판을 두 구역으로 나눈 것은 일본인들의 혁신적 아이디어였다. 지금도 주판은 동아시아 지역에서 사용되고 있다. 주판의 역사에서 가장 멋진 해는 1946년이었다. 주판의 달인 키요시 마츠자키가 빠른 계산 대회에서 최첨단 계산기로 무장한 미국 병사(T. N. 우드)를 이겼기 때문이다.

한편 주판 역사에서 최악의 날은(아마 위와 비슷한 시기일 텐데) 한 주판 판매원이 브라질의 레스토랑에 들어가서 어느 남자 손님에게 계산 대결을 청했을 때였다. 그 판매원은 덧셈과 곱셈은 그 남자보다 빨랐지만 세제곱근 계산에서 비틀거렸다. 특히 그의 실수는 1729.03이라는 수를 택한 것이었다. 상대편은 그 수가 12의 세제곱인 1728보다 크다는 것을 직관적으로 알아챘다. 얼마 되지 않아 그 남자 손님은 1729.03의 세제곱근으로 12.002라는 답을 내놓았고, 주판 판매원은 게임에서 졌다. 그는 굴욕감을 맛보며 레스토랑을 떠났다. 그는 당시 레스토랑에서 자신과 대결했던 남자가 다름 아닌 노벨 물리학상 수상자이자, 동시대인들 중 가장 똑똑한 사람 중 하나였던 리처드 파인만이라는 사실을 몰랐을 것이다.

## 92

$2^2 \times 23$

8×8 체스판 위에 8개의 퀸을 서로 공격받지 않는 위치에 배열하는 방법은 모두 92가지가 있다. 아래는 12개의 기본적인 방법을 나타낸 것이다. 이 12가지를 적당히 회전하고 반사시키면 92가지를 만들 수

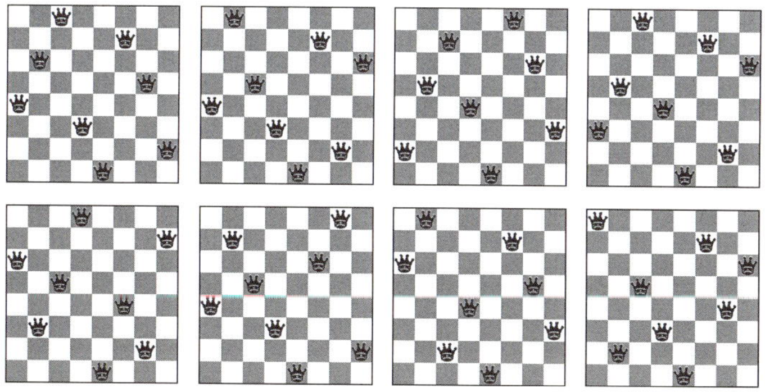

있다(실제 게임에서의 보드판과 달리 체스판 가장 오른쪽 아래가 검정색 사각형이어도 된다는 가정하에).

이 마지막 문장을 조금 더 생각해 보자. 어떻게 12가지에서 92가지가 될 수 있을까? 뭔가 이상하다. 첫 번째 그림을 보자. 이 그림은 4가지 방법으로 회전시킬 수 있다(90, 180, 270 그리고 원래대로 돌아오는 360도 회전). 또 이 그림은 2가지 방식으로 반사시킬 수 있다(거꾸로, 또는 위쪽이 위로 오게). 즉, 1개의 그림에서 4×2=8가지 경우의 수가 나오는 셈이다. 이 과정을 12개 그림에서 반복하면 8×12=96가지라는 답이 나온다. 그러나 실제 답은 12로 나누어지지 않는 92가지다. 어떻게 된 것일까?

그 답은 12개의 기본 형태 중 하나는 변하지 않는다는 것이다. 이 말썽쟁이 그림은 맨 마지막, 가장 우측 아래에 있다. 여기서 퀸의 위치는 보드판 중심에서 대칭적 위치에 있다. 그래서 회전 및 반사대칭에서 8이 아닌 4가지 경우만이 생겨난다. 그래서 답은 전부 92가지가 된다.

이 '8개 퀸' 퍼즐은 1848년, 막스 베젤이라는 체스 선수가 만든 것이다. 1850년, 프란츠 나우크는 이 문제를 푼 다음 그것을(모든 임의의 $n$에 대하여) $n \times n$ 체스판에까지 확장시켰다. 예를 들어, 24×24 크기의 보드판에서 문제의 답은 227,514,171,973,736 가지가 있다. 그 경우의 수를 모두 확인할 수는 없기 때문에 조금 더 쉬운 문제를 살펴보자.

8×8 체스판에서 임의의 위치에 있는 퀸이, 최소한 하나의 다른 퀸으로부터 공격받게 되는 퀸의 개수 중 가장 작은 값은 얼마인가? (해답 참조)

## 93

3×31

초등학생들은 아마 태양이 대략 지구에서 약 9300만 마일(약 1억 5천만 킬로미터) 떨어져 있다는 사실을 배울 때, 93이라는 수를 처음 접할 것이다. 이 거리는 공식적으로 천문단위(AU)로 알려져 있다. 예를 들어, 태양계 행성에서 제외된 명왕성의 경우 태양에서 39.5AU 떨어져 있다. 이때 명왕성의 타원궤도에 따라 9.8AU 정도의 오차가 있다. 그 자체로 천문학의 성과 중 하나인 천문단위(AU)는, 과학자들이 정확한 거리를 밝혀내기 한참 전부터 상대적인 거리 측도로 사용되어 왔다.

《93(Quatrevingt-Treize)》은 빅토르 위고의 마지막 소설이다. 이 책의 제목은 가장 끔찍했던 프랑스 혁명의 해인 1793년과 관련이 있다. 이 해는 특히 "빵이 없으면 케익을 먹으라 하세요"라는 말로 유명한 마리 앙투아네트가 단두대에서 사라진 해이다.

프랑스 사람들이 단두대를 조금 더 부드러운 용도로 쓸 줄 알았다면, 그들은 8번의 직선 자르기를 통해 케익을 93조각으로 자를 수 있다는 걸 발견했을 것이다.

이 문제를 풀기 위해, 먼저 상당한 연관성이 있는 3차원과 2차원에서의 직선자르기를 살펴보자.

**22**에서 다루었듯 2차원에서는 $n$번의 직선자르기를 통해 $\frac{(n^2+n+2)}{2}$개의 피자조각을 만들 수 있다. 이는 $n$번째 삼각수에 1을 더한 값이다. (22에서는 자르기 대신 직선을 잇는 문제를 다루었지만, 두 접근법은 같은 것이다.) 아래는 2차원에서의 결과를 나타낸 것이다.

| 자르기 횟수 | 0 | 1 | 2 | 3 | 4 | 5 | 6 | 7 | 8 | 9 | 10 |
|---|---|---|---|---|---|---|---|---|---|---|---|
| | + | + | + | + | + | + | + | + | + | + | |
| 2차원에서 n번 잘랐을 때 최대 케익 조각수 | 1 | 2 | 4 | 7 | 11 | 16 | 22 | 29 | 37 | 46 | 56 |

여기서 더하기 방법을 소개하겠다. 먼저 맨 아래 처음에 1을 쓰자. 이제 순서대로 오른쪽에 올 수들은 왼쪽 수와 위쪽 수를 더한 값이다. 즉, 대각선 부분의 수를 더하면 된다. 이런 식으로 반복하면, 아래줄에 나타나는 수들은 윗줄의 값과 다르다(아래줄 첫 번째에 0을 두지 않는 한). 그러면 다시 그 아래 1로 시작하는 줄을 만들어보자.

몇 줄만 해보면 결과는 다음과 같다.

| | | | | | | | | | | | |
|---|---|---|---|---|---|---|---|---|---|---|---|
| | 0 | 1 | 2 | 4 | 7 | 11 | 16 | 22 | 29 | | |
| | + | + | + | + | + | + | + | + | | | |
| | 1 | | | | | | | | | | |
| 자르기 횟수(n) | | | 0 | 1 | 2 | 3 | 4 | 5 | 6 | 7 | 8 |

| | | | | | | | | | |
|---|---|---|---|---|---|---|---|---|---|
| 2차원에서 n번 잘랐을 때 최대 케익 조각수 | 0 | 1 | 2 | 4 | 7 | 11 | 16 | 22 | 29 |
| | + | + | + | + | + | + | + | + | |
| 3차원에서 n번 잘랐을 때 최대 케익 조각수 | 1 | 2 | 4 | 8 | 15 | 26 | 42 | 64 | 93 |

놀랍게도, 가장 아랫줄은 3차원에서 $n$번 잘랐을 때의 최대 케익 조각수로 8번 잘랐을 때의 결과는 93조각이 된다. (여기서는 피자를 2차원으로, 케익을 3차원 물체로 가정했다.)

그렇다면 아래 93개 수들이 특별한 이유는 뭘까? (해답 참조)

10301 10501 10601 11311 11411 12421 12721 12821 13331 13831 13931 14341 14741
15451 15551 16061 16361 16561 16661 17471 17971 18181 18481 19391 19891 19991
30103 30203 30403 30703 30803 31013 31513 32323 32423 33533 34543 34843
35053 35153 35353 35753 36263 36563 37273 37573 38083 38183 38783 39293
70207 70507 70607 71317 71917 72227 72727 73037 73237 73637 74047 74747
75557 76367 76667 77377 77477 77977 78487 78787 78887 79397 79697 79997
90709 91019 93139 93239 93739 94049 94349 94649 94849 94949
95959 96269 96469 96769 97379 97579 97879 98389 98689

## 94

2 × 47

94를 인수분해하면 94가 4로 나눠지지 않음을 알 수 있다. 1994년 동계올림픽은 노르웨이 릴레함메르에서 개최되었다. 하계든 동계든, 현대 올림픽이 4로 나눠지지 않는 해에 개최된 첫 번째 경우였다. 당시 새롭게 도입된 방식은 동계올림픽과 하계올림픽 사이에 시간차를 두고, 전체 올림픽을 4년에 1번 대신 2년에 1번씩 한다는 것이었다. 이때부터 올림픽은 서로 다른 4년 주기로 진행된다. 하계 올림픽은 4로 나누어지는 해에 개최되고, 동계올림픽은 그 뒤의 짝수해에 개최된다. 수학자들은 이런 올림픽 개최년도를 '2에 합동, 계수는 4'라고 표현한다.

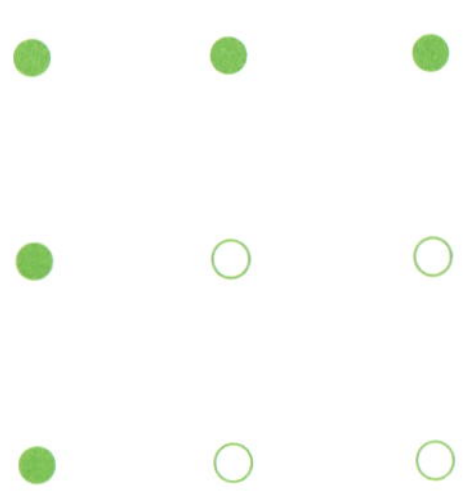

왼쪽 그림에서 알 수 있듯, 94의 각 자릿수 숫자는 모두 완전제곱수다. 이 점들은 모두 9개이며 그중 4개가 흰색이다. 물론 이 그림은 시작일 뿐이다. 지금부터 우리는 점 4개를 선택해 사각형을 만드는 방법이 아주 많다는 것을 살펴볼 것이다. 이 형태들은 아래 그림처럼 왼쪽의 사다리꼴 형태부터 평행사변형, 연 모양(3번째 형태를 이렇게 부르자.), 그리고 오른쪽에 있는 이름 붙일 수 없는 형태들(다른 것들도 많다.)에 이르기까지 상당히 다양하다.

4개의 점을 선택해 사각형을 만들 수 있는 방법은 몇 가지나 될까?

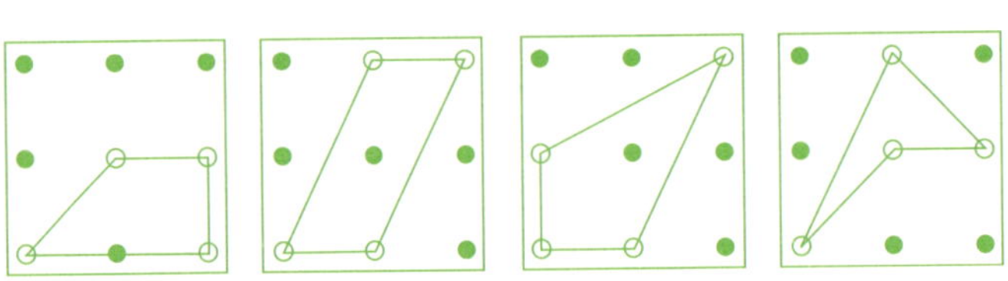

그 값은 전부 정사각형 6개, 직사각형 4개, 평행사변형 12개, 사다리꼴 28개, 연 모양 8개, 기타 볼록사각형 16개, 오목사각형 24개를 포함해 94개가 된다.

아래 소개한 옛 선박의 규모를 살펴보자.

| 선박명 | 진수년도 | 톤수 | 승무원수 |
|---|---|---|---|
| HMS Speedy | 1782 | 208 8/94 | 90 |
| HMS Dart | 1796 | 386 16/94 | 140 |
| HMS Lively | 1804 | 1071 90/94 | 284 |
| HMS Surprise | 1794 | 578 73/94 | 200 |
| HMS Boadicea | 1797 | 1052 5/94 | 282 |

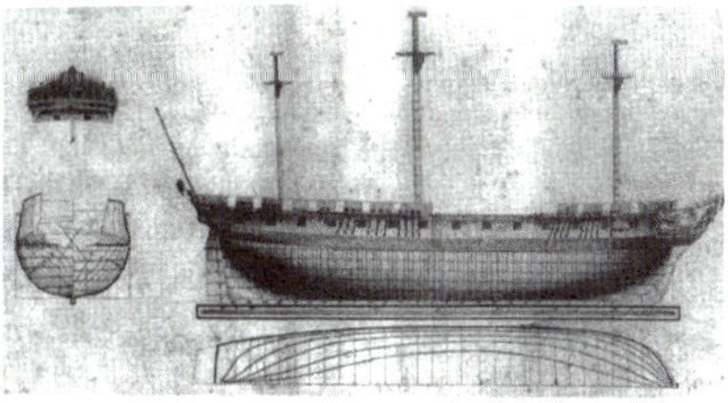

분모의 94는 무엇을 뜻할까? 이것은 과거 선박 건조자들의 측량 공식에서 나온 것이다. 이 공식은 19세기 중반 증기추진 선박이 도입되기 전까지 선박들의 적재량(톤수)을 재는 표준으로 사용되었다. 정확한 공식은 다음과 같다.

$$T = \left(L - \frac{3B}{5}\right) \times B^2 \times \frac{1}{2} \times \frac{1}{94}$$

T = 톤수, L = 선박 길이, B = 선박의 폭

(선박 적재량을 재는 더 오래된 방식인 '템스 측정법'은 조금 다른 공식을 사용한다. 그러나 분모는 94로 동일하다.)

우리는 아직 공식에 나오는 94의 유래를 설명하지 않았다. 이 수는 선박에 부과하는 세금은 선박 배수량의 3/5가 되어야 한다는 옛 선박 표준과 관련이 있다. 선박 배수량은 선박의 길이×선박의 폭×선박의 흘수×선박의 방형계수(ton/35 feet$^3$)를 말한다. 여기서 선박의 폭은 선박에서 가장 넓은 폭을 측정하며, 흘수(선박의 바닥에서 수면까지의 거리, 즉 선박이 가라앉은 깊이)는 대개 선박 폭의 $\frac{1}{2}$ 정도로 측정된다. 방형계수는 0.62 정도의 측정값을 갖는다. 이때 방형계수란, 선박의 가라앉은 부분 주위로 가상의 직육면체를 그릴 때, 그 가상의 상자와 실제 배의 용적 간의 비율을 말한다. 위 문제에서 $\frac{3}{5}$에 0.62를 곱하고 이를 35로 나누면, $\frac{1}{94}$에 거의 근접한 값이 얻어진다. 이 때문에 위 공식에 94라는 분모가 쓰인 것이다.

## 95

5 × 19

수 95는 통계자료와 신뢰구간에서 관례처럼 쓰이는 수다. 예를 들어, 여론조사에서 57%의 응답자가 특정 후보를 지지한다고 할 때, 이 계산 뒤에는 오차범위와 신뢰구간이라는 개념이 숨어 있다. 위 여론조사의 오차범위가 3%이고 신뢰구간이 85%라고 하자. 그 의미는

100회의 여론조사를 실시할 때, 응답자들이 특정 후보를 지지할 확률이 85번 중 54%~60% 사이라고 기대할 수 있다는 뜻이다. 여기서 오차범위 3%는 공개한 수치의 양쪽으로 적용한다. 이 설명은 잘 이해되지 않을 수도 있다. 부분적인 이유는, 많은 여론조사에서 오차범위는 공개하지만 신뢰구간은 공개하지 않기 때문이다. 그러나 사실 이것은 신뢰구간을 숨기는 것이 아니다. 대다수의 여론조사에서는 관례처럼 95% 신뢰구간을 사용한다.

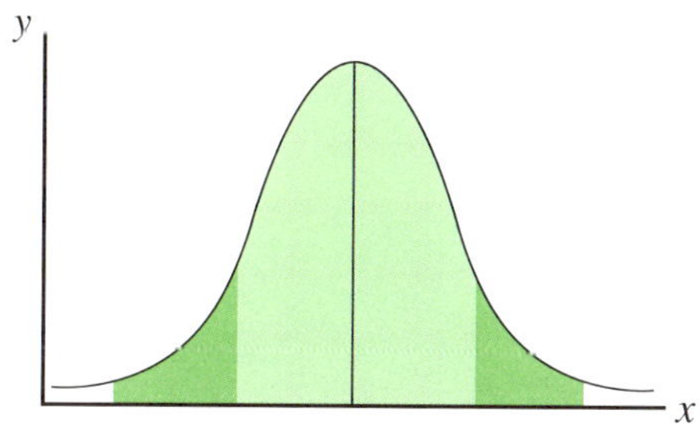


통계자료가 정규분포(위 그림처럼 종 모양의 곡선)를 그리면 수 95는 조금 더 특별한 의미를 갖는다. 정규분포의 멋진 점 하나는 평균과 표준편차가 이미 제시되어 있거나, 또는 쉽게 구할 수 있다는 것이다. 만약 통계자료가 종 모양의 곡선을 그리면, 전체 관측값의 95%는 평균 양쪽의 두 표준편차 범위 안에 속한다는 것이 밝혀졌다. (위 그림에서 색깔로 표시한 부분. 가운데 선이 평균값이다.)

역사적으로 가장 유명한 95의 등장은 1517년, 마틴 루터가 95개조 반박문을 독일 비텐베르크 성 교회 앞에서 읽은 사건일 것이다. 지면 때문에 루터의 95개 조항을 전부 소개할 수 없지만 그중 논란의 여지가 비교적 덜한 16번 조항을 소개해 보겠다. "지옥, 연옥, 천국은 절망, 절망에 가까운 것, 그리고 깊은 안도감이 다른 것만큼이나 서로 다르다."

컴퓨터 시스템에서 디스플레이 가능한 ASCII(미국 정보교환 표준코드) 기호는 26개의 대문자, 26개의 소문자, 10개의 수, 33개의 특수기호(점 기호를 포함해)로 되어 있다. 이들 기호는 전부 95개다.

## 96

$2^5 \times 3$

한때 뉴욕 자이언츠, 보스턴 브레이브스, 시카고 컵스의 투수였던 전 메이저리그 야구선수 빌 보이셀은 내셔널리그에서 유니폼에 96번을 사용해도 된다는 특별 허가를 받았다. 이 번호는 당시 메이저 리그 선수가 사용한 수 중 가장 높았다. 그 이유는 그가 사우스 캐롤라이나의 나인티 식스ninety six 타운에서 자랐기 때문이다. 그 소도시는 체로키족의 거주지인 케오위에서 96마일 떨어져 있다고 여겨졌기 때문에 그런 이름이 붙었다. (그러나 사실은 그렇지 않았다.) 한때 그 도시의 이름을 케임브리지로 바꾸기 위한 입법안이 제안되었다. 그러나 나인티 식스 주민들은 96이 쓰인 플래카드를 들고 96은 바로 읽으나 뒤집어 읽으나 같은 수가 된다는 사실을 지적하면서, 원래 도시명이 유지되어야 한다고 항의했다. 그리고 결국 그렇게 되었다.

✯

$$96=2+5+7+10+30+42 \quad \frac{1}{2}+\frac{1}{5}+\frac{1}{7}+\frac{1}{10}+\frac{1}{30}+\frac{1}{42}=1$$

$$96=6+7+8+8+9+12+18+21 \quad \frac{1}{6}+\frac{1}{7}+\frac{1}{7}+\frac{1}{8}+\frac{1}{8}+\frac{1}{9}+\frac{1}{12}+\frac{1}{18}+\frac{1}{21}=1$$

위는 역수의 합이 1이 되는 96의 분할법 2가지다. 이런 분할을 '정밀'하다고 부른다. 믿거나 말거나, 96의 '정밀 분할' 방법에는 정확히 96가지가 있다.

## 97 소수

그레고리력은 400년의 순환주기를 가지는데 그 사이에 97번의 윤년이 있다. 이론적으로 윤년은 4년에 1번이어서 전부 100번이 돌아와야 한다. 그러나 4번의 '세기가 바뀌는 해' 중 1번만이(400으로 나누어지는 해) 윤년에 포함된다.

✯

$\frac{1}{97}=0.01030927\cdots$ 여기서 소수점 뒤 두 개의 수에 3을 곱하면, 바로 다음 쌍의 수가 나온다. 그렇게 반복하면 27에 도달한다. 이 패턴

은 그 뒤로는 반복되지 않는다. 어쨌건 근사하지 않은가.

일반적인 타로 카드는 한 벌에 78장의 카드가 있다. 그러나 르네상스 시대의 민치아테 타로 카드는 한 벌에 97장이 있다. 여기서 추가된 카드는 4개의 미덕(신중, 희망, 충실, 자선), 4원소(흙, 공기, 불, 물), 그리고 12개의 황도십이궁 카드이다. 추가된 카드는 전부 20장이다. 그런데 무슨 이유인지 일반 카드에는 포함된 '고귀한 공주' 카드가 민치아테 타로 카드에는 포함되어 있지 않다. 그래서 민치아테 카드는 전부 97장이 된다.

낱말 Ninety-Seven은 자음과 모음이 계속 교대된다. 97은 이런 성질을 가진 수 중 가장 긴 낱말에 속한다. 그렇다면 더 긴 낱말을 가진 수는 뭘까? (해답 참조)

0부터 9까지 10개의 숫자를 사용해 2개의 분수를 만든 다음 그 합이 1이 되게 하는 방법은 97가지가 있다. 혹시 믿지 않을지도 모르니 아래에 전부 소개해 보겠다.

$\frac{3485}{6970}+\frac{1}{2}$ $\frac{3548}{7096}+\frac{1}{2}$ $\frac{3845}{7690}+\frac{1}{2}$ $\frac{4538}{9076}+\frac{1}{2}$

$\frac{4685}{9370}+\frac{1}{2}$ $\frac{4835}{9670}+\frac{1}{2}$ $\frac{4853}{9706}+\frac{1}{2}$ $\frac{4865}{9730}+\frac{1}{2}$

$\frac{7365}{9820}+\frac{1}{4}$ $\frac{3079}{6158}+\frac{2}{4}$ $\frac{1278}{6390}+\frac{4}{5}$ $\frac{1872}{9360}+\frac{4}{5}$

$\frac{7835}{9402}+\frac{1}{6}$ $\frac{3190}{4785}+\frac{2}{6}$ $\frac{1485}{2970}+\frac{3}{6}$ $\frac{2079}{4158}+\frac{3}{6}$

$\frac{2709}{5418}+\frac{3}{6}$ $\frac{2907}{5814}+\frac{3}{6}$ $\frac{4851}{9702}+\frac{3}{6}$ $\frac{4362}{5089}+\frac{1}{7}$

$\frac{5940}{8316}+\frac{2}{7}$ $\frac{6810}{9534}+\frac{2}{7}$ $\frac{5803}{7461}+\frac{2}{9}$ $\frac{1208}{5436}+\frac{7}{9}$

$\frac{1352}{6084}+\frac{7}{9}$ $\frac{729}{3645}+\frac{8}{10}$ $\frac{927}{4635}+\frac{8}{10}$ $\frac{876}{3504}+\frac{9}{12}$

$\frac{485}{970}+\frac{13}{26}$ $\frac{369}{574}+\frac{10}{28}$ $\frac{486}{972}+\frac{15}{30}$ $\frac{485}{970}+\frac{16}{32}$

$\frac{287}{369}+\frac{10}{45}$ $\frac{728}{936}+\frac{10}{45}$ $\frac{169}{507}+\frac{32}{48}$ $\frac{269}{807}+\frac{34}{51}$

$\frac{204}{867}+\frac{39}{51}$ $\frac{678}{904}+\frac{13}{52}$ $\frac{893}{1026}+\frac{7}{54}$ $\frac{609}{783}+\frac{12}{54}$

$\frac{309}{618}+\frac{27}{54}$ $\frac{308}{462}+\frac{19}{57}$ $\frac{273}{406}+\frac{19}{58}$ $\frac{307}{614}+\frac{29}{58}$

$\frac{748}{935}+\frac{12}{60}$ $\frac{207}{549}+\frac{38}{61}$ $\frac{208}{793}+\frac{45}{61}$ $\frac{485}{970}+\frac{31}{62}$

$\frac{507}{819}+\frac{24}{63}$ $\frac{284}{710}+\frac{39}{65}$ $\frac{148}{296}+\frac{35}{70}$ $\frac{481}{962}+\frac{35}{70}$

$\frac{145}{290}+\frac{38}{76}$ $\frac{451}{902}+\frac{38}{76}$ $\frac{417}{695}+\frac{32}{80}$ $\frac{306}{459}+\frac{27}{81}$

$\frac{630}{945}+\frac{27}{81}$ $\frac{405}{729}+\frac{36}{81}$ $\frac{540}{972}+\frac{36}{81}$ $\frac{60}{1245}+\frac{79}{83}$

$\frac{109}{327}+\frac{56}{84}$ $\frac{307}{921}+\frac{56}{84}$ $\frac{310}{465}+\frac{29}{87}$ $\frac{315}{609}+\frac{42}{87}$

$\frac{231}{609}+\frac{54}{87}$ $\frac{504}{623}+\frac{17}{89}$ $\frac{105}{623}+\frac{74}{89}$ $\frac{276}{345}+\frac{18}{90}$

$\frac{372}{465}+\frac{18}{90}$ $\frac{138}{276}+\frac{45}{90}$ $\frac{186}{372}+\frac{45}{90}$ $\frac{381}{762}+\frac{45}{90}$

$\frac{185}{370}+\frac{46}{92}$ $\frac{140}{368}+\frac{57}{92}$ $\frac{426}{710}+\frac{38}{95}$ $\frac{473}{528}+\frac{10}{96}$

$\frac{357}{408}+\frac{12}{96}$ $\frac{735}{840}+\frac{12}{96}$ $\frac{375}{480}+\frac{21}{96}$ $\frac{531}{708}+\frac{24}{96}$

$\frac{135}{270}+\frac{48}{96}$ $\frac{351}{702}+\frac{48}{96}$ $\frac{143}{528}+\frac{70}{96}$ $\frac{34}{578}+\frac{96}{102}$

$\frac{693}{728}+\frac{5}{104}$ $\frac{59}{236}+\frac{78}{104}$ $\frac{63}{728}+\frac{95}{104}$ $\frac{56}{832}+\frac{97}{104}$

$\frac{56}{428}+\frac{93}{107}$ $\frac{87}{435}+\frac{96}{120}$ $\frac{496}{508}+\frac{3}{127}$ $\frac{57}{204}+\frac{98}{136}$

$\frac{795}{810}+\frac{6}{324}$ $\frac{684}{702}+\frac{9}{351}$ $\frac{792}{801}+\frac{4}{356}$ $\frac{693}{704}+\frac{8}{512}$

$\frac{792}{801}+\frac{6}{534}$

# 98

$2 \times 7^2$

98은 '감자 패러독스'에서 핵심적인 역할을 한다. 여러분이 100 파운드의 감자를 가지고 있는데 감자의 99%는 수분이고 1%는 고체 성분이라고 하자. 시간이 가면 감자 속 수분은 증발하고, 전체에서의 비율은 줄어든다. 감자 속 수분이 98%가 되면 전체 감자 무게는 얼마일까? (해답 참조)

다음 그림은 틱택토 게임에서 X가 승리할 이론적인 98가지 경우의 수 중 하나다. 그러나 이런 경우라도 항상 X가 이기는 것은 아니다. 어떤 경우에는 O도 승리할 수 있기 때문이다.(**62** 참조) 물론 틱택토의 승패를 절대적으로 예측하기는 어렵다. 따라서 O가 승리하는 경우는 무작위 틱택토 게임에서 나올 확률이 높다.

| | | |
|---|---|---|
| X | X | X |
| O | O | X |
| O | X | O |

✸

2000년까지, 북미아이스하키리그의 유니폼 번호 중 가장 높은 것은 98번이었다. 이것은 98 자체보다는 다음 두 가지와 관련이 있다. 첫째, 모든 선수는 두 자릿수를 넘는 등번호를 가질 수 없다. 둘째, 2000년은 1978년부터 1999년까지 99번 유니폼을 입었던 웨인 그레츠키가 은퇴한 해이다(그레츠키는 주니어 하키선수 시절에 고르디 하우의 등번호 9번을 원했다. 그러나 팀 동료가 그 번호를 갖는 바람에 99번을 가지게 되었다.).

## 99

$3^2 \times 11$

토머스 에디슨에 따르면 천재는 1%의 영감과 99%의 노력으로 이루어진다. 그는 분명 그걸 아는 사람이었다.

✸

누군가 시험에서 만점을 받아도 백분위 점수는 여전히 99%다. 일반적으로 시험 점수의 백분위 등급은 전체적인 빈도분포에서 특정 점수의 비율(%)을 나타내며, 가장 높은 백분위 수는 99다. 물론 점수 분포에 따라 누군가 99.99라는 백분위 점수를 받을 수 있지만, 일반적으로 표준 시험의 백분위 등급에는 소수점을 포함시키지 않는다. 그러나 이 희귀한 등급에 속하는 학생들도 에디슨의 말에서 겸손을 배워야 할 것이다. "우리는 어떤 것에 대해서도 백만분의 1%도 알지 못한다."

✵

세계의 대중문화에는 99가 자주 나온다. 캐나다는 가장 멋진 99를 만들어냈는데, 바로 하키 명예의 전당에 오른 웨인스 그레츠키의 등번호였다. 미국에는 「겟 스마트」(미국의 TV 드라마 시리즈—옮긴이)로 유명한 요원 99(바바라 펠든)가 있고, 독일의 록 그룹 '니나'는 1983년 「99개의 루프트벌룬」이란 노래로 히트를 쳤다. 번역하면 이는 '99개의 빨간 풍선'이라는 뜻이다. 그 노래는 당시 냉전에 대한 항의곡으로, 많은 풍선들이 하늘로 떠올라 분쟁으로 가득한 세계의 국경을 넘는다는 내용이었다.

✵

제목에 99가 들어간 최초의 영어권 노래가 위에서 소개한 「99개의 빨간 풍선」은 아니다. 최초의 노래는 「벽에 늘어선 99개의 맥주병」이었다. 이 노래의 원곡은 영국 노래 「10개의 녹색병」으로 여러 곳에서 자주 불렸다. 그러나 조금 괴상한 제목의 후속곡은 그러지 못했다.

✵

이슬람 묵주는 원칙적으로 99개의 묵주알로 되어 있다. 그 하나하나는 알라의 신성한 이름을 나타내는데, 이 묵주는 알라의 이름을 반복해서 외치며 돌리는 주문용 도구이기도 하다. 그러나 실제로는 이슬람 묵주 역시 천주교의 로사리오(묵주)처럼 종종 33개의 묵주알로 되어 있다. 33은 99의 인수이기 때문에, 묵주알을 세는 데 아무 문제가 없다.

스테레오 시스템에서 널리 쓰이는 콤팩트 디스크, CD-DA 그리고 CD의 초기 규격에 따르면 원래 이들 매체는 99개의 트랙을 담을 수 있었다.

이탈리아 전설에 따르면 한때 99명의 정예 호위병을 가진 왕이 있었다. 이때 99는 탁월함, 우아함 등과 관련이 있었다. 전하는 말에 따르면 오늘날의 '넘버 99' 아이스크림은 '탁월함'의 이미지를 전하고 싶었던 이탈리아 이민자들이 만든 상표라고 한다. 그러나 두 이야기가 그리 신빙성이 있는 것 같지는 않다. 연구에 따르면 문제의 그 정예 호위병들은 로마 교황청의 스위스 호위대인데 이들은 전통적으로 105명이었다. 또 '99 아이스크림'—바닐라와 초콜릿 실버를 합한—상표는 스코틀랜드 아이스크림 상점의 이탈리아인 주인이 지었다고 한다. 그 이름은 과거의 전설과는 관계가 없고, 단순히 그 상점이 하이 스트리트 99번지에 있었기 때문에 붙였다고 한다. 그 외에도 몇 가지 설이 더 있지만 믿기 힘든 것들이다.

# 100

$2^2 \times 5^2$

$$100=(1+2+3+4)^2,\ 100=1+8+27+64=1^3+2^3+3^3+4^3$$

일반적으로 처음 *n*개의 세제곱 수의 합은 처음 *n*개의 정수의 합을 제곱한 값과 같다.

10진법에서 100이 중요한 수라는 것은 두말할 필요가 없다. 예를 들어, 1달러는 100센트이고 물의 끓는점은 섭씨 100도이다. (물론 과학자들이 편의를 위해 정한 수치다.) 또 미국의 상원의원 수도 100명으로 50개 주에서 각각 2명씩 선출한다.

century(100년), centipede(지네) 등의 단어에서 볼 수 있듯, 영어에서 접두사 cent-는 100을 의미한다. 프랑스어에서 cent는 그 자체로 100을 뜻하며, 글자가 알파벳 순으로 배열된 가장 큰 프랑스 수이기도 하다. 2×5×10＝100을 프랑스어로 표기하면 아래와 같다.

DEUX × CINQ × DIX = CENT

각각의 수가 모두 알파벳 순으로 배열되어 있다!

개인적으로 나는 중국에서 100을 사용하는 방법을 가장 좋아한다. 중국의 전통에 따르면 새로 태어난 판다곰의 이름은 100일이 지나야 붙일 수 있다.

✲

100은 10의 제곱수이다. 여기서 10×10 정사각형을 잠깐 주목하자. 다음 10×10 낱말 사각형은 오랫동안 사람들이 찾아 헤맨 것이다. 비록 불완전하지만(여기에는 두 개의 애매한 지명이 있고 — Adaletabat와 Dioumabana — nature-name처럼 하이픈으로 연결된 단어도 있다) 이것은 놀라운 작품이다. 어쩌면 최대의 규모일지도 모른다. 누구든 이런 11×11 사각형을 만들어 내기는 아주 어렵다.

D E S C E N D A N T<br>
E C H E N E I D A E<br>
S H O R T C O A T S<br>
C E R B E R U L U S<br>
E N T E R O M E R E<br>
N E C R O L A T E R<br>
D I O U M A B A N A<br>
A D A L E T A B A T<br>
N A T U R E N A M E<br>
T E S S E R A T E D

✲

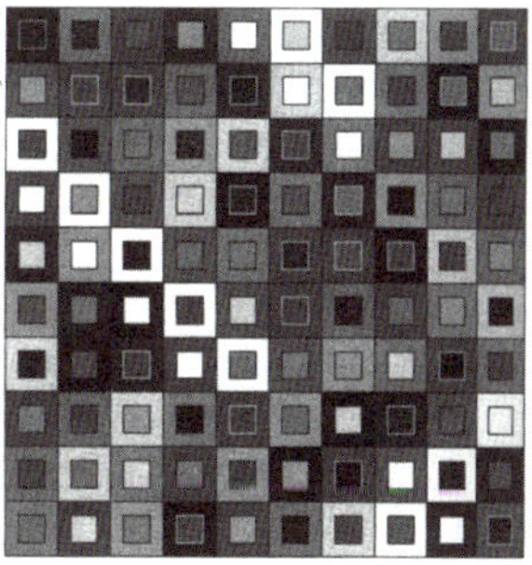

그림은 가로, 세로 10줄로 된 100개의 정사각형과, 그 안에 있는 작은 100개의 정사각형으로 되어 있다. 이 책에서는 10가지 색깔을 모두 나타낼 수 없지만, 여기 나오는 정사각형(큰 것과 작은 것 200개)의 모든 행과 열은 서로 다른 10가지 색깔로 되어 있다.

이 사각형은 1959년, 레밍턴 랜드 사의 E. T. 파커, 그리고 노스캐롤라이나 대학의 R. C. 보스와 S. 스리카한드가 발견한 것이다. 이 발견은 오일러의 오랜 추측이 틀렸음을 증명했다. 약 170년 전에, 오일러는 만약 한 변의 길이가 2, 6, 10, 14, … (수학적 용어로는, 2와 합동, 계수는 4로 표현한다.)일 때, 위와 같은 그레코-라틴 방진($n \times n$ 크기의 격자에서 각각의 행, 열, 대각선의 항이 하나도 중복되지 않도록 하는 배열—옮긴이)을 만드는 것이 불가능하다고 추측했다. 당시 저 수들을 제외한 다른 모든 수로는 그것이 가능하다는 사실이 알려져 있었다.

당시 파커는 컴퓨터 회사인 레밍턴 랜드 사에 있었기 때문에, 컴퓨터의 도움으로 이 문제를 풀었다고 생각할 수도 있다. 그러나 그런 것은 아니었다. 특정한 규모의 그레코-라틴 방진이라면 컴퓨터의 도움을 빌릴 수 있었겠지만 파커, 보스, 스리카한드의 작업은 훨씬 일반적이다. 즉, 이들은 한 변의 길이가 2와 6이 아니라면 어떤 수로도 그레코-라틴 방진을 만들 수 있음을 증명했다. (**36** 참조)

## 101 소수

도디 스미스의 1956년 소설, 《101마리의 달마시안The Hundred and One Dalmatians》의 줄거리는 오늘날 젊은층에게는 매우 따분할 것이다. 그러나 월트 디즈니사는 1961년, 이 소설을 애니메이션으로 만들어 성공시켰고, 1996년에는 실제 영화로도 제작했다.

20세 때 조셉 푸리에는 17개의 직선이 정확히 101개의 교차점을 가질 수 있는지를 물었다. 오른쪽 그림은 4가지 해답군 중의 하나를 나타낸 것이다. 제시된 그림에 직선 1개를 추가하면 101개의 교차점을 만들 수 있다. 이때 직선은 가로, 세로, 대각선 어느 방향으로 그려도 상관없다. 푸리에는 나중에 대수방정식 및 미분방정식 분야에서 혁명을 일으켰고(1824년), 동시에 훗날 '온실효과'라고 알려지게 될 기상현상도 발견해냈다.

## 102

2×3×17

엠파이어 스테이트 빌딩은 전부 102층이다. 1931년 완공 당시, 이 건물은 크라이슬러 본사와 40 월스트리트 건물을 뛰어넘어 세계에서 가장 높은 빌딩이 되었다. 이 빌딩은 10118이라는 자체 우편번호를 가지고 있다.

## 103 소수

연극과 영화로 알려진 「프루프」의 주인공은 수학교수이다. 그는 죽을 때 103권의 노트를 남기는데 그의 딸과 대학원의 제자들이 그 노트의 진가를 발견해 나간다. 그 노트에 담긴 획기적인 수학적 발견 중 하나는 그의 딸—영화에서 기네스 펠트로가 연기한—이 쓴 것임이 밝혀진다.

## 104 $2^3 \times 13$

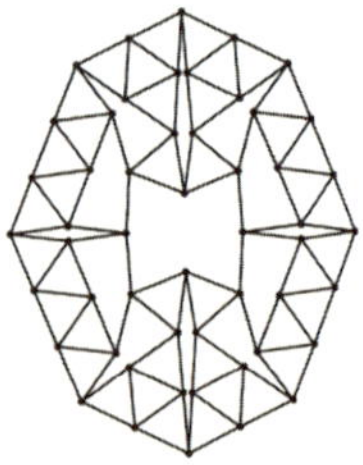

왼쪽 그림은 독일 수학자 하이코 하르보스가 만든 것으로, 이는 가장 작은 4-정규 성냥개비 그래프로 알려져 있다. 104개의 성냥개비들은 모든 꼭짓점이 4개의 성냥개비와 만나도록 배열되어 있다.

이때 5개, 혹은 그 이상의 성냥개비들이 모든 꼭짓점에서 만날 수 있는 배열은 불가능함이 밝혀졌다. 두 성냥개비가 한 점에서 만나는 경우는 정삼각형에서 찾을 수 있다. 그렇다면(12개의 성냥개비로) 3개의 성냥개비가 한 점에서 만나는 경우는 어떤 모양일까? (해답 참조)

## 105

3×5×7

서로 다른 3개의 홀수 소인수를 갖는 가장 작은 수는 105이다. 고등수학에서 이것은 차수가 105인 원분다항식 — $\Phi_{105}(x)$ — 과 관계가 있다. 원분다항식이란 임의의 자연수 $n$에 대해 $x^n-1$ 전개식의 일부분으로 다음과 같은 몇 가지 간단한 형태를 갖는다.

$$\Phi_2(x) = x + 1$$

$$\Phi_4(x) = x^2 + 1$$

$$\Phi_7(x) = x^6 + x^5 + x^4 + x^3 + x^2 + x + 1$$

그렇게 핵심적인 내용은 아니지만, $\Phi_{105}(x)$은 1이나 -1 이외의 계수를 갖는 첫 번째 원분다항식이다.

## 106

2×53

뉴욕 필하모니 오케스트라의 악기구성은 아래와 같다.

| | | | | | |
|---|---|---|---|---|---|
| 바이올린 | 33 | 클라리넷 | 4 | 베이스 트롬본 | 1 |
| 비올라 | 12 | E-flat 클라리넷 | 1 | 튜바 | 1 |

| 첼로 | 11 | 베이스 클라리넷 | 1 | 팀파니 | 1 |
|---|---|---|---|---|---|
| 베이스 | 9 | 바순 | 4 | 타악기 | 2 |
| 플루트 | 4 | 콘트라바순 | 1 | 하프 | 1 |
| 피콜로 | 1 | 호른 | 6 | 하프시코드 | 1 |
| 오보에 | 2 | 트럼펫 | 3 | 피아노 | 2 |
| 글리시 호른 | 1 | 트롬본 | 3 | 오르간 | 1 |
| | | | | 합계 | 106 |

## 107 소수

모든 라디오 신호는 535~1605Khz 사이의 대역폭을 갖는다. 주파수 하나가 10kHz의 대역폭을 가지므로, 어떤 지역에서든 107개의 반송 주파수(어떤 임의의 신호를 멀리 보내기 위한 고주파 전류의 주파수—옮긴이)를 만들 수 있다.

## 108 $2^2 \times 3^3$

아마 수학에서 가장 잘 알려진 108은 정오각형 내각의 크기일 것이다. 정오각형의 5개 내각의 크기는 모두 108도이다.

오른쪽 그림의 오각형 꼭대기에는 3시 36분을 가리키는 시계바늘 표시가 있다. 이때, 시침과 분침값을 곱하면 3×36 = 108이 되는데, 이는 두 바늘 사이의 각도이기도 하다. 하루 중에는 이와 같은 시각이 2번 더 있다. 언제일까? (해답 참조)

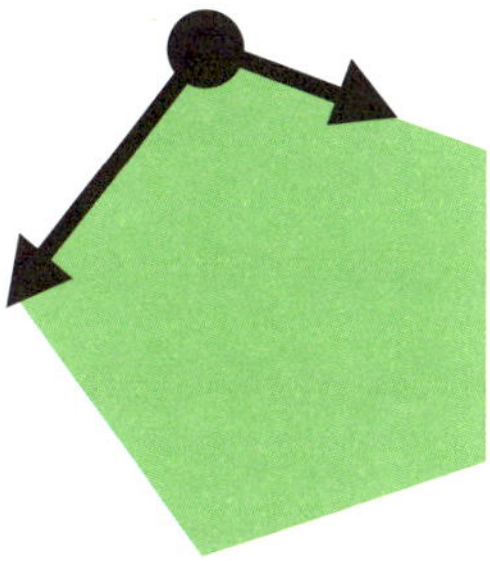

호메로스의 《오디세이아Odyssey》에서, 페넬로페는 오디세우스를 기다리는 동안 108명의 구혼자들에게 구애를 받는다.

메이저리그 공식 야구공에는 108개의 더블스티치(2번 감치기) 자국이 있다.

카나스타 게임에는 108장의 카드가 쓰인다. 52장짜리 카드 두 벌과 4장의 조커가 있다.

## 109 소수

처음 109개 정수의 합에 2를 곱하면 10,900+1090이 된다.

$\frac{1}{109}$은 853211로 끝나는 108자리의 순환 소수부를 갖는다. 이 수를 거꾸로 읽으면 피보나치 수열의 시작부와 같다. 또 처음 109개의 피보나치 수를 취해, 각각의 수(0을 포함해)를 10의 109제곱으로 나눈 다음, 모두 더하면 그 합은 $\frac{1}{109}$이 된다. (**89** 참조)

## 110 $2 \times 5 \times 11$, $5^2+6^2+7^2$

J. R. R 톨킨은 110을 'eleventy'로 표현했다. 마틴 가드너가 1975년, 〈사이언티픽 아메리칸〉 지의 만우절 장난퀴즈에 소개한 윌리엄 맥그리거의 그림에서도, 전체 구역의 개수는 110개였다. 가드너는 이 패턴 그림의 이웃한 면을 서로 다른 색으로 칠하여 4색으로 전부 채울 수 없다고 주장했고, 많은 사람들이 그 말을 믿었다. 바로 1년 후, 아펠과 하켄은 4가지 색상이면 어떤 지도든 전부 채울 수 있음을 증명했다. (**4** 참조)

## 111
$3 \times 37$

| 6 | 32 | 3 | 34 | 35 | 1 |
|---|---|---|---|---|---|
| 7 | 11 | 27 | 28 | 8 | 30 |
| 19 | 14 | 16 | 15 | 23 | 24 |
| 18 | 20 | 22 | 21 | 17 | 13 |
| 25 | 29 | 10 | 9 | 26 | 12 |
| 36 | 5 | 33 | 4 | 2 | 31 |

모든 6×6 마방진에서 각 행, 열, 대각선의 수를 모두 더하면 111이 된다. ($n \times n$ 마방진에서 마방수를 구하는 일반적인 공식은 $\frac{(n^3+n)}{2}$이며, 111은 $\frac{(6^3+6)}{2}$이다.) 여기 소개한 마방진은 중세 시대의 것으로, 당시는 마방진에 신비한 성질이 있다고 믿었다. 또 6과 관련해 111은 영어에서 6개의 음절로 된 가장 작은 수다. 물론 영국식으로 하면 (and를 포함해) 7개의 음절이 된다.

## 112
$2^4 \times 7$

**21**에서 우리는 1개의 정사각형을 한 변이 정수인 더 작은 정사각형으로 나누는 문제를 살펴보았다. 여기서 가능한 최소의 개수로 분할하기 위해서는 원래 정사각형의 한 변이 112여야 한다.

✲

1945년, 미 점령군은 프랑스에 주둔하고 있는 미군들을 위해 《프랑스에 대한 112가지 불평112 Gripes About the French》이라는 책자를 펴냈다. 제목만 봐서는 프랑스를 비웃는 책 같지만, 이 책의 실제 목적은 양국 간의 문화적, 역사적 이해를 높이는 것이었다. 예를 보자.

6. 우리는 항상 프랑스군을 궁지에서 구해낸다. 그들은 우리에게 무엇을 해주었나? 미국 독립혁명 시기에 라파예트 장군이 이끄는 45,000명의 프랑스 의용군은 \$6,000,000의 차관을 가지고 대서양을 건넜다. 당시는 100만 달러도 엄청나게 많은 금액이었다.

## 113 소수

$\frac{355}{113}$는 $\pi$에 매우 가까운 근삿값이다. ($\frac{355}{113} = 3.1415929\cdots$, 그리고 $\pi = 3.1415926\cdots$) 이것은 5세기경 중국의 수학자이자 천문학자였던 조충지가 발견했다.

## 114 $2 \times 3 \times 19$

영화감독 스탠리 큐브릭은 확실히 114에 특별한 매력을 느꼈던 것 같다. 그의 영화 「닥터 스트레인지러브」에는 CRM 114 라디오(영화에서 특정 코드를 포함하지 않는 모든 해로운 메시지 전송을 차단하는 장치—옮긴이)가 등장한다. 또 영화 「시계태엽 오렌지」에서는 알렉스가 주사기로 혈청 114를 주입받는 장면이 있다.

## 115

$5 \times 23$

115법칙은 72법칙과 비슷한데, 여기서는 2배가 아니라 3배를 사용한다는 사실이 다르다. 재산을 3배로 불리려면 어느 정도의 시간이 걸리는지 찾기 위해 연간 수익률을 115로 나눠보자. 위에 소개한 115의 인수 중 하나를 사용해 보자. 예를 들면, 연간 수익률이 5%인 경우 현재 자산이 3배가 되려면 23년이 걸린다. 72법칙이 성립하는 것은 0.72가 2의 자연로그($e$)값에 가깝기 때문이다. 115에서는 1.15가 3의 자연로그값에 가깝다.

## 116

$2^2 \times 29$

영국과 프랑스 사이의 백년전쟁은 1337년부터 1453년까지 치러진

전쟁이다. 즉, 정확히 말하면 116년이 걸렸다.

## 117
$3^2 \times 13$

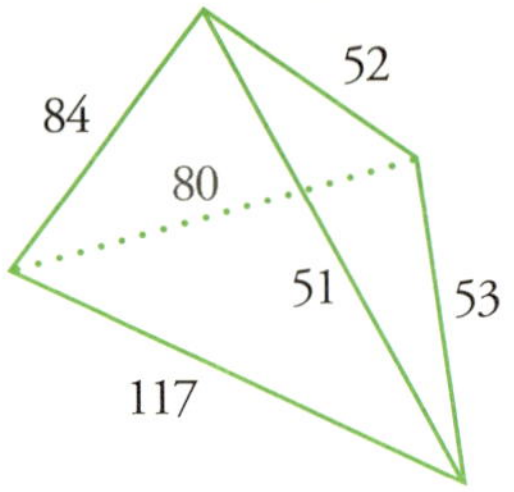


그림은 헤로니안 사면체다. 이것은 각 변의 길이(그림에서 수가 붙은), 각 면의 넓이, 그리고 부피가 모두 유리수(분수)인 사면체를 말한다. 실제 이 그림은 '완전' 헤로니안 사면체로, 가장 긴 변(117)의 길이가 가능한 수치 중 가장 작은 것이다. 각 면의 넓이는 1170, 1800, 1890, 2016(단위 제곱)이며, 사면체의 부피는 18,144(단위 세제곱)이다.

## 118
$2 \times 59$

$n = 4$일 때, 크리스마스 선물을 포장할 때 사용할 수 있는 가장 짧은

리본 길이는 118이다. 이때 상자의 부피와 사용되는 리본의 길이는 같지만, 상자의 모양이 다른 4가지 경우를 찾아보자.

$$118 = 14 + 50 + 54 \qquad 14 \times 50 \times 54 = 37{,}800$$

$$118 = 15 + 40 + 63 \qquad 15 \times 40 \times 63 = 37{,}800$$

$$118 = 18 + 30 + 70 \qquad 18 \times 30 \times 70 = 37{,}800$$

$$118 = 21 + 25 + 72 \qquad 21 \times 25 \times 72 = 37{,}800$$

미국의 10센트짜리 동전 면에는 118개의 홈이 있다.

## 119

7×17

미국의 25센트짜리 동전 면에는 119개의 홈이 있다.

연속된 수가 포함된 피타고라스 삼중쌍 중에서, 네 번째로 작은 쌍은 119-120-169이다. (가장 유명하고 가장 작은 피타고라스 삼중쌍은 3-4-5다. 두 번째는 5-12-13, 세 번째는 20-21-29다.)

# 120

$2^3 \times 3 \times 5$

120 = 5! = 5×4×3×2. 이는 5장의 포커 카드를 늘어놓는 경우의 수와 같다.

스크래블 게임(영어 단어 만들기 보드게임—옮긴이)에서 친숙한 단어를 사용해 첫 시행에서 얻을 수 있는 가장 높은 점수는 120이다. 예를 들어, 단어 'Jukebox'에서는 X와 J에 철자 점수 2배가 주어지고, 여기에 단어 점수 2배, 그리고 보너스 50점이 주어진다. 'squeeze'나 'quizzed' 같은 단어 역시 120점을 받을 수 있다.

| $J_8$ | $U_1$ | $K_5$ | $E_1$ | $B_3$ | $O_1$ | $X_8$ |
|---|---|---|---|---|---|---|

집합 {1, 3, 8, 120}에는 특이한 성질이 있다. 아무 원소나 2개를 골라 곱한 다음, 1을 더하면 완전제곱수가 된다.

| 1+1×3 | 1+1×8 | 1+1×120 | 1+3×8 | 1+3×120 | 1+8×120 |
|---|---|---|---|---|---|
| 4 | 9 | 121 | 25 | 361 | 961 |

각 단계마다 더해지는 수들은 가능한 값들 중 가장 작은 것이다. 위 순서에서 다음 수는 1680, 그 다음 수는 23,408이다.

✻

정육각형의 모든 내각의 크기는 120도이다.

## 121

$11^2$, $3^0+3^1+3^2+3^3+3^4$

121은 그 형태가 회문(바로 읽으나 거꾸로 읽으나 뜻이 같은 문장 형태)이다. 또 다른 회문(11)의 제곱수이면서, 동시에 또다른 회문수(14641)의 제곱근이기도 하다. 이런 유형의 수들은 무한히 많다. 121 바로 다음 수는 무엇일까? (해답 참조)

✻

차이니즈 체커(별 모양의 보드판 위에서 하는 게임. 다이아몬드 게임이라 한다—옮긴이)는 중국 게임도 아니고 체커도 아니다. 이 게임의 표준 보드판에는 121개의 구멍이 있다.

✻

수학용어로 완전제곱수이면서 동시에 별 수star number인 수를—놀라지 마시라—제곱 별 수라고 부른다. 121 다음의 제곱 별 수는 11,881이다.

## 122

2×61

컴퓨터 시스템에서 범용 단일 식별자(UUID)는 원래 128비트 구성이었다. 그러나 나중에 버전이 바뀌면서, 6비트가 빠지고 122개의 랜덤 비트만 남게 되었다. UUID의 총 개수는 $2^{122}$개로 37자리 수다. 개인용 ID에 이렇게 어마어마한 수가 쓰이는 것은 사실 중요한 일이다. 실수로 다른 수와 중복될 확률이 거의 없기 때문이다.

## 123

3×41

123의 각 자릿수를 모두 더한 값은 이를 모두 곱한 값과 같다.

✲

아무 수나 떠올려 보자. 예를 들어 829,432,154가 있다. 이제 각 자릿수에서 짝수의 개수(5개)와 홀수의 개수(4개)를 센 다음, 이 두 수와, 두 수를 합한 수를 이용해 수를 만들자. 만약 이 과정을 549에서 시작하면, 여러분은 123을 얻을 것이다. 어떤 수에서 시작하든, 몇 단계의 유한한 횟수를 반복하면 여러분은 결국 123에 도달하게 된다.

영국에서 123번으로 전화를 걸면, 브리티시 텔레콤 사의 '전화 시각 안내'에 연결된다. 이 안내 서비스의 시간 오차는 1/5000초로 알려져 있다.

123은 수 자체가 아니라 그 자릿수 때문에 유명한 수다. 예를 들어 "1-2-3처럼 쉽다" 또는 "로터스 1-2-3"(IBM PC용 소프트웨어인데, 이 명칭은 확실히 미국의 소프트웨어 프로그램인 '비지칼크VisiCalc'보다는 쉽다.)같은 표현이 있다. 또 렌 배리의 노래 「1-2-3」은 1965년 발표된 이래, 미국에서 빌보드차트 1위에는 오르지 못했지만 2위에 올랐고, 영국에서는 3위에 올랐다.

## 124

$2^3 \times 31$

영국에는 124개의 우편번호 구역이 있다. 이들은 우편번호의 처음 두 글자로 구분한다.

## 125
$5^3$

125는 프리드먼 수로 불린다. 프리드먼 수는 숫자의 배열을 그대로 혹은 위치를 바꿔서 등식을 만들 수 있는 수다. $125 = 5^{(1+2)}$.

## 126
$2 \times 3^2 \times 7$

126은 물리학에서 6개의 신비로운 수 중 하나다. 2, 8, 20, 50, 82, 그리고 126개의 핵입자를 가지는 원자핵은 특별히 안정적이기 때문이다. 1963년에 마리아 괴페르트 메이어, 유진 위그너 그리고 J. 한스 엔젠은 원자핵의 '셸' 구조에 대한 연구로 노벨 물리학상을 받았다. 이것은 원자핵에서 발견되는 신비로운 수에 대한 연구이기도 했다.

방정식 $126 = {}_9C_5 = \frac{9!}{5!4!}$은 이 책에서 여러 번 나온 수학 기호다. 이것은 처음 9개의 물체에서 5개(또는 4개)를 고르는 방법의 수가 126개라는 뜻이다. 여기서 9나 5 대신에 다른 어떤 수를 넣어도 원리는 같다. 그러나 위에서 우리가 특별히 '선택한' 수는 실생활에서도 찾아볼 수 있다. 미국 대법원에서 가능한 5 대 4 판결의 가짓수도 126가지다.

## 127 소수, $-1+2^7$

영국의 윔블던 테니스 대회(또는 다른 모든 128강 추첨식 토너먼트 대회)에서 챔피언을 가리려면 127회의 경기가 필요하다. 이것을 증명하는 2가지 방법이 있다.

첫 번째 방법은 다음과 같다. 먼저 결승전은 1경기, 준결승전은 2경기… 이렇게 제일 마지막에는 64경기가 필요하다. 그 합계 $1+2+4+8+16+32+64=127$이다.(일반적으로 2의 처음 $n$ 제곱수들의 합은($2^0$을 포함해), 2의 $n+1$번째 제곱수 값보다 1이 작다.)

경기 수를 계산하는 또 다른 방법은, 경기마다 한 명의 탈락자가 생긴다는 것을 이용한다. 전체 시합에서 오직 한 명만이 패자가 되지 않는다. 따라서 필요한 경기의 수는 $128-1=127$이다. 이 간단한 방법은 어떤 규모의 추첨식 토너먼트에도 적용된다. 만약 토너먼트에서 선수나 팀의 수가 2의 제곱수가 아닐 경우, 한 팀이나 선수에 부전승이 주어진다. 그러면 두 번째 경기부터 2의 제곱수만큼의 경기횟수가 가능해진다.

## 128

$2^7$

**127**에서 보았듯, 모든 주요 테니스 토너먼트에서 첫 번째 라운드에는 128명의 선수들이 참여한다. 일반적으로 $2^n$명의 선수들이 있는 토너먼트에서는 $n$번의 경기가 진행된다.

128은 테니스 경기에서 그랜드 슬램으로 들어가는 첫 번째 관문일 뿐 아니라, 3개의 서로 다른 제곱수의 합으로 표현할 수 없는 가장 큰 수이기도 하다.

## 129

$3 \times 43$

128은 서로 다른 세 제곱수의 합으로 표현할 수 없지만, 129는 2가지 다른 방법으로 가능하다.

$129 = 100 + 25 + 4 = 10^2 + 5^2 + 2^2$, $129 = 64 + 49 + 16 = 8^2 + 7^2 + 4^2$.

(같은 성질을 갖는 가장 작은 수는 62다.)

만약 64 + 64 + 1이나 121 + 4 + 4처럼 제곱수의 중복을 허용하면, 129를 서로 다른 세 제곱수의 합으로 표현하는 방법은 4가지다. 이 경우, 129는 이런 4가지 방법이 가능한 가장 작은 수가 된다.

## 130

$2 \times 5 \times 13$

130의 가장 작은 약수 4개는 1, 2, 5, 10인데, $130 = 1^2 + 2^2 + 5^2 + 10^2$이다. 처음 4개 약수의 제곱수 합이 자신이 되는 수는 130뿐이다.

## 131

소수

131은 소수이면서 동시에 치환가능한 소수다. 원래 수에서 자릿수를 바꾼 수, 예를 들어 113과 311이 모두 소수이기 때문이다. 또 131은 두 소수 13과 31을 겹쳐 놓은 것과도 같다.

## 132

$2^2 \times 3 \times 11$

$$132 = 12 + 13 + 21 + 23 + 31 + 32$$

다시 말해 132는 자신을 구성하는 수들 중 2개로 만들 수 있는 모든 두 자리 수의 합과 같다. 또 132는 그런 성질을 갖는 가장 작은 수

다. 그렇다면 다음 수는 무엇일까? (해답 참조)

132는 6번째 카탈란 수다. 카탈란 수는 조합론 분야의 다양한 영역에서 폭넓게 쓰인다. 8각형을 6개의 삼각형으로 나누는 방법은 132가지다.

다음 그림은 6개의 직사각형으로, 거꾸로 된 계단 형상을 만드는 132가지 방법 중 2개를 소개한 것이다.

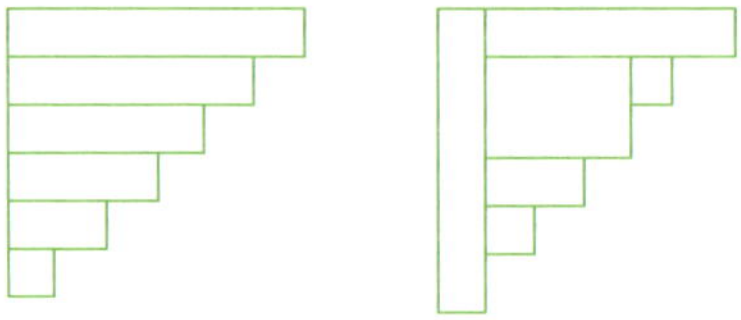

$n$번째 카탈란 수를 구하는 기본 공식은 $\frac{{}_{2n}C_n}{(n+1)}$인데, 이는 $\frac{(2n)!}{(n!)^2(n+1)}$과 같다.

## 133

7 × 19

1993년, D. E. 윌슨과 D. M. 리더가 발표한 중요한 분류에 따르면, 포유류과는 모두 133개다. 포유류과의 학명은 모두 -idae로 끝나기 때문에 쉽게 알아볼 수 있다. 몇 가지 예를 들면, Caenolestidae과(뾰족뒤쥐, 케놀레스테스), Dasypodidae(개미핥기), Obobenidae(바다코끼리), Erethizontidae(아메리카호저), Castoridae(비버) 등이 있다.

놀랍게도 133개의 포유류과 중에서, 거의 $\frac{1}{7}$에 가까운 19개 과는 모두 박쥐 그룹이다.

## 134

$2 \times 67$

로마식 표기법을 사용하면 134는 프리드먼 수(수의 배열을 그대로 하여 등식이 성립하도록 하는 퍼즐—옮긴이)가 된다. $CXXXIV = XV^{*}\left(\frac{XC}{X}\right) - I$.

(**125** 참조)

## 135

$3^3 \times 5,\ 1^1+3^2+5^3$

정팔각형의 한 내각의 크기는 135도이다.

## 136

$2^3 \times 17$

마이어스-브릭스 유형지표에는 16가지 성격유형이 있다.(**16** 참조) 심리치료사들은 이 성격유형에 정통해야 한다. 그러나 그렇지 못할 경우, 특히 커플을 상담할 때 아주 곤란할 것이다. 16개의 성격유형 중에서 서로 다른 두 성격을 고르는 방법의 수는 120가지다. 만약 커플의 성격이 같을 경우까지 고려하면, 모두 136가지의 성격조합이 가능하다.

136의 각 자릿수의 세제곱 수를 전부 더하면 $1^3+3^3+6^3=244$다. 여기서 다시 한 번 같은 과정을 반복하면 $2^3+4^3+4^3=136$이 된다. 이런 대칭관계를 보이는 유일한 다른 숫자쌍은 (919, 1459)이다.

## 137

소수

물리학자 볼프강 파울리는 평생 동안 137이 '미세구조상수'임을 밝히려고 애쓴 다음, 137번 병실에서 숨을 거두었다고 알려져 있다.

## 138
### 2×3×23

펑크밴드 '미스핏츠'가 1982년 「우리는 138이다」라는 노래를 발표하기 전까지 이 수에 대해 말할 만한 이야기는 없었다. 어떤 의미에서는 지금도 마찬가지다.

## 139
### 소수

퍼즐 설계자 빌 커틀러는 컴퓨터를 통한 몇 년간의 연구 끝에, 6조각인 '버 퍼즐[burr puzzle]' 조각을 분해해, 떨어지지 않게 결합할 수 있는 최대 방법은 139임을 밝혀냈다. 아래 사진은 그 퍼즐 중 하나다.

# 140

$2^2 \times 5 \times 7$

'마법기사의 여행'이라는 문제가 있다. 체스판의 64개 사각형 중 하나에서 기사를 출발시켜, 다른 사각형으로 옮기는데 이때 모든 사각형은 한 번만 지나가야 한다. '마법기사의 여행'에는 조건 하나가 더 붙는다. 기사가 지나간 자리를 순서에 따라 1부터 64까지 표기하는데, 그렇게 얻은 수들이 마방진을 이루어야 한다. 또, '반-마법 기사의 여행'(역사적으로 가장 앞선 것으로 1848년 윌리엄 베벌리가 만들었다.)에서는 기사가 지나간 자리의 수들이 반-마방진을 만들어야 한다. 반-마방진이란 각 열과 행의 합은 마방수(260)가 되지만, 대각선 방향의 합은 그렇지 않은 마방진을 말한다. (이 경우의 값은 280이나 212가 된다.) 그러나 8×8 마방진에서 기사의 여행은 불가능한데, 이것은 2003년, J. C. 메리냑과 귄터 스테른텐브링크가 밝혀낸 것이다. 이들은 140개의 서로 다른 기하학적 형태들이, 모두 '반-마법 기사의 여행'을 이룬다는 사실도 밝혀냈다.

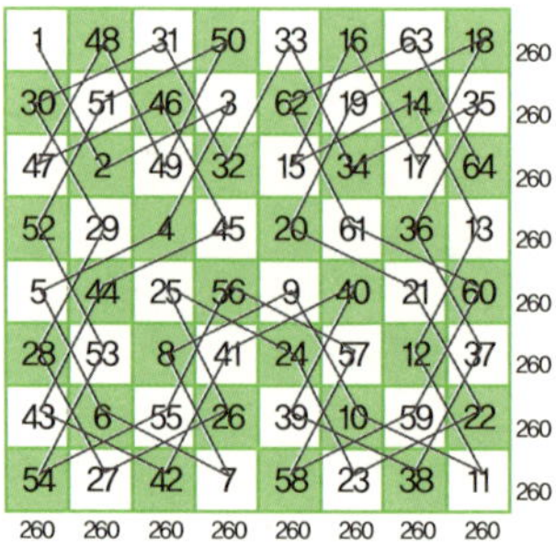

## 141

3×47

컬렌 수는 $n \cdot 2^n+1$의 형식을 갖는 수로, 나중에 수학자가 된 아일랜드 신학자 제임스 컬렌의 이름을 딴 것이다. $n$이 1이면 결과는 3으로 소수가 된다. 그러나 다음 컬렌 소수는 $n$이 141이 될 때까지 나타나지 않는다. 컬렌 소수가 무한한지는 아직 밝혀지지 않았다.

## 142

2×71

1파운드는 453.59g이다. 1온스는 $\frac{1}{16}$파운드이며, 1캐럿은 200mg이다. 정리해 보면, 1온스는 142캐럿보다 조금 더 적다.

## 143

11×13

143은 1001의 인수이기 때문에 abc,abc 형태로 된 어떤 수도 143으로 나누어떨어진다.

## 144

$2^4 \times 3^2$, (1+4+4)(1×4×4)

12개를 '더즌'이라고 부르듯 144는 '그로스'(12더즌)라고 부른다. 특히, 144는 12의 제곱수이다. 또 공교롭게도 144는 12번째 피보나치 수다. 피보나치 수열에서 144를 제외한 유일한 제곱수는 1뿐이다.

144는 오일러의 '제곱수의 합 추측'을 반박하는 데 큰 역할을 했다. 오일러는 $n > 2$일 경우, 임의의 $n$차 제곱수를 표현하기 위해서는 역시 같은 $n$차 제곱수가 $n$개 필요할 것으로 보았다. (페르마의 마지막 정리의 친척뻘 되는 문제라고 할 수 있다.) 이 추측은 오랫동안 풀리지 않다가 1967년, L. J. 랜더와 T. R. 파킨이 등식 $144^5 = 27^5 + 84^5 + 110^5 + 133^5$을 발견하면서 틀린 것으로 판명되었다. 이 식은 5차 제곱수를, 4개의 5차 제곱수의 합으로 표현한 것이다.

## 145

$2^2 \times 5 \times 7$

$$145 = 1 + 24 + 120 = 1! + 4! + 5!$$

위의 경우와 1, 2를 제외하면, 자기 자신의 자릿수에 차례곱을 붙여 더한 값이 자기 자신과 같아지는 유일한 경우는 40,585뿐이다.

임의의 자연수를 택해 자신의 자릿수의 제곱값을 모두 더해 보자. 예를 들어, 769를 택했으면 $7^2+6^2+9^2=166$이 된다. 다시 이 과정을 반복하면 $1^2+6^2+6^2=73$이 나온다. 그 다음은 $7^2+3^2=58$이 된다. 이런 식으로 계속하면 다음 둘 중 하나가 나온다. (1) 1에 도착한다. (2) 8개 수가 순환해서 나타난다. 그중 가장 큰 수는 145이며, 이 순환은 영원히 반복된다. 특히, 769에서 시작하면 5단계 후에 145에 도달한다. (2)번의 경우 이 순환 수들은 (145, 42, 20, 4, 16, 37, 58, 89, 145)이다.

## 146

2 × 73

$$146 = 1+4+9+16+25+36+25+16+9+4+1$$

위 식은 두 쌍의 주사위를 굴릴 때 나올 수 있는 값을 계산한 것이다. 두 주사위의 합이 2가 되는 경우는 1가지, 3이 되는 경우는 3가지 등으로 계속하면, 가짓수가 가장 많은 수는 '7'이 된다. 또 다른 수들의 가짓수도 7을 중심으로 대칭을 이룬다.

앞의 식은 두 쌍의 주사위를 굴렸을 때, 전체 1,296가지 중에서 그 결과의 합이 같아지는 146가지 경우를 나타낸 것이다. 따라서 1번째 주사위 쌍의 합이 더 클 확률은 $\frac{575}{1296}$이며, 2번째 주사위 쌍의 합이 더 클 확률도 그와 같다. 마지막으로 두 쌍의 주사위의 합이 같을 확률은 $\frac{146}{1296}$이다.

## 147
소수

파울 없는 스누커 게임(영국에서 유래한 당구의 한 종목)에서 얻을 수 있는 최대 득점수는 147점이다.

## 148
$2^2 \times 37$

뱀파이어 수란 임의의 수에서 각 자릿수를 더 작은 2개의 수로 나누었을 때, 이 수를 곱한 값이 다시 원래 수가 되는 수를 말한다. 6자리 뱀파이어 수는 모두 148개인데(이때 0을 더하거나 빼서 수를 만드는 경우는 제외한다.) 그중 가장 작은 수는 102,510 = 201 × 510이고, 가장 큰 수는 939,658 = 953 × 986이다.

## 149 소수

149는 소수지만 아래에서 보듯, 주요 성질은 오히려 제곱수와 관계가 있다.

149는 두 제곱수의 합이다. (100과 49)

149는 두 제곱수의 연속이다. (1과 49)

149는 세 연속 제곱수의 합이다. ($6^2+7^2+8^2$)

149는 세 제곱수의 연속이다. (1, 4, 9)

## 150 $2\times3\times5^2$

호주 하원의원 수는 150명으로 이들은 각기 다른 선거구를 대표한다. 'sesquicentennial'이란 150번째 기념일이라는 뜻이며, 성경에는 150편의 시편이 들어 있다. 그러나 가장 흥미로운 150은 영국의 인류학자 로빈 던바의 연구에 등장한다. 그는 사람들이 서로 사회적 관계를 유지할 수 있는 최대의 인원수는 150명이라고 추산했다. 던바의 연구는 각 동물종이 가진 대뇌 신피질의 크기에 따라, 구성할 수 있는 최대 공동체 규모가 달라짐을 보여준다. 호모 사피엔스의 최대 평균은 147.8명으로,

그는 이를 150으로 반올림했다. 그래서 150은 던바의 수라 불린다.

✵

말콤 글래드웰이 《티핑 포인트The Tipping Point》에서 지적했듯, 던바의 연구는 사회심리학이 생겨나기 훨씬 전부터, 공동체 구성원을 150명 이하로 제한하던 후터파 교도와 같은 공동체에서 150이 갖는 역할을 잘 보여준다. 과거 로마시대부터 지금까지 군대에서는 결속력을 위해 부대원을 적은 수로 유지해 왔다. 또 고어텍스의 제조사들 역시 같은 이유로 한 공장의 고용자 인원을 150명 아래로 맞춰왔다. 이 사례들은 던바의 연구를 경험적으로 뒷받침해 준다.

## 151 소수

151은 회문인 소수이며, 동시에 포켓몬 피규어의 개수다.

## 152 $2^3 \times 19$

미국의 마작 세트는 152개의 패로 구성되어 있다. 일반패 108개, 바람패 16개, 용패 12개, 꽃패 8개, 그리고 조커 8개.

## 153
$3^2 \times 17$

$153 = 1^3 + 5^3 + 3^3$. 153은 이런 성질을 갖는 세 정수 중 가장 작은 수이다. (370, 371, 407이 나머지 세 수로, 각 자릿수의 세제곱 수를 더한 값이 자기 자신이 된다. 이때, 각 자릿수의 제곱수를 더한 값은 원래 수와 일치하지 않는다.) 153은 또한 $1+2+3+4+5+6+7+8+9+10+11+12+13+14+15+16+17=153$으로 17번째 삼각수다. 동시에 $153 = 1!+2!+3!+4!+5!$이기도 하다.

## 154
$2 \times 7 \times 11$

$14!+1$(처음 14개 정수를 곱한 값에다 1을 더한 것)은 소수이며, 오랫동안 이런 형태의 소수 중 가장 큰 값으로 알려져 왔다. $n! \pm 1$형태의 소수를 차례곱 소수라고 한다. 추측에 따르면 차례곱 소수의 개수는 무한하다. 만약 $p$가 소수이고 $p < n$이면 $n!+p$는 절대 소수가 될 수 없다. 그 값이 $p$로 나누어떨어지기 때문이다.

## 155

$5 \times 31$

148에서 보았듯 원래 수의 자릿수를 한 쌍씩 나눈 다음, 다시 곱한 값이 원래 수가 되는 수를 뱀파이어 수라 한다. 150×930 = 139,500의 경우처럼, 끝에 0이 오는 조금 지저분한 경우를 포함하면 6자리 뱀파이어 수는 모두 155개다. 2003년, 100자리 뱀파이어 수인 975461057 9850632525872580399376108520048510982876394437067250691 9920461931419704187863834796312264280이 발견되었다. 그 값은 98 765432109876543210987654321098765432108990776898×987654 32109876543210987654321099765432110002523486과 같다.

## 156

$2^2 \times 3 \times 13$

어떤 괘종시계가 시침이 가리키는 수만큼 울린다고 가정하자. 12시간 동안 이 시계는 1부터 12까지를 모두 더한 횟수만큼 울릴 것이다. 다르게 표현하면, 그 값은 12번째 삼각수인 78이다. 그러므로 이 시계는 하루에 2×78 = 156번 울린다.

## 157
### 소수

$157^2 = 24,649$ 그리고 $158^2 = 24,964$

한때, 157은 자신의 제곱수가 바로 다음수의 제곱수와 자릿수가 같은 가장 큰 수로 알려져 있었다. 그렇다면 같은 성질을 갖는 가장 작은 숫자 쌍은 무엇일까? 그리고 정말 수학적 도전을 즐기는 독자들은 같은 성질을 갖는 더 큰 숫자 쌍을 찾아보라. (해답 참조)

## 158
### 2 × 79

그리스 국가國歌는 디오니소스 솔로모스가 쓴 158연으로 된 시로 되어 있다. 이 시 《자유에 대한 찬가Hymn to the Freedom》는 오스만 제국에 저항한 1821년의 그리스 혁명에서 영감을 얻은 것이다. 이 국가는 1864년에 공식적으로 채택되었다.

## 159

$3 \times 53$

1배럴은 159리터이다.

## 160

$2^5 \times 5$

아래 포스터를 믿지 말자. 그 이유는 몇 페이지 뒤에 공개하겠다.

(포스터 구절– 「우리에게 내일은 없다」 (1967년작 영화), 실제 자동차를 보라, 매복했다 암살당함, 160발의 총알 구멍 등등)

## 161

$7 \times 23$

2와 3을 제외한 모든 소수는 $6n \pm 1$의 형태로 표현할 수 있다. 이때, 161보다 큰 모든 수는, $6n-1$의 형식을 갖는 서로 다른 소수들의 합으로 표현할 수 있다. 예를 보자.

$$162 = 47 + 41 + 29 + 23 + 17 + 5$$

$$163 = 101 + 29 + 17 + 11 + 5$$

$$164 = 131 + 17 + 11 + 5$$

$$165 = 89 + 71 + 5$$

$$166 = 107 + 59$$

이런 식으로 계속된다. 여기에 특별한 패턴은 없다. 그러나 이런 방식은 162부터 항상 가능하다.

## 162

$2 \times 3^4$

여기에는 우리가 깜박한 재미있는 사실이 있다. 1961년 이전에는 각 리그에 8팀이 있었기 때문에 전부 154경기가 치러졌다. 이 사실은 충분히 납득이 간다. 각 팀은 모두 7팀과 겨루고, 이때 다른 팀과 정확히 22번 경기를 치른다. 그래서 7×22=154가 된다.

여기까지는 좋다. 그런데 1961년, 메이저리그의 야구팀은 LA 앤젤스와 미네소타 트윈스를 추가해 전부 10팀이 되었다. 전체 경기 수는 162경기가 되면서, 전체 팀 수로 정확히 나누어떨어지지 않게 되었다. 그러나 당시 내셔널리그(1876년에 결성된 미국의 프로야구리그. 내셔널리그와 아메리칸리그를 합쳐 메이저리그라 부른다.—옮긴이)에는 여전히 8팀이 있었다. 뉴욕 메츠와 휴스톤 콜트 45s는 1962년에야 생겨났기 때문이다. 그렇다면 두 리그 중 어떤 리그가 자신들의 경기 수를 수정했을까?

답은 어느 쪽도 아니라는 것이다. 아메리칸리그의 팀들이 나머지 9팀과 겨루면서 162경기를 펼치는 동안, 내셔널리그에서는 마지막 시즌에서 154경기가 펼쳐졌다. 그래서 8경기를 더 치른 로저 마리스가 베이비 루스의 홈런 기록을 깨뜨린 사건은 확실히 눈에 띄었다.

오늘날은 추가 분할 및 인터리그 제도(다른 리그에 속한 팀끼리 펼치는 경기—옮긴이)가 도입되어, 위와 같은 분할법이 조금 구식으로 보인다. 또 마리스의 61번째 홈런이 특별하다는 루머도(사실 그건 그냥 루머였다.) 빛을 잃었다. 물론 1961년에는 사정이 달랐지만.

## 163 소수

수 $e^{\pi\sqrt{163}}$는 정수와 아주 가깝다. 그 값은 262,537,412,640,768,743.99999999999925다.

이 수는 유명한 칼럼니스트 마틴 가드너가 1965년 〈사이언티픽 아메리칸〉 지에 실은 만우절 퀴즈의 주제였다. 가드너는 $e^{\pi\sqrt{163}}$가 정수이며, 동시에 인도 수학자 라마누잔이 1914년 논문에서 이 '사실'을 처음 추측했다고 언급했다. 그러나 사실은 1859년 프랑스 수학자 샤를 에르미테도 이 내용을 알고 있었다. 어쨌거나 퀴즈에 나간 뒤로, $e^{\pi\sqrt{163}}$은 라마누잔 상수라는 독특한 이름으로 불리게 되었다.

## 164

$2^2 \times 41$

149처럼 164도 100과 64라는 두 제곱수의 합이다. 또 164는 두 제곱수의 연속으로 표현할 수 있는데 그 방법은 2가지다. 1과 64, 그리고 16과 4.

## 165

$3 \times 5 \times 11$

삼각수의 합인 165는 파스칼 삼각형의 3번째 대각선을 따라 12번째 줄에서 발견된다. 또 원소가 11개인 집합에서 3개를 고르는 방법의 개수도 165다.

## 166 2×83

166은 스미스 수 중의 하나다. 이것은 각 자릿수 숫자의 합이 (1+6+6=13), 소인수의 각 자릿수 숫자의 합(166=2×83이므로 2+8+3=13)과 같은 수를 말한다. 이때 소인수는 있는 대로 모두 더한다. 따라서 4는 첫 번째 스미스 수이고(4=2×2=2+2), 166은 8번째 스미스 수다. 처음 14개의 스미스 수는 각 자릿수의 합이 모두 4, 9, 13이 된다.

스미스 수는 1982년에 발견되었다. 리하이 대학의 수학자 알베르트 윌란스키는 처남의 전화번호 493-7775를 분석하다가 이 수를 찾아냈다. 이 7자리 수를 소인수분해하면 3×5×5×65837이 된다. 따라서 4+9+3+7+7+7+5=42=3+5+5+6+5+8+3+7이 된다. 윌란스키는 이 발견에 깜짝 놀라, 이 수에 자신의 처남인 해롤드 스미스의 이름을 붙였다.

## 167 소수

동축 케이블은 0에서 1GHz까지의 대역폭을 가진다. 따라서 각각 6MHz의 대역폭을 갖는 167개의 서로 다른 TV 신호를 전송할 수 있다.

마르티나 나브라틸로바(체코 태생의 미국 테니스 선수—옮긴이)는 전부 167번의 개인경기에서 우승했다. 이는 오픈 시대(그랜드 슬램이 가능해진 1968년 이후의 시기—옮긴이) 신기록이다.

**160**에 나온 포스터의 숫자는 단지 근삿값이었다. 실제 1934년 5월 23일의 매복 작전에서 목숨을 잃은 은행강도 보니와 클라이드(1930년대 대공황 시기의 유명한 범죄자. 두 사람의 이야기가 영화 「내일을 향해 쏴라」로 만들어졌다.—옮긴이)의 자동차에 난 총알구멍은 모두 167개(입구와 출구 모두 합쳐)였다. 이 이야기의 교훈. "올림이나 버림한 수를 믿지 말 것."

# 168

$2^3 \times 3 \times 7$

어떤 활동을 하루 24시간 7일 내내 한다면, 일주일에 $24 \times 7 = 168$시간을 하는 셈이다.

체스판에서 위쪽으로 기사 말을 이동시키는 방법은 168가지다. 그림은 각 자리에서 기사를 위쪽으로 올리는 데 필요한 동작의 횟수를 나타낸 것이다.

| 0 | 0 | 0 | 0 | 0 | 0 | 0 | 0 |
|---|---|---|---|---|---|---|---|
| 1 | 1 | 2 | 2 | 2 | 2 | 1 | 1 |
| 2 | 3 | 4 | 4 | 4 | 4 | 3 | 2 |
| 2 | 3 | 4 | 4 | 4 | 4 | 3 | 2 |
| 2 | 3 | 4 | 4 | 4 | 4 | 3 | 2 |
| 2 | 3 | 4 | 4 | 4 | 4 | 3 | 2 |
| 2 | 3 | 4 | 4 | 4 | 4 | 3 | 2 |
| 2 | 3 | 4 | 4 | 4 | 4 | 3 | 2 |

## 169

$13^2$

13×13 = 169이다. 961은 31과 31의 곱이다. 11×11 = 121, 12×12 = 144 ↔ 441 = 21×21처럼 중복된 자릿수를 갖지 않는 수 중 유일하다.

## 170

2×5×17

고대 그리스 군용선은 170명의 노잡이를 3단으로 배치했다. 가장 꼭대기 양쪽에는 31명씩의 노잡이를, 아래 두 층 양쪽에는 27명씩의 노잡이를 배치했다.

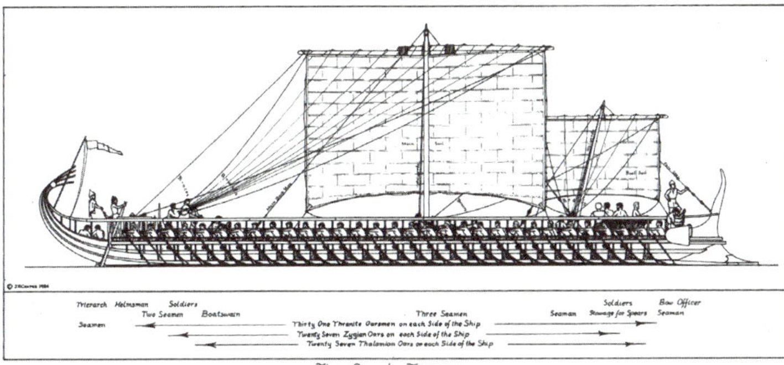


The Greek Trireme

## 171

$3^2 \times 19$

171은 삼각수로 1부터 18까지의 수를 합한 값이다.

✵

맨해튼에는 얼마나 많은 스타벅스 커피점이 있을까? 그 개수는 변하겠지만 2007년 6월 29일 금요일 기준으로는 171개가 있다. 유명한 한 비디오에서, 작가이자 코미디언인 마크 말코프는 29일 새벽 5시 30분부터 30일 새벽 2시 56분까지 맨해튼의 모든 스타벅스 가맹점을 방문했다.

## 172

$2^2 \times 43$

172 = (4×36) + (4×6) + (4×1)로, 6진법에서 172 = 444가 된다.

✵

매년 13일의 금요일은 1~3번 정도 찾아온다. 2001년 4월 13일부터 2100년 8월 13일까지 21세기에 13일의 금요일은 모두 172번 있다.

## 173

소수

173 + 286 = 459에서 459는 0을 제외한 9개의 숫자를 한 번만 써서 만들 수 있는, 가장 작은 덧셈식의 합이다. 가장 큰 덧셈값은 981로 324 + 657 = 981, 235 + 746 = 981로 표현할 수 있다.

✵

월식주기는 대략 173일로 태음월 6개월보다 조금 짧은 기간이다.

## 174

$2 \times 3 \times 29$

174를 2가지 방식으로 인수분해하면 $58 \times 3 = 174 = 29 \times 6$의 식을 얻는다. 이것 역시 0을 제외한 9개의 숫자를 한 번씩만 사용한 식이다.

## 175

$5^2 \times 7$, $100+1^2+7^2+5^2$, $1^1+7^2+5^3$

처음 49개의 자연수를 더한 값은 1,225이고 이를 7로 나누면 175가 된다. 따라서 7×7 크기의 마방진에서 각 열, 행, 대각선 방향의 수들을 더한 값은 175로 동일하다. 최소한 16세기까지 거슬러 올라가는 미신에서, 마방진은 태양계의 다양한 행성들과 연관되어 있었다. 당시에는 7개의 행성이 알려져 있었다. 다음 그림은 금성의 마방진으로 알려져 있던 것이다.

| 22 | 47 | 16 | 41 | 10 | 35 | 4 |
|---|---|---|---|---|---|---|
| 5 | 23 | 48 | 17 | 42 | 11 | 29 |
| 30 | 6 | 24 | 49 | 18 | 36 | 12 |
| 13 | 31 | 7 | 25 | 43 | 19 | 37 |
| 38 | 14 | 32 | 1 | 26 | 44 | 20 |
| 21 | 39 | 8 | 33 | 2 | 27 | 45 |
| 46 | 15 | 40 | 9 | 34 | 3 | 28 |

## 176 $2^4 \times 11$

## 177 $3 \times 59$

176과 177은 아래 그림에 의해 연결되어 있다. 이 그림은 176×177 크기의 직사각형으로 거의 정사각형 형태를 띠며, 서로 크기가 다른 11개의 작은 정사각형으로 이루어져 있다. 그러나 하나의 정사각형을 만드는 데는, 크기가 서로 다른 정사각형이 최소 21개가 필요하다. (**21** 참조)

직사각형을 정사각형으로 나누는 문제는 특정한 종류의 전기회로망을 설계할 때도 사용된다. 이때 개별 정사각형의 크기는 전기회로망의 전류 및 전압에 따라 달라진다.

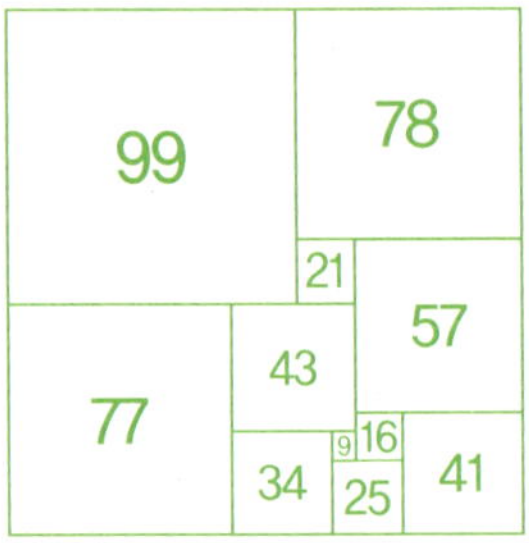


## 178 $2 \times 89$

회전대칭 전의 4×4 마방진은 220개가 있다. 이 중 178개는 '균형

잡힌' 마방진으로 모든 행, 열, 대각선 줄이 1에서 8까지의 숫자 중 2개, 9에서 16까지의 수 중 2개를 포함하고 있다.

## 179

소수, $17\times9+17+9$

$179=11\times15+14$를 보면, 매해 짝수 날짜가 179일임을 알 수 있다. 이때 2월은 윤년이든 아니든 14개의 짝수 날짜를 갖는다.

## 180

$2^2\times3^2\times5$, $(10-1)(10-8)(10-0)$

처음 7개의 자연수를 곱한 다음, 이 값을 그 7개 자연수의 합으로 나누면 180이 된다.

미국 대부분의 지역에서 한 학년의 표준 수업 일수는 180일이다. 또 반원의 내각은 180도이며 삼각형의 세 내각의 합도 180도이다. 이 두 사실은 아래의 일반적인 삼각형 증명에서 보듯, 서로 연관되어 있다.

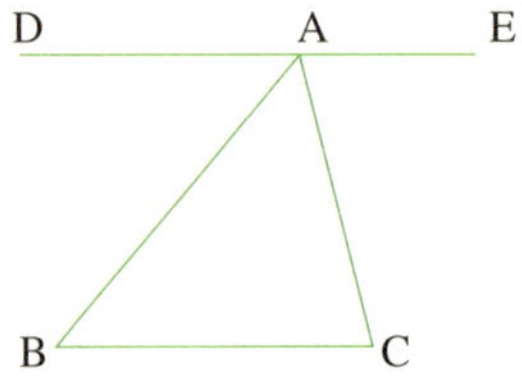


위 삼각형 ABC에서 점 A를 지나고 선분 BC에 평행한 직선을 그리자. (유클리드의 평행선 공준에 따르면 이는 수학적으로 가능하다. 유클리드가 맞다고 했으니 나도 맞다고 할 수 있다.) 기본적인 사실이지만 선분 DE와 BC가 평행하면, 각 ACB와 EAC, 그리고 각 DAB와 ABC는 서로 같다. 따라서 각 BAC는 자기 자신과 같으므로, 삼각형의 세 내각의 합은 점 D와 E 사이의 각도와 같다. 이는 반원의 내각인 180도이다.

여기서 얻어지는 결과 하나는 $n$개의 변을 가진 정다각형의 내각의 합은 $180 \times (n-2)$라는 것이다. 그 다각형을 $n-2$개의 삼각형으로 나눌 수 있기 때문이다.

반원은 180도이므로 '180도 회전'이란 무언가를 전환한다는 의미를 갖게 되었다. 그것이 자동차의 방향이든, 마음을 완전히 바꾸는 것이든.

## 181 소수

한때 메이저리그 야구는 플레이오프 시스템(정규리그를 마친 뒤 승률이 같을 경우 벌이는 순위 결정전—옮긴이)으로 진행되었다. 5번의 플레이오프 경기 뒤에 7번의 리그 챔피언십 경기가 있었고, 그 뒤에 7번의 월드시리즈 경기가 뒤따랐다. 따라서 한 팀은 한 시즌에 이론적으로 $162+5+7+7=181$경기를 치렀다.

바둑판은 $19\times19$ 크기의 격자로 되어 있다. 이 말은 바둑알을 놓을 수 있는 자리가 $19^2=361$개라는 뜻이다. 바둑은 흑돌이 먼저 시작하므로 361개의 바둑격자를 모두 채우려면 흑돌 181개, 백돌 180개가 필요하다.

## 182

$2\times7\times13$

수 182는 화씨 온도단위에 대한 이야기에서 짤막하게 등장하는데 그 이야기의 출처는 불분명해 보인다. 전해지는 여러 이야기 중 하나에 따르면, 다니엘 가브리엘 파렌하이트(1686-1736)는 물의 어는점과 끓는점 사이에 화씨 180도의 차이가 있기를 바랐다. 그는 처음에 순수한 물의 어는점은 섭씨 30도, 물과 소금이 50대 50의 비율로 섞인 물의 어는점은 섭씨 0도라고 생각했다. 그러나 물의 어는점은 화씨 212도로 측정되었나. 182도의 온도차를 원하지 않았던 그는 물의 어는점을 화씨 32도에 맞추었다.

# 183 $3 \times 61$

# 184 $2^3 \times 23$

183과 184 사이에는 연속된 수 이상의 관계가 있다. 먼저 183,184는 완전제곱수로($428^2$), 2개의 연속된 정수를 배치해서 얻을 수 있는 가장 작은 제곱수다. (이런 성질을 가진 다른 유일한 여섯 자릿수는 $328,329 = 573^2$, $528,529 = 727^2$ 그리고 $715,716 = 846^2$다.)

이 두 수는 또 '자가 회피 경로'에도 등장한다. 아래 왼쪽 그림을 보자. 이것은 7×7 격자에서 첫 동작은 오른쪽으로 이동하고, 지나온 길은 다시 가지 않는다는 조건으로 7칸을 움직이는 183가지 경우의 수 중 하나이다. 또 아래 오른쪽은 4×4 격자에서, 지나온 길은 다시 가지 않고 한 코너에서 반대편 코너로 이동하는 184개의 경로 중 하나이다.

자기 회피 경로는 격자구조에 따라 그 물리적 성질을 모방할 수 있는 중합체, 용매 및 여러 화학적 물질의 연구에 사용된다.

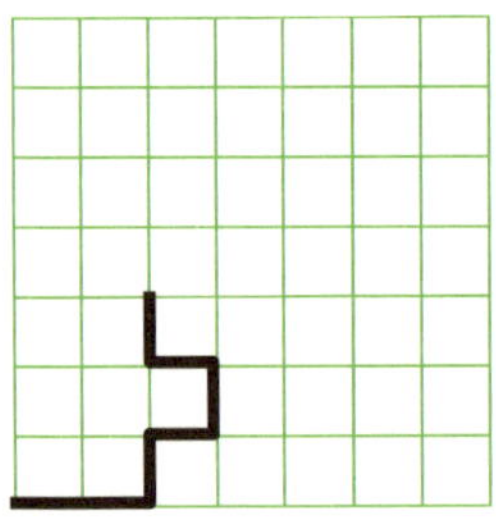

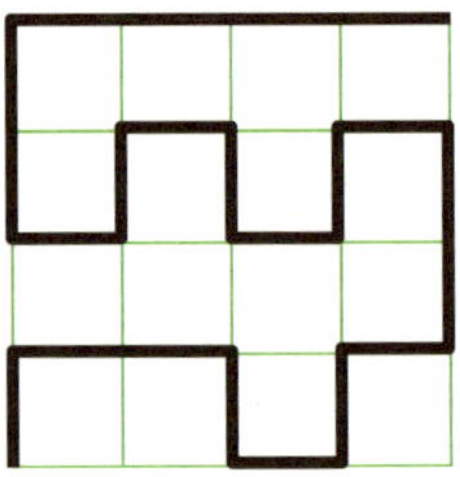

## 185

5 × 37

수 12,421은 185개의 5자리 마운틴 소수 중 처음 나오는 수다. 마운틴 소수란 가운데 자릿수 숫자가 가장 높은 소수를 말한다.

## 186

2 × 3 × 31

춘분과 추분 사이에는 186일이 있다. 이 기간은 실제 반년인 179일보다 길다. 이런 차이는 지구가 태양 주위를 타원궤도로 돌기 때문에, 지구가 봄과 가을 사이에 이동한 거리가 실제로 더 길기 때문에 생긴다. 또 지구는 태양과 근접했을 때 조금 더 빠른 속도로 이동한다. 지구가 태양에 가장 근접한 지점인 근일점은, 동지점과 가까운 1월 초에 일어난다. 이것은 케플러 2법칙의 특수한 경우로, 이 법칙은 지구와 태양을 연결한 선은 같은 시간 동안 같은 면적을 쓸고 지나간다는 것이다.

옆의 그림은 '삼각형을 이용한 구체의 정이십면체 타일 맞추기'라 불린다. 이 특정한 타일 맞추기는 (2, 3, 5) 타일 맞추기라고도 하는데, 각 삼각형

의 내각이 $\frac{180}{2}$, $\frac{180}{3}$, $\frac{180}{5}$이기 때문이다. 이 내각을 전부 더하면 186도가 나온다. 여기서 삼각형의 세 내각의 합은 180도라는 법칙이 떠오른다. 그러나 이 법칙은 오직 2차원에서만 성립하는 것이다.

## 187

$11 \times 17$

'생일 역설 문제'(**23** 참조)를 확장시켜 보자. 한 방에 187명의 사람이 있다고 가정하면(별로 유쾌한 상황 같지는 않지만 어쨌든 가정이니까) 그 중 4명의 사람이 생일이 같을 확률은 50%가 넘는다.

## 188

$2^2 \times 47$

$188 = 1 + 4 + 9 + 25 + 49 + 100$으로 서로 다른 여섯 제곱수의 합이다. 188보다 더 큰 모든 정수는, 최대 5개의 서로 다른 제곱수의 합으로 나타낼 수 있다.

## 189

$3^3 \times 7$

$$189 = 12 + 34 + 56 + 78 + 9$$

영어에는 abide(머무르다)부터 write(쓰다)까지 모두 189개의 불규칙 동사가 있다.

점자 알파벳(Braille II)에는 전부 189개의 1셀, 2셀 축약형이 있다. (점자는 기본적으로 여섯 개의 셀cell로 되어 있다—옮긴이)

## 190

$2 \times 5 \times 19$

190의 인수분해를 로마식 숫자로 표기하면 II × V × XIX가 된다. 서로 다른 이 소인수는 모두 회문으로, 위 식의 결과값 CXC도 회문이다. 190보다 더 큰 수 중 이런 특징을 가진 수는 없다.

X가 로마식 숫자에서 중요한 것처럼, 볼링에서도 아주 중요하고 바람직한 글자다. 바로 스트라이크를 X로 표기하기 때문이다. 볼링에서 X가 하나도 없을 경우, 즉 단 하나의 스트라이크도 없이 얻을 수 있는 최고 점수는 190점이다.

## 191

소수

미국 조폐국에서 발행된 동전은 1달러, 50센트, 25센트, 10센트, 5센트, 1센트짜리가 있다. 이를 전부 더하면 191센트가 된다.

## 192

$2^6 \times 3$

192를 인수분해하면 여러 개의 2와 1개의 3이 생긴다. 이런 수들은 많은 약수를 갖는다. 사실 192는 14개의 약수 1, 2, 3, 4, 6, 8, 12, 16, 24, 32, 48, 64, 96, 192가 있는 유일한 수이다.

20인치 막대 2개의 한쪽 끝을 연결해 보자. 그 다음 두 막대 사이

간격을 24인치로 하면, 전체 넓이가 192제곱인치인 삼각형이 만들어진다. 막대 사이 거리를 더 넓히면 삼각형 면적은 일정한 한계까지 늘어나다가 줄어들게 된다. 두 막대의 끝이 정확히 32인치 거리일 때, 삼각형 넓이는 다시 192제곱인치가 된다. 그 거리가 24인치~32인치 사이 어딘가에 삼각형 면적이 최대가 되는 지점이 있다. 그 지점이 어디일까? (해답 참조)

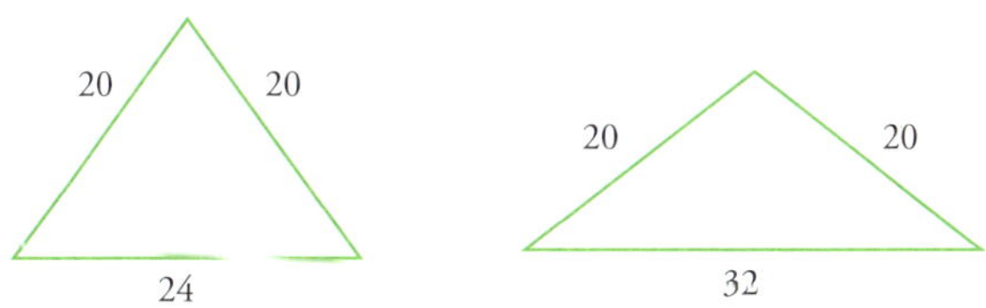


| 1 | 9 | 2 |
|---|---|---|
| 3 | 8 | 4 |
| 5 | 7 | 6 |

위 3×3 격자는 192의 배수 3개를 쌓아놓은 것이다. 이 정사각형의 특별한 점은 1부터 9까지의 숫자들이 단 한 번만 쓰였다는 것이다.

## 193 소수

동물학자 데스먼드 모리스는 이렇게 말했다. "지구에는 193종의 원숭이와 유인원이 있다. 그중 192종은 털로 덮여 있다. 예외적인 한 종은, 자칭 호모 사피엔스라 부르는 털 없는 원숭이다." 이것은 1967년에 출시된 모리스의 혁명적인 책, 《털 없는 원숭이The Naked Ape》에 나온 구절이다.

## 194
2×97

로마 가톨릭 교회는 미국에 194개의 교구를 가지고 있다. 만약 군대를 위한 대교구까지 포함하면 모두 195개다.

## 195
3×5×13

스타인웨이 사가 2004년에 만든 '평화의 피아노'에는 가장자리에 195개국의 국기가 달려 있다. 이것은 당시 유엔의 가입국 수였다.

## 196

$2^2 \times 7^2$

대부분의 수는 자릿수 숫자를 반복해서 바꾸거나 추가하면 회문이 된다. 예를 들어 349에서 시작하면, 349 + 943 = 1292, 1292 + 2921 = 4213, 4213 + 3124 = 7337이 된다. 물론 이렇게 간단하지 않은 경우도 있다. 89에서 시작하면 회문을 만들기 위해 24단계가 필요하다. 그렇다면 196은 어떨까? 놀랍게도, 196에서 시작했을 때 회문을 만들 수 있는지는 아직 밝혀지지 않았다. 이것은 회문 가능성이 알려지지 않은 가장 작은 수이기도 하다. 회문으로 변하지 않는 이런 수를 '라이크렐 수'라고 한다. 라이크렐 수 중에는 흥미로운 수들이 아주 많아, 가장 독특한 수를 하나만 고르기가 어렵다.

## 197

소수

197은 키스 수Keith Number라 불리는 제한된 그룹에 속한다. 첫 번째 키스 수는 14다. 14의 두 자릿수 숫자인 1, 4라는 수열에서 시작해, 피보나치 수열처럼 앞의 두 수를 더해 다음 수를 만든다. 그러면 1, 4, 5, 9, 14에서 다시 자기 자신으로 돌아온다. 197에서 이 순시는 1, 9, 7로 시작하고, 앞의 3개의 수를 더한다. 그러면 1, 9, 7, 17, 33, 57, 107,

197이 된다. 키스 수는 극도로 드물다. 지금까지 알려진 키스 수는 모두 95개로, 14에서부터 29자리 수인 70,267,375,510,207,885,242,218,837,404까지다.

## 198

$2 \times 3^2 \times 11$, $(1+9+8) \times 11$, $11+99+88$

10,000 아래로는 모두 198개의 회문 수가 있다.

9 – 1 자릿수: 1, 2, … 9
9 – 2 자릿수: 11, 22, … 99
90 – 3 자릿수: 101, 111, … 191, 202, 212, … 292, … 909, 919, … 999
\+ 90 – 4 자릿수: 1001, 1111, 1991, 2002, 2112, … 2992, … 9009, 9119, … 9999
**198**

## 199

소수

199는 치환 가능한 소수로 각 자릿수의 수를 재배열해도 소수가 된다.

199에는 반복되는 자릿수가 있다. 그래서 919나 991도 모두 소수가 된다. 또 199는 뒤집어 읽으면 661이 되는데 이것 역시 소수다.

191, 193, 197, 199는 모두 소수이다.

## 200

$2^3 \times 5^2$

우리의 마지막 수 200은 이 책처럼 일종의 만물상과 같다. 먼저, 수학적인 측면부터 살펴보자.

199와 달리 200은 합성수이다. 그리고 200, 201, 202, 203, 204, 205, 206, 207, 208, 209, 210 모두 합성수다.

집합 {1, 2, 3, 4, 5, 6, 7, 8}은 모두 256개의 부분집합을 갖는다. 그중 200개의 부분집합은 부분적으로 3개의 수가 없다. 그 부분집합들은 {1, 2, 3} 또는 {2, 4, 6}을 포함하지 않는다.

이제 다시 스포츠 이야기로 돌아오자.

볼링에서 한 경기 내내 스트라이크와 스페어를 반복하면 총 200점을 얻는다. 이것을 때로 더지 200이라 부른다. 또 체중이 200파운드(약 90킬로그램) 이상인 격투기 선수들을 헤비급이라 부른다.

이제 몇 가지 근삿값을 살펴보고 이야기를 마무리 짓자.

사람의 시야각 범위는 대략 200도 정도다. 또 딸기에는 대략 200개 정도의 씨가 있다.

## 해답

### 3

파스칼의 삼각형에서 홀수 대 짝수의 비율은 삼각형의 열이 무한히 늘어날수록 0에 가까워진다.

### 4

영어에서 임의의 수의 글자수를 세다 보면 결국 4에 도달한다. (새로운 숫자를 하나 골라서, 이런 식으로 해 보라.) 이것은 생각보다 쉽게 증명할 수 있다. 먼저 4보다 더 작은 수의 글자수는, 원래 수보다 더 크다. 'one'은 3글자, 'two'도 3글자, 'three'는 5글자, 'four'는 4글자를 가진다. 4보다 더 큰 수들의 경우, 글자 수가 자신의 수보다 작다.

one에서 시작해 글자를 세어 보면 one-three-five-four가 나온다. 2에서 시작하면 two-three-five-four가 되고 3에서 시작하면 three-five-four가 된다. 이제 어떤 수든 상관없으니 하나만 골라보자. 그리고 글자의 개수를 세면 원래 자신의 수보다 더 작은 값이 나올 것이다. 계속 하다 보면 이 글자수는 결국 1, 2, 3, 4에 도달한다. 위에서 이 수들은 결국 four에 도달한다는 것을 살펴보았다.

### 10

문제의 글자들은 처음 10개의 자연수의 마지막 글자들이다.

✪

이 로그식은 사실 생각보다 쉽다. 좌변은 $\log_2(\log_{9^{(\frac{1}{2})^n}}9)$ 혹은 $\log_2(2^n)$으로 정리되고, 이 값은 결국 $n$이 된다.

## 12

버키볼에 P개의 오각형과 H개의 육각형이 있다고 가정하자. 그러면 버키볼의 전체 면수는 P + H가 된다. 또 전체 모서리의 수는 $\frac{(5P+6H)}{2}$개가 되는데, 이때 2로 나누는 이유는 버키볼의 각 모서리가 서로 맞물려 있기 때문이다. 비슷하게, 전체 꼭짓점의 수는 $\frac{(5P+6H)}{3}$이 된다. 오일러의 공식에 따르면 $2+\frac{(5P+6H)}{2}=\frac{(5P+6H)}{3}+(P+H)$이다.

여기서 양변을 6으로 곱하자.

$$12 + 3(5P + 6H) = 2(5P + 6H) + 6(P + H),$$

$$12 + 15P + 18H = 16P + 18H$$

놀랍게도 H는 모두 정리되고 P = 12라는 결과가 남는다.

## 16

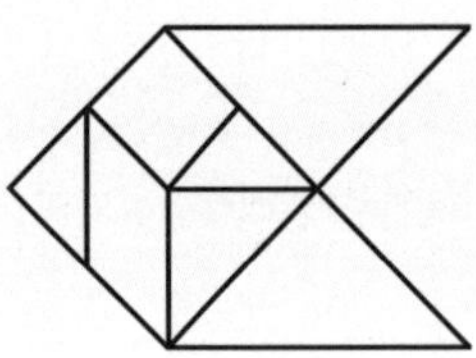

## 17

| | | | | | | | | |
|---|---|---|---|---|---|---|---|---|
| 9 | 1 | 4 | 6 | 5 | 3 | 8 | 7 | 2 |
| 5 | 3 | 6 | 8 | 2 | 7 | 1 | 4 | 9 |
| 8 | 2 | 7 | 9 | 4 | 1 | 6 | 5 | 3 |
| 7 | 6 | 8 | 3 | 1 | 5 | 9 | 2 | 4 |
| 1 | 5 | 3 | 4 | 9 | 2 | 7 | 6 | 8 |
| 2 | 4 | 9 | 7 | 6 | 8 | 3 | 1 | 5 |
| 3 | 7 | 5 | 1 | 8 | 4 | 2 | 9 | 6 |
| 6 | 8 | 2 | 5 | 7 | 9 | 4 | 3 | 1 |
| 4 | 9 | 1 | 2 | 3 | 6 | 5 | 8 | 7 |

## 19

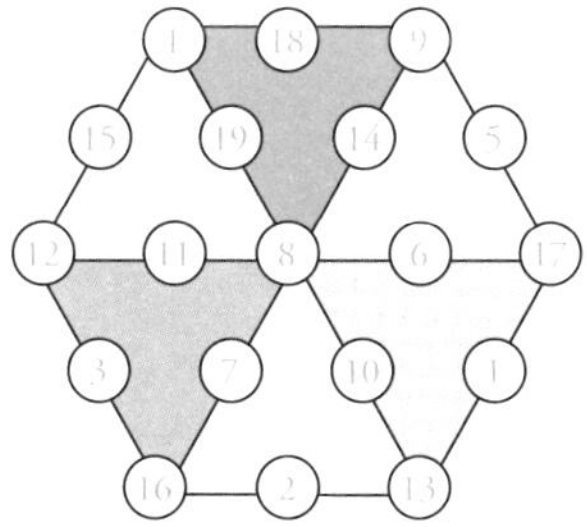


## 23

이 23개의 글자 순서는 알파벳 단어, ONE, TWO, THREE, FOUR, FIVE… 에서 앞에 이미 등장한 알파벳 철자를 제외하면서 쓴 것이다. 글자 C는 ONE OCTILLION(1,000의 9제곱)까지 나타나지 않으며 J, K, Z는 아예 나타나지 않는다.

## 24

이 목판화는 윌리엄 캑스턴이 1483년에 펴낸 제프리 초서의 《캔터베리 이야기 Geoffrey Chaucer's Canterbury Tales》 2판에 나온다.

## 27

15 역시 같은 성질을 가지고 있다. 1+2+3+4+5=15

## 29

각 변의 길이가 a, b, c인 직사각형 블록의 부피는 abc로, 최소한 3개의 소인수를 갖는다. (중복되는 소인수도 있을 수 있다.) 그러나 29개의 펜타큐브의 부피는 5×29로 소인수가 둘뿐이다. 따라서 29개의 펜타큐브를 어떻게 결합하든 완벽한 블록을 만들 수는 없다.

31

처음 보면 이 퍼즐은 쉬워 보인다. 가장 위에서 시작해 99에서 72를 빼면 27이 남는다. 그 다음 45에서 27을 빼면 18, 39에서 18을 빼면 21, 이런 계산을 반복한다. 물음표 위치에 15가 올 때까지 이런 패턴은 반복된다. 36 - 21=15, 28 - 15 = 13. 그러나 가장 아래에서 이런 패턴은 사라진다. 괴롭게도 21-13은 7이 아니라 8이 된다.

조금 더 자세히 살펴보자. 특정한 원 안의 수는 그 원을 향하고 있는 두 원의 수를 합한 값임을 알 수 있다. 따라서 7+2+9+9=27이 되고, 가장 아래의 1+3+2+1=7이 된다. 다시 계산해 보면 물음표에 있는 수는 2+1+3+6=12가 되어야 한다. 즉 정답은 12다.

35

아래 그림은 T. R. 도슨이 1930년 발견한 것으로, 경로가 중복되지 않게 기사를 35차례 옮기는 방법 중 하나다.

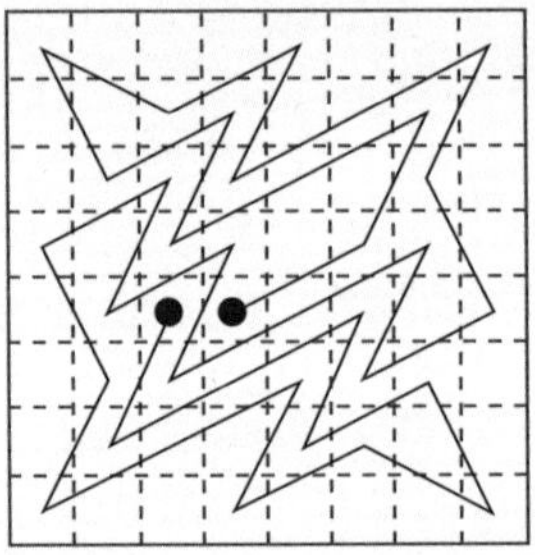

37

1. 사람의 머리카락 개수는 머리털 색깔에 따라 달라진다. 예를 들어, 금발은 흑갈색 머리칼보다 머리카락 개수가 많다. 그러나 그 최댓값은 대략 14만 개 정도로 추정된다. 반면, 도쿄에는 1억 2천만 명 이상의 사람들이 있다. 이 1억 2천만의 인구를 140,000개의 자리에 배치할 때, 최소한 한 자리에 2명이 들어가지 않게 배치할 수는 없다. 따라서 정의에 따라 그 두 사람들은 같은 머리카락

개수를 갖는다. 물론 도쿄 정도의 인구를 가진 도시를 예로 드는 것은 좀 지나치다. 아마 영국 스톡온트렌트나 미국 앨라배마의 헌츠빌 같은 타운이라면, 퍼즐에 사용하기에 적당할 것이다.

2. 처음 정삼각형을 그림처럼 4개의 더 작은 정삼각형으로 나눈다. 이 작은 정삼각형의 한 변은 1이고, 정삼각형 내부의 점 2개는 서로 1인치 거리 안에 있어야 한다. 그러나 이 4개의 정삼각형에 5개의 점을 찍으면, 비둘기집 원리에 따라 최소한 2개의 점이 하나의 정삼각형 안에 위치하게 된다.

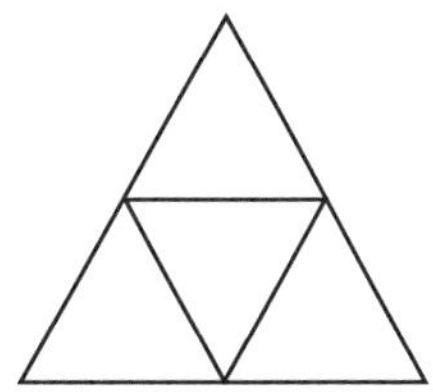

3. 처음 100개의 자연수 중 임의의 수 10개를 고른다. 이 10개 수들의 부분집합 개수는 1,024개이다(4 참조). 그러나 1부터 100까지 10개의 수들을 합한 값이 최대가 되는 경우는 91 + 92 + 93 ⋯ + 100 = 955의 경우다. 만약 10개 수를 더한 최댓값보다 부분집합의 개수가 더 크다면, 최소한 2개의 부분집합의 합은 같아야 한다. 만약 두 집합이 서로소이면 문제는 해결된 것이다. 서로소가 아니면 공통 원소를 제거해 서로소 집합의 원소의 합이 같도록 하면 된다. 여기서 핵심은 중복되는 원소를 제거하는 것이다.

## 39

가장 큰 약수와, 가장 작은 약수 사이의 소수들을 더한 값이, 그 자신과 같아지는 수 중 39보다 작은 수는 하나뿐이다. 그 수는 10으로 2, 5라는 소인수를 갖는다. 즉 2 + 3 + 5 = 10이 된다.

## 48

5×12 직사각형도 가능하다. 내부에 3×10 = 30개의 타일을 붙이고, 가장자리에 남은 30개의 타일을 붙이면 된다.

51

이 51개의 국가는 1945년, 유엔 설립 당시의 가입국 명단이다.

59

419(= 60×7 - 1)는 임의의 $n$ = 2, 3, 4, 5, 6, 7 중 하나로 나눌 때 나머지가 $n$-1이 된다.

62

이 퍼즐은 체스판에서 대각선 방향으로 양쪽 끝 정사각형 2개를 떼어낸 형상을, 아래처럼 생긴 조각으로 모두 덮을 수 있는가를 묻는 것이다.

정사각형의 색상 패턴 때문에 답을 찾기는 쉽다. 즉, 이 문제는 풀 수 없다. 1×2 크기의 도미노는 흰색 정사각형 하나, 검은색 정사각형 하나로 되어 있다. 따라서 대각선 양쪽 끝 조각을 잘라낸 62개의 정사각형 판은, 한 색상의 정사각형을 32개(이 경우는 검은색), 다른 색상의 정사각형을 30개 갖는다. 따라서 위 문제는 해결이 불가능하다.

69

자신의 수와 로마식 표기의 영문 숫자값이 일치하는 다른 수는 63이다. (63 = LXIII = 12 + 24 + 9 + 9 + 9 = 63.)

## 72

세 자연수의 곱이 72인 모든 가능한 집합을 나열해보자. 아래는 그 목록으로 가장 오른쪽은 집합의 세 원소의 합을 나타낸 것이다.

| | | | |
|---|---|---|---|
| 1, 1, 72 = 74 | 1, 2, 36 = 39 | 1, 3, 24 = 28 | 1, 4, 18 = 23 |
| 1, 6, 12 = 19 | 1, 8, 9 = 18 | 2, 2, 18 = 22 | 2, 3, 12 = 17 |
| 2, 4, 9 = 15 | 2, 6, 6 = 14 | 3, 3, 8 = 14 | 3, 4, 6 = 13 |

바의 정문에 적힌 수가 14라면 계산이 맞아떨어진다. 그러면 아이들의 나이가 각각 2, 6, 6 또는 3, 3, 8세라고 추정할 수 있다. 이것은 "막내 녀석은 아이스크림을 좋아하지요"라는 구절과도 들어맞는다. 가장 어린 막내가 쌍둥이가 아니므로, 결국 아이들의 나이는 막내가 2세, 나머지 두 아이가 6세라고 결론지을 수 있다.

✪

72 다음으로 이런 패턴이 성립하는 수는 225다. 이는 $1\times15\times15$ 그리고 $3\times3\times25$로 표현할 수 있는데 이 집합들의 원소의 합은 31이다.

## 75

빠진 경우의 수는 2개의 '그룹'이 동급인 6가지 경우이다.

[AB][CD]　[AC][BD]　[AD][BC]　[BC][AD]　[BD][AC]　[CD][AB]

## 79

'코코넛 문제'를 풀려면 거꾸로 계산하면 된다. 아침에 도둑들이 나눠가지기로 한 코코넛 개수를 $x$라고 하자. 그렇다면 3번째 도둑이 '자기 몫'을 계산할 때의 코코넛 개수는 $3x+1$(원숭이에게 준 것)다. 3번째 도둑은 이중 $\frac{1}{2}$을 가졌고, 따라서 2번째 도둑이 남긴 코코넛의 양은 $\left(\frac{3}{2}\right)(3x+1)+1$이다. 여기서 $3x+1$은 짝수여야 하는데 따라서 $x$는 홀수이다. 여기까지 하면 어느 정도 문제를 푼 셈이다.

그 다음, $\frac{(3x+1)}{2}$ 역시 홀수여야 한다. 그 수가 무엇이든, 3배 해서 1을 더한 다음 2로 나눈 값 역시 홀수가 되어야 한다.

이 부분은 조금 헷갈리는데 실제 예를 보자. 만약 $x=3$이라 하면, 아침에 있던 코코넛은 10개였고, 3번째 도둑이 원숭이에게 1개를 주기 전 코코넛은 11개였다. 이 말은 3번째 도둑이 5개 $\left(\frac{(3\times5+1)}{2}\right)$를 가져갔고, 그가 발견한 코코넛이 16개였다는 뜻이다(가져간 5개, 남은 10개, 원숭이에게 준 1개). 그러면 2번째 도둑은 원숭이에게 1개를 주기 전 17개를 발견했고, 그는 8개를 가져간 셈이 된다. 그러나 8은 짝수여서 더 이상 계산을 진행할 수 없다.

비슷하게, 만약 $x$가 5이면 더 빨리 짝수인 8을 만난다. 따라서 5도 답이 아니다. 그러나 만약 $x$를 7로 두면 3번째 도둑은 34개 중 11개를 가져갔고, 2번째 도둑은 52개 중 17개를 가져갔고, 1번째 도둑은 7개 중 26개를 가져간 셈이 된다. 26은 짝수이기 때문에 더 계산할 수 없지만, 도둑은 오직 3명뿐이므로 그럴 필요가 없다.

81

문제의 다항식을 $\left(p+1+\frac{1}{p}\right)\left(q+1+\frac{1}{q}\right)\left(r+1+\frac{1}{r}\right)\left(s+1+\frac{1}{s}\right)$로 쓸 수도 있다. 이때, 괄호 안의 값이 3보다 커야 이를 전부 곱한 값이 $3^4=81$보다 커짐을 알 수 있다.

83

나열한 83개의 수들은 그 제곱수에 0부터 9까지 10개의 수 중 9개가 포함되는 다섯 자리 수들이다. 이때 왼쪽에 표기된 수들은 제곱수에 나타나지 않는 수들이다.

92

체스판에서 모든 자리를 공격할 수 있기 위해서는 5개의 퀸이면 충분하다. 그러나 4개는 부족하다.

**93**

이 93개의 수는 5자리 회문 소수를 전부 나열한 것이다.

**97**

문제의 단어 표현이 힌트가 될 것이다. 그 답은 'negative ninety-seven' (마이너스 97)이다.

**98**

처음에 감자의 양은 100파운드로, 그중 99%가 물이므로 물의 양은 99파운드, 1파운드는 다른 고체 성분의 무게이다. 고체 성분이 변하지 않는다고 가정하면, 물의 양이 49파운드로 줄어들 때 고체 성분의 비율은 2%가 된다. 그때 감자의 전체 무게는 1 + 49 = 50파운드가 된다.

**104**

3개의 막대가 하나의 꼭짓점에서 만나도록 12개의 막대를 다음처럼 배열하면 된다.

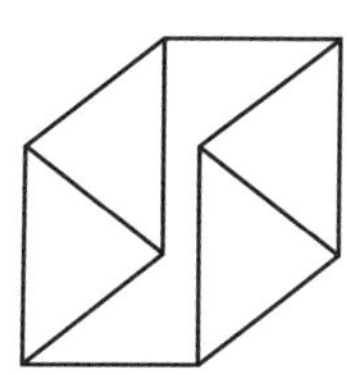

**108**

시침의 수와 분침의 수를 곱하면 분침과 시침의 사잇각이 되는 시간은 2번이 더 있다. 12 : 00과 11 : 20. 여기서 11 : 20을 계산하려면 꽤 긴 과정이 필요하다.

121

이 문제는 조금 까다롭다. 제곱수이면서 제곱근인 다음 회문수는 10,201다. 이 수는 101의 제곱수이며 104,060,401의 제곱근이다.

132

답은 264이다. 이것은 132의 2배다. 이제 여러분은 같은 성질을 가진 3번째 수도 찾아낼 수 있을 것이다.

157

제곱수의 자릿수 숫자가 동일한 가장 작은 두 연속수의 쌍은 (13, 14)다. 이때 $13^2 = 169$, $14^2 = 196$이 된다.
이런 성질을 갖는 다음 쌍은 (157, 158), 그 다음 쌍은 (913, 914)로 $913^2 = 833,569$, $914^2 = 835,396$이 된다.

192

최대 면적은 두 막대기가 직각일 때 생긴다. 그때 면적은 200제곱인치다. 이 문제에서 도형의 면적은 특정 수치까지 증가했다 감소한다. 면적이 최대가 되는 지점은 일종의 대칭점이라 할 수 있다.

## 감사의 말

이 책의 표지에는 내 이름이 저자로 적혀 있다. 그러나 내가 다른 이들의 많은 도움 없이 이 책을 썼다고 생각한 적은 없다. 이 지면에서 내게 도움을 준 이들에게 감사를 표하고 싶다.

먼저 뉴욕과 런던에서 이 책의 출판을 담당하고 있는 에이전트, 제니퍼 그리핀과 메리 클레메이에게 감사를 전하고 싶다. 분명 작업이 수월하지 않았을 텐데도 그들은 묵묵히 노력해 주었다. 또 런던에 있는 편집자들에게도 고마움을 전하고 싶다. 먼저 캐롤라인 맥아더와 메리 모리스는 이 책의 원고를 멋지게 다듬어 주었다. 그리고 닉 웹은 이 책에 처음 서명하고, 잡다한 업무에 오랜 시간을 쏟아주었다. 그와의 작업은 큰 기쁨이었다. 마지막으로 마리안 리지는 전체적인 정리를 맡아주었고, 크리스티나 런디, 티파니 에스트레쳐, 그리고 내가 알지 못하는 여러 사람들이 많은 도움을 주었다.

아르네스 하우스의 린 에몬스는 온라인에 실린 삽화들을 책에 싣기 알맞게 다듬어 주었다.

그리고 원고를 쓰면서 나와의 대화를 허락해 준 일급 수학자들에게도 감사한다. 특히 내게 시간을 허락해 준 노턴 스타, 데이비드 켈리,

로스 혼스버거, 리처드 스탠리, 아더 벤자민, 레이먼드 스멀리안, 고든 프리셋, 그리고 허버트 스카프에게 감사를 전하고 싶다.

그리고 몇몇 디자이너와 웹디자이너의 허락을 받아, 인터넷에서 찾은 많은 이미지들을 책에 사용할 수 있었다. www.knowltonmosaics.com의 켄 놀턴, 카르스텐 토마센 교수의 토마센 그래프, 빌 하라의 멋진 링컨 기념관 삽화, 멋진 게임을 만든 기가믹 사의 스테판 기레스와 마틸데 스프리엣, 그리고 카돈 사의 케이트 존스에게 깊이 감사한다. 하이코 하르보스 교수는 젠. P. 보데의 도움으로 유명한 이쑤시개 그림을 제공해 주었다. 또 갈렌 프리싱어는 퐁튀가르 삽화를, 아침 플라멘캄프는 멋진 52개 정사각형 그림을, 젬 로이는 십칠각형 그림을, 미첼 에메리는 루브르의 기막힌 키스 수 그림을, 콘트라 코스타 대학의 토마스 그린은 쾨니히스베르크의 다리 그림을, 로렌스 챠터스는 달력을, 에드로젠버그는 국기를, 뭄바이의 A. 챠터지는 체스 그림 소프트웨어를, 레베카 클락-스미스는 파톨리 이미지를, 로즈-헐만 기술연구소의 알랜 브로우턴은 구체 타일 맞추기 그림을, 빌 커틀러는 버퍼즐 이미지를, 댄 토마손은 기사의 여행 그림을, 그리고 앤드류 러들은 멋진 고대 그리스 선박 그림을 제공해 주었다.

그 밖에 이 책의 본문에는 싣지 못했지만 여러 많은 이미지를 제공해 준 이들에게 감사를 전하고 싶다. 그런 분들은 의외로 많았다. 위닝 무브즈 사의 로라 페치, www.psychicteddybear.com의 스테판 고야, www.harpconnection.com의 크리스틴 맥쿼리, 크리스토퍼 몽크톤, 알렉스 셀비, 그리고 올리버 리오단의 기막힌 무한 퍼즐 이미지, 대니 스피드의 코코넛 그림, 테오도르 라우페르의 이시도 그림, 데이비드 필립스의 '바스커필 효과'에 대한 그래프, 스티브 및 팀 소마르의 멋진 10각형 그림, 마크 길베르가 자신의 웹사이트에서 뽑아준 양키 스타디움 이미지, 제리 오링거의 영화물품 샵에서 몇 가지 오래된 자료를 찾아준 돌리, 예쁜 연꽃 모양 팔레트를 제공해준 데이비드 드잔, 정이십각형 그림을 그려준 마이클 크뢰거와 토마스 디트리, 탑 쌓기 퍼즐을 그려준 윌리엄 와이트, 팩맨 이미지를 보내준 돈 호저스, 그리고 맥도날드 그림을 제공한 크리스틴 힐렉에게도 감사를 전한다.

또 이 책을 쓰는 데 여러 기관에서도 도움을 주었다. 스타인웨이 & 선즈steinway & sons의 하이디 데팅거, 씽크펀Thinkfun의 사라 하트와 제시카 캐들로, Owl 엔지니어링의 크리스 홀름스와 피터 코스타, 포토서치fotosearch의 안드레아 필립스에게 감사를 표한다. 나는 이미지를 찾다가 여러 박물관 및 관련기관에도 연락을 했다. 그중 옥스퍼드 애슈몰린 박물관의 아만다 터너와 헬렌 스타텀에게 큰 도움을 받았다. 또 유나이티드 미디어united media의 칼룬 우스타쉬, 빅토리아 앨버트 박물관의 캐서린 호웰, 대영 박물관의 메간 마젤라와 발렌티나가 도움을 주었다. 마지막으로 게티 이미지 사의 브라이언 블랑켄버그가 없었다면 내 작업은 아주 힘들어졌을 것이다.

개인적으로 도움을 준 사람들도 있다. 내 여동생 엘리자 밀러는 메인 주 발레단에서, 발란신의 작품「세레나데」의 멋진 사진을 구해 주었다. 제리 슬로컴은 1880년 이후에 만들어진 15개의 퍼즐 이미지를 주었고, 피터 말라스피나는 내게 꼭 필요했던 모든 종류의 학문적 자료를 접할 수 있게 해 주었다. 아바리스 북스의 조셉 웨스트는 내게 몇 가지 유용한 충고를 해 주었다. 부츠 힌턴은 보니와 클라이드에 대해, 내가 안다고 생각했던 것보다 훨씬 많은 정보를 알려주었다. 나는 분량 때문에 이 악명 높은 갱스터들에 대해 몇 단락밖에 쓰지 못한 것이 후회스럽다. 이들은 부츠가 태어난 뒤 5개월 뒤에 죽었는데, 부츠의 아버지는 그들을 쫓던 추적대 중 한 사람이었다. 그리고 부츠가 잘 기억하지 못하는 세부사항은 프랭크 발링거가 도와 주었다.

마지막으로 다양한 수학 웹사이트에서도 도움을 받았다. 그중 MathWorld는 빼놓을 수 없다. 또 www.primecurios.com는 아주 흥미롭고 독특한 곳이며, Mudd Math Fun Facts도 몇몇 훌륭한 퍼즐과 흥미로운 자료를 갖추고 있다. 그리고 스테츤 대학의 에리히 프리드먼은 내가 아주 존경하는, 걸어 다니는 수학책과 같은 인물이다. 그 외에 www.mathpages.com에 나오는 케빈 브라운의 작업도 큰 도움이 되었고, 에드 페그스의 www.mathpuzzles.com도 들르기에 흥미로운 곳이다. 외국사이트 중에는 프랑스의 www.pagesperso-orange.fr/yoda.guillaume가 아주 흥미로웠다. 여기에 대해 제라르 빌레민과 그의 동료들에게 감사한다.

자, 어쨌든 이 책을 혼자 쓰지 않았다는 사실은 충분히 밝힌 것 같다. 다시 한 번 모두에게 감사드린다.